高等教育机电类专业系列教材

机械制图与计算机绘图习题集

第 4 版

主　编　冯秋官
副主编　陈建华　杨玉萍　毛国平
主　审　董国耀

机械工业出版社

本习题集是在第3版的基础上修订编写而成的，与冯秋官主编的《机械制图与计算机绘图》（第4版）配套使用。

为了便于教学，本习题集的编排次序与配套主教材的体系一致。主要内容有：制图的基本知识和技能，正投影基础，基本立体，立体表面的交线，轴测图，组合体，图样的基本表示法，图样的特殊表示法，零件图，装配图，展开图和焊接图，计算机绘图。为满足多媒体教学的需要，还编制了配套使用的多媒体课件。

本习题集可作为高等院校机械类、近机械类各专业基础课教材，也可供电大、职大、函授以及成人教育等其他类型学校有关专业使用，还可供有关工程技术人员参考。

图书在版编目（CIP）数据

机械制图与计算机绘图习题集/冯秋官主编. —4版. —北京：机械工业出版社，2009.6（2025.6重印）
高等教育机电类专业系列教材
ISBN 978-7-111-27346-2

Ⅰ. 机… Ⅱ. 冯… Ⅲ. ①机械制图-高等学校-习题②自动绘图-高等学校-习题 Ⅳ. TH126-44

中国版本图书馆CIP数据核字（2009）第086223号

机械工业出版社（北京市百万庄大街22号 邮政编码100037）
责任编辑：刘小慧 版式设计：霍永明 责任校对：李 婷
封面设计：张 静 责任印制：刘 媛
三河市国英印务有限公司印刷
2025年6月第4版第17次印刷
260mm×184mm · 11.25印张 · 275千字
标准书号：ISBN 978-7-111-27346-2
定价：35.00元

电话服务
客服电话：010-88361066
010-88379833
010-68326294

网络服务
机 工 官 网：www.cmpbook.com
机 工 官 博：weibo.com/cmp1952
金 书 网：www.golden-book.com
机工教育服务网：www.cmpedu.com

前　　言

本习题集是在高等工科教育机电类专业系列教材《机械制图与计算机绘图习题集》的基础上，根据教育部工程图学教学指导委员会制定的“普通高等院校工程图学课程教学基本要求”，总结了多年来制图教学改革的经验和成果，参考并吸取了许多教材的长处修订编写而成的，是高等教育机电类专业系列教材《机械制图与计算机绘图》（第4版）的配套习题集。

在本习题集修订过程中，注意了高等教育改革和发展对制图教学的新要求，广泛听取了读者的意见和建议，更新了课程体系和内容，以必需、够用为度，整合部分章节，调整编排顺序，充实了基本训练题和画法几何部分的基本内容，加强绘制和阅读机械图样的练习，加强形象思维、构型设计、徒手画草图和用计算机绘图的练习，采用提高形象思维、构型设计和实践能力训练的新方法。为保证练习时有一定的选择余地，重点章节选编了较多题目。为适应不同专业、学时的教学需要，将一些偏而难的习题作为选作（用*表示）。全面贯彻最新的《技术制图》、《机械制图》国家标准和相关标准。为满足多媒体教学的需要，还编制了配套的多媒体课件。本习题集所选题目既有代表性又有典型性，既有传统题目又有创新练习，内容广泛，难易程度呈梯度排列，教师可根据需要，灵活选用。

参加本习题集修订编写与配套课件编制工作的有：冯秋官、陈建华、杨玉萍、毛国平、陈栩、陈霞、陈国英、蒋勇、曾珠、周渝庆、史宛丽、陈光忠、刘燕，由冯秋官主编。

本习题集在修订过程中得到许多同志的帮助，并承蒙北京理工大学董国耀教授审阅。在此一并表示感谢。

限于编者水平，习题集中一定还存在不少问题，恳请广大读者批评指正。

编　　者

目　录

第一章　制图的基本知识和技能

1-1　字体练习（一）

机械制图作业名称绘审核日期比例姓号班级学校

零件机器部件装配体测绘视图主后左右仰俯局部全半剖旋转阶钢铁

0 1 2 3 4 5 6 7 8 9 ΦR　0 1 2 3 4 5 6 7 8 9 ΦR　0 1 2 3 4 5 6 7 8 9 ΦR

班级　　　姓名　　　学号

规格备注标准代号序重量共页技术壳体底板端盖

铜铝锌铸锻链轮齿键皮带传动车铣刨磨钳钩楔销减速箱数材料规格

1234567890ΦR ABCDEFGHIJKLMNOPQRSTUVWXYZ

班级 姓名 学号

内 外 半 径 倒 角 硬 度 螺 栓 柱 母 圆 热 处 理 垫 圈 球 轴 衬

1 2 3 4 5 6 7 8 9 0 ϕ R

a b c d e f g h i j k l m n o p q r s t u v w x y z Ⅶ Ⅷ Ⅸ Ⅹ

ABCDEFGHIJKLMNOPQRSTUVWXYZ

abcdefghijklmnopqrstuvwxyz R ϕ

班级　　　　姓名　　　　学号

1－4 图线练习

1. 在指定位置按国标规定的线型和尺寸要求，分别画出下列四组图线的平行线。

2. 完成上下、左右对称的各图线。

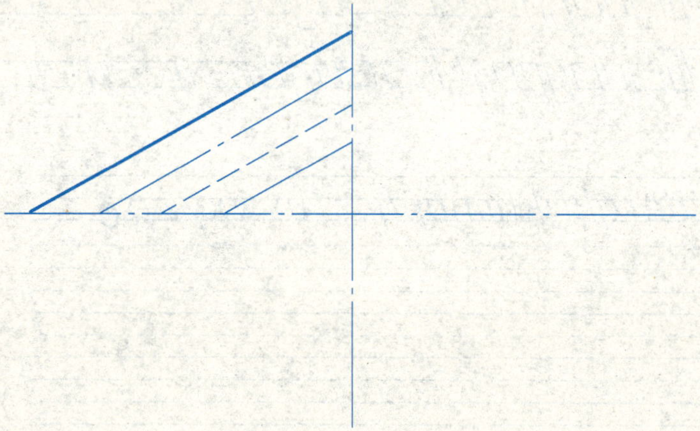

3. 以细点画线的交点为圆心，过线上给出的六点，由大到小依次画出粗实线、细点画线、细虚线、细点画线、细虚线、粗实线的圆。

班级　　　　姓名　　　　学号

作业指导

一、目的

1. 熟悉主要图线的线型、尺寸及其画法。

2. 掌握图框及标题栏的画法。

3. 练习使用绘图工具。

二、内容和要求

1. 绘制图框和标题栏。

2. 按图例要求绘制各种图线。

3. 用 A4 图纸，不注尺寸，比例 1∶1。

三、作图步骤

1. 画底稿（用 H 或 2H 铅笔）。

（1）画图框。

（2）在右下角画标题栏。

（3）按图例所注的尺寸作图。

（4）校对底稿，擦去多余的图线。

2. 铅笔加深。

（1）画粗实线的圆和直线（用 HB 或 B 铅笔）。

（2）画细虚线、细点画线、细实线的圆和直线（用 H 或 HB 铅笔）。

3. 用标准字体填写标题栏。

四、注意点

1. 各种图线的尺寸必须符合国家标准的规定。应优先采用的图线组别为 0.5 和 0.7。

2. 各种图线的画法应符合要求。

3. 宜先在草稿纸上练习，然后再在 A4 图纸上正式绘制。

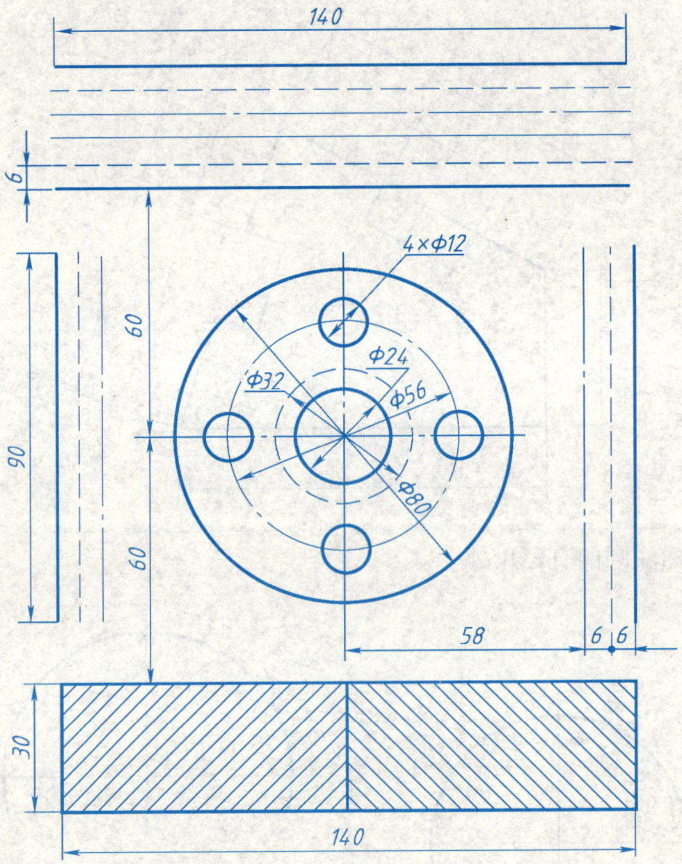

标 题 栏

班级　　　　姓名　　　　学号

1-6 尺寸注法（尺寸数字由图中量取整数）

1. 画箭头，填写线性尺寸数字。

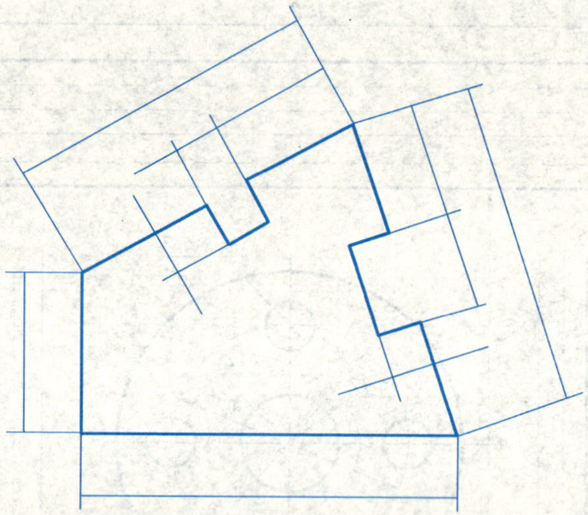

2. 画箭头，填写角度数字。

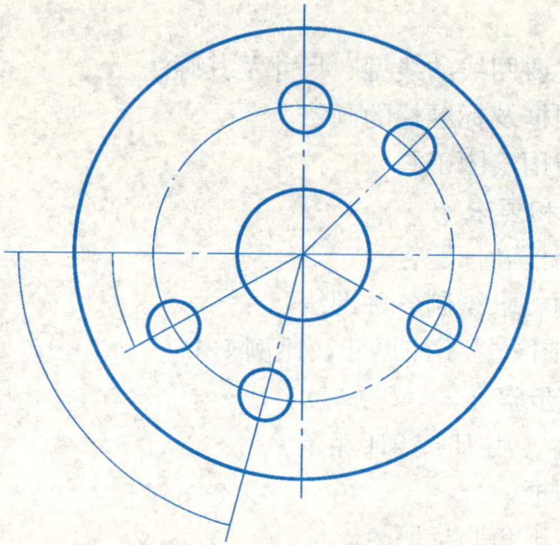

3. 标注圆的直径尺寸。

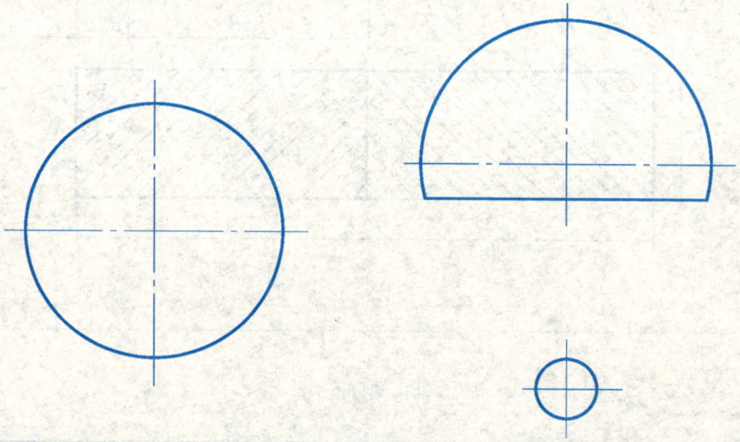

4. 标注圆弧半径尺寸。

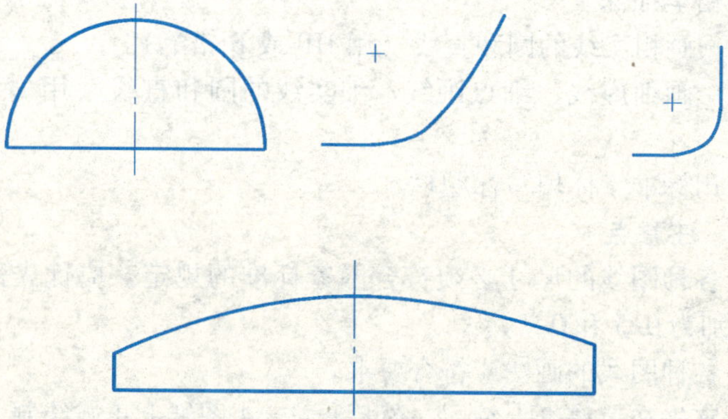

班级　　姓名　　学号

1－7　尺寸注法（找出每题上图尺寸注法的错误，在下图正确地注出）

1.

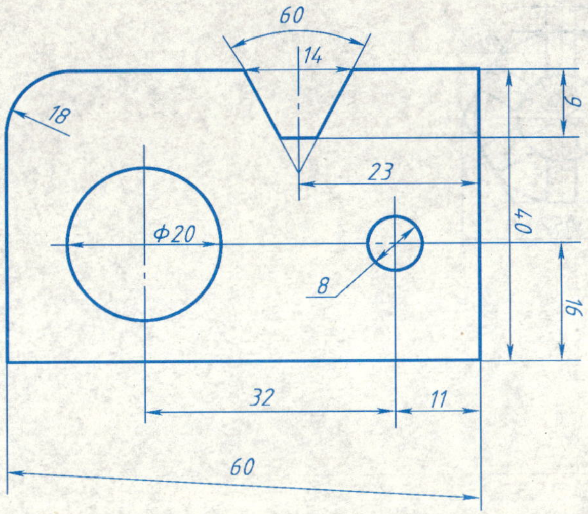

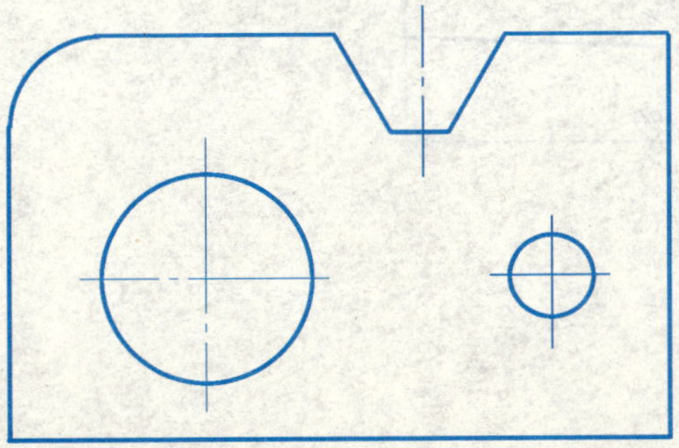

2.

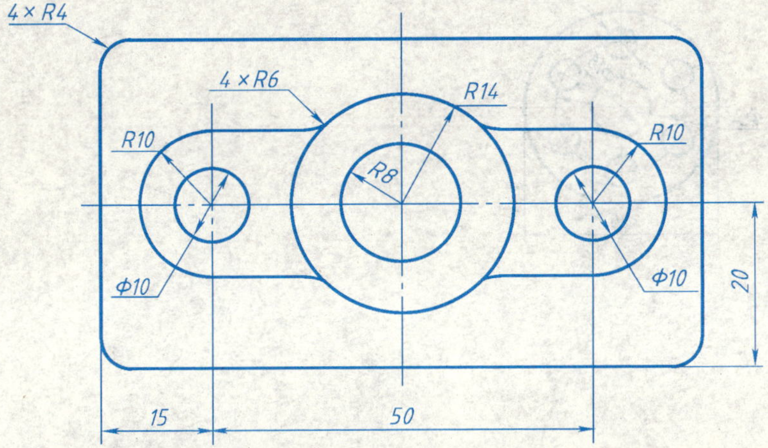

班级　　　　姓名　　　　学号

1-8 几何作图（按小图中给定的尺寸，用1:1的比例抄画图形，并标注尺寸）

1.

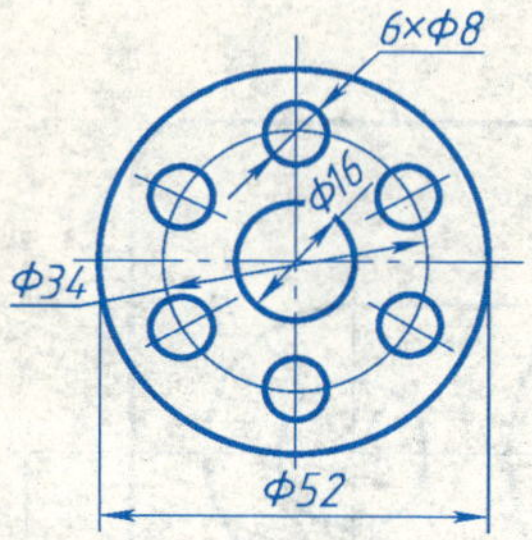

2.

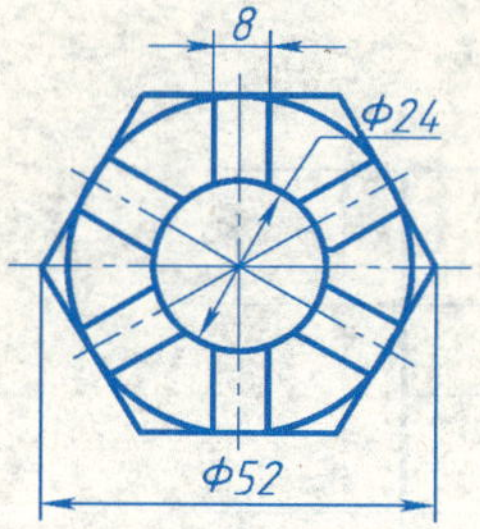

3.

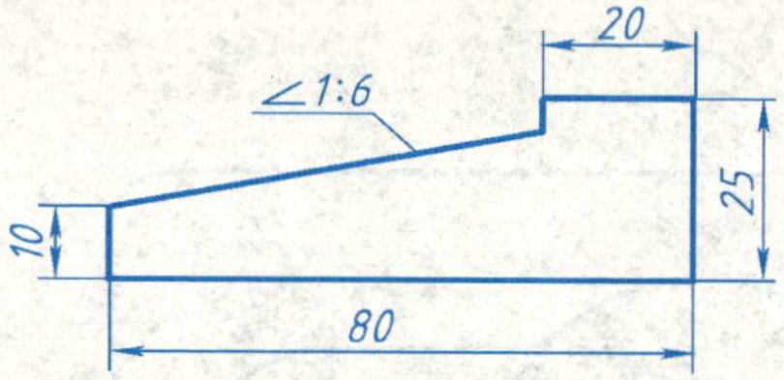

4.

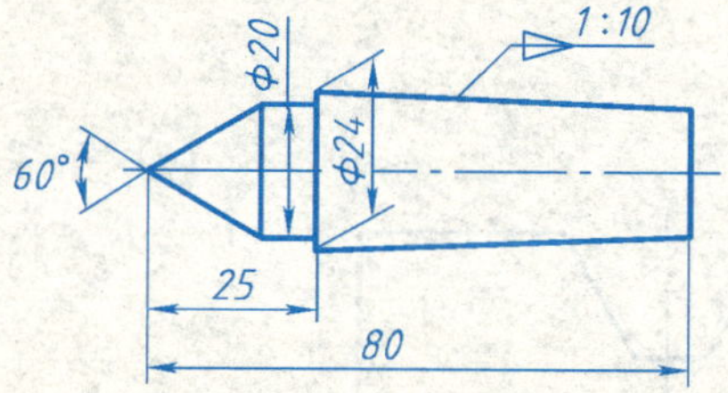

班级　　　　姓名　　　　学号

1-9　连接作图（按小图上所注尺寸，用1∶1的比例完成下列图形的线段连接）

1.

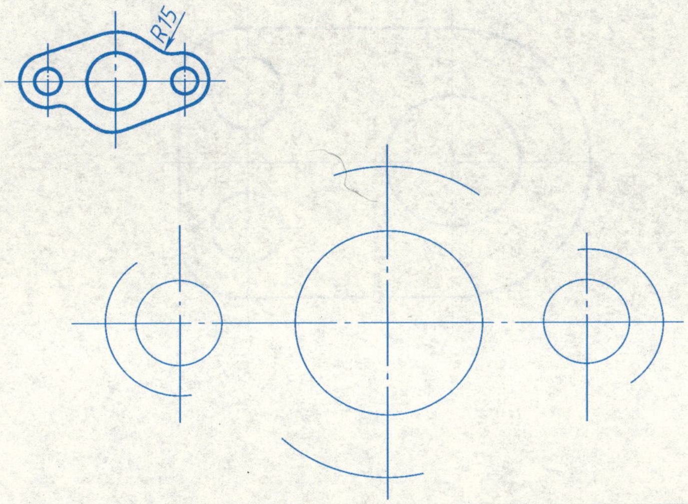

2.

3.

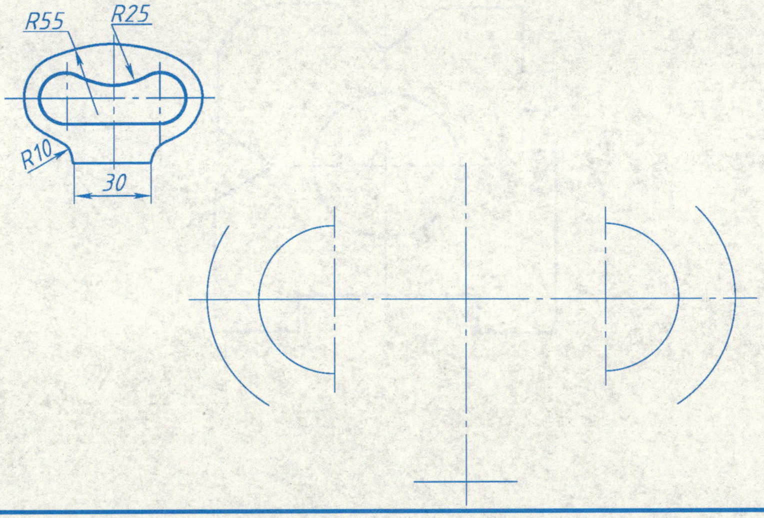

4.

班级　　　　姓名　　　　学号

1-10 椭圆画法

用四心近似画法，画出长轴为 80mm、短轴为 50mm 的椭圆。

1-11 标注下列平面图形的尺寸（尺寸数值按 1∶1 在图上量取整数）

1.

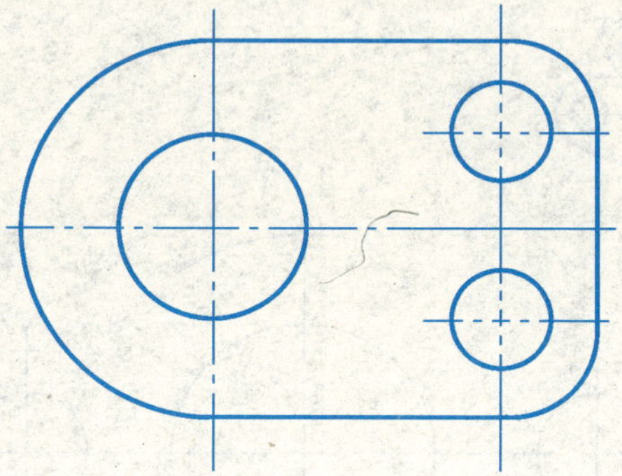

2.

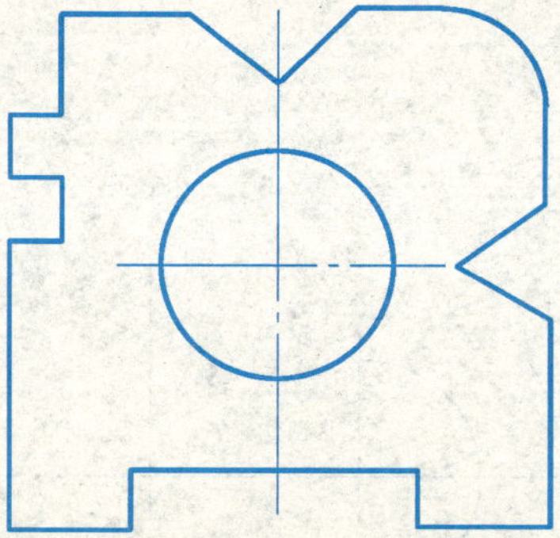

班级　　　　姓名　　　　学号

作业指导

一、目的

1. 掌握线段连接的作图方法和技巧。
2. 熟悉平面图形的绘制步骤和尺寸注法。

二、内容和要求

1. 按教师指定的题号绘制平面图形，并标注尺寸。
2. 用 A4 图纸，自定绘图比例。

三、作图步骤

1. 分析图形中的尺寸和线段，确定作图步骤。
2. 画底稿。
(1) 画图框和标题栏。
(2) 画作图基准线，对称线和圆的中心线等。
(3) 按已知线段、中间线段、连接线段的顺序画出图形。
(4) 画尺寸界线、尺寸线。
3. 检查底稿，擦去多余图线。
4. 描深图形。
5. 画箭头，注写尺寸数字，填写标题栏。
6. 校对，修饰图面。

四、注意点

1. 画图前，应先看懂图形，明确画图顺序。
2. 布图时应留足标注尺寸的位置，使图形布置匀称。
3. 画底稿上的连接线段时，应准确找出圆心和切点。底稿图线应细、淡、准确。
4. 描深时，同类线型同时描深，使其粗细一致，连接光滑，符合标准。
5. 箭头应符合规定，尺寸注法应正确、完整，图面应整洁。

1.

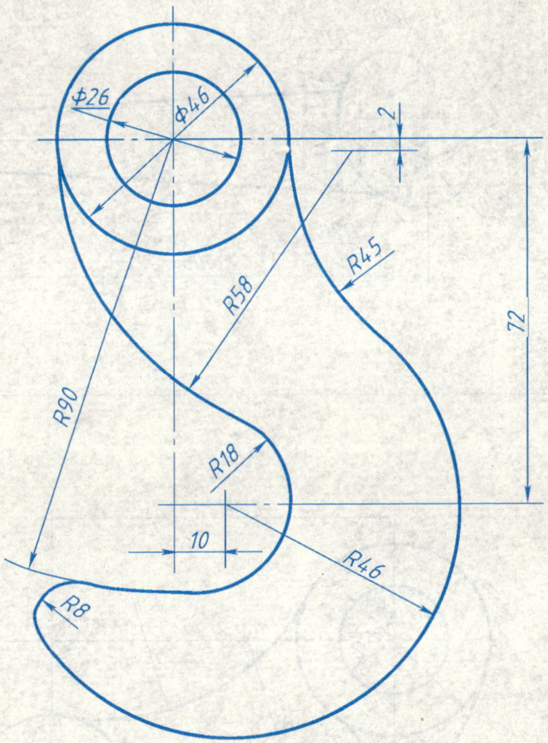

班级　　　　姓名　　　　学号

2.

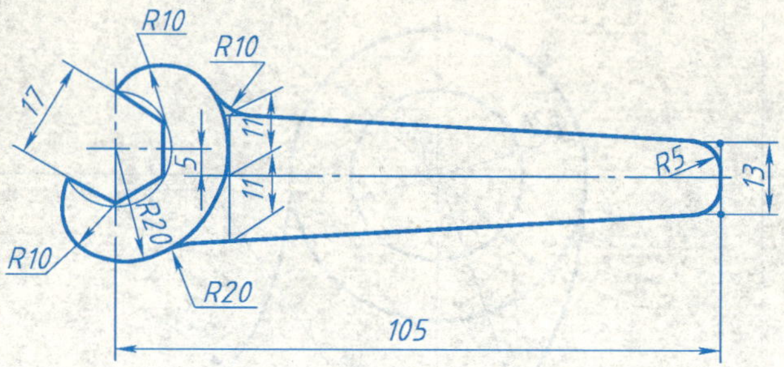
R10
R10
17
11
11
5
R5
13
R20
R10
R20
105

3.

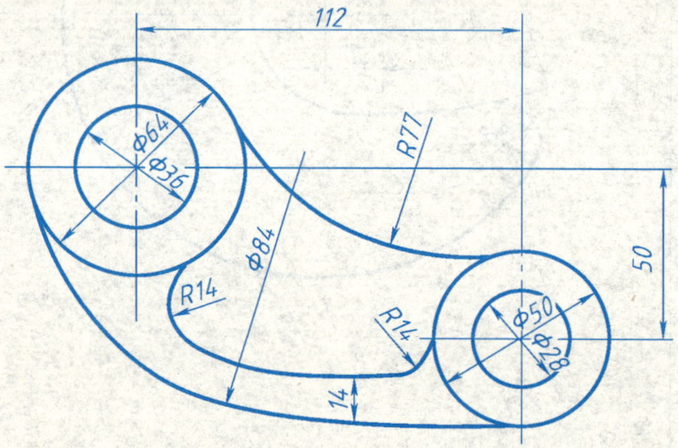
112
R77
Φ64
Φ36
Φ84
50
R14
R14
Φ50
Φ28
14

4.

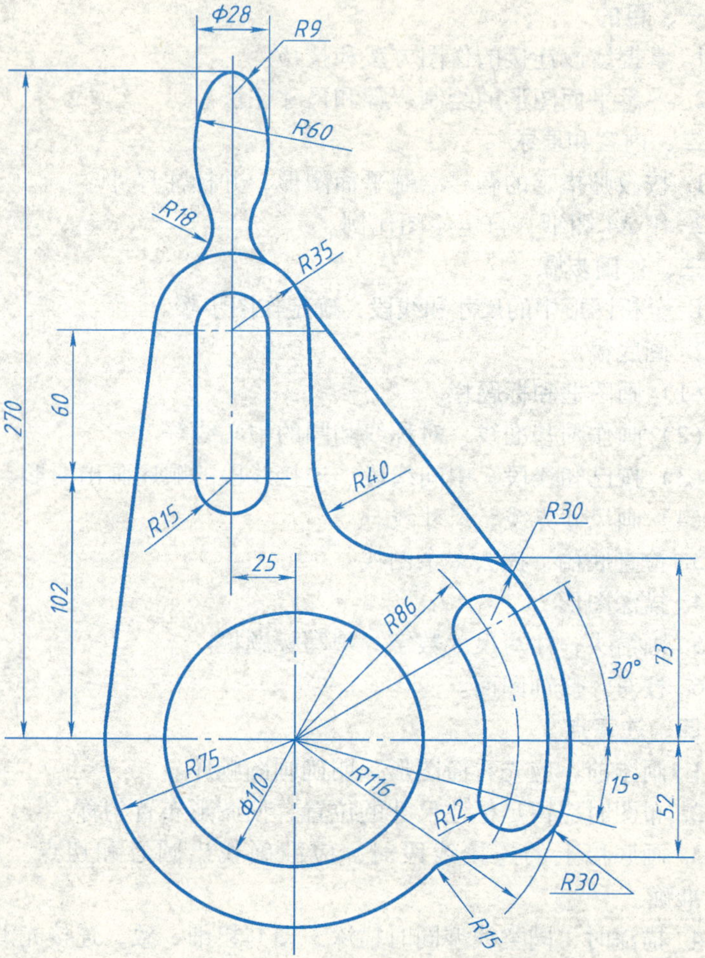
Φ28
R9
R60
R18
R35
270
60
R40
R15
R30
102
25
R86
30°
73
R75
Φ110
R116
R12
15°
52
R30
R15

班级　　　　姓名　　　　学号

1-13 徒手画出下列各图形（比例 1:1）

1.

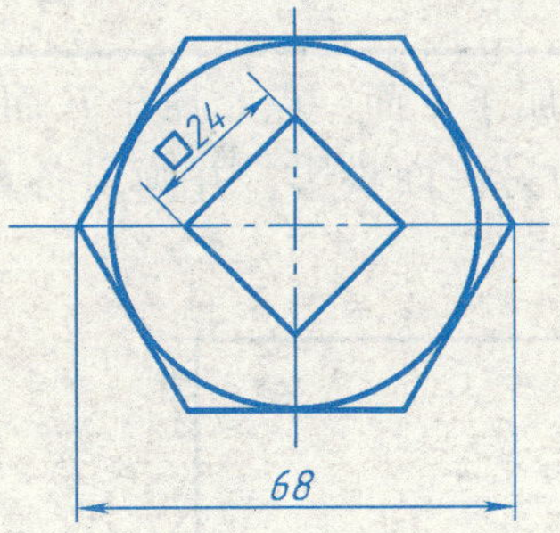

2.

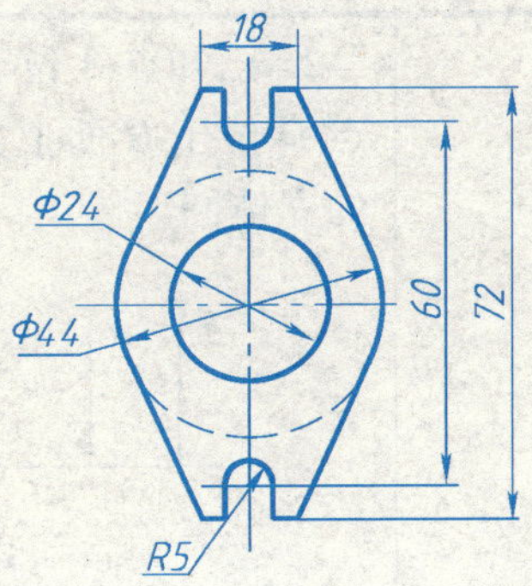

3.

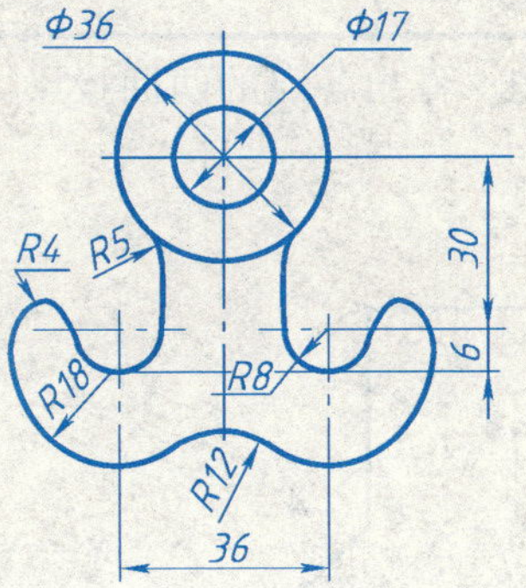

班级　　　　　姓名　　　　　学号

第二章　正投影基础

2－1　点的投影（一）

1. 根据立体图，作出各点的两面投影。

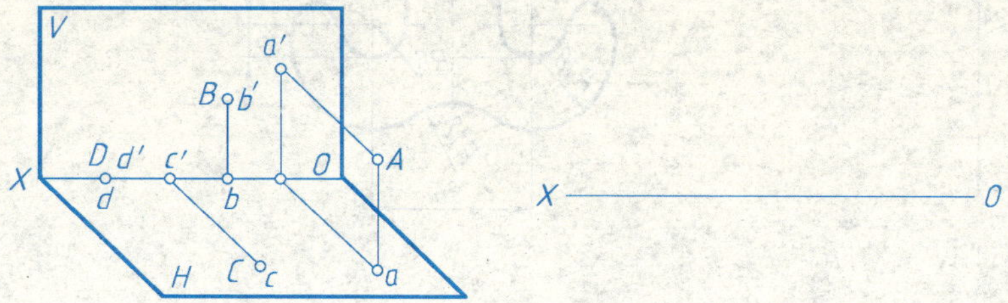

2. 已知点 *A* 位于 *V* 面前 15mm，点 *B* 属于 *V* 面，点 *C* 属于 *H* 面，点 *D* 位于 *H* 面上方 10mm。作出各点的另一面投影，并画出各点的立体图。

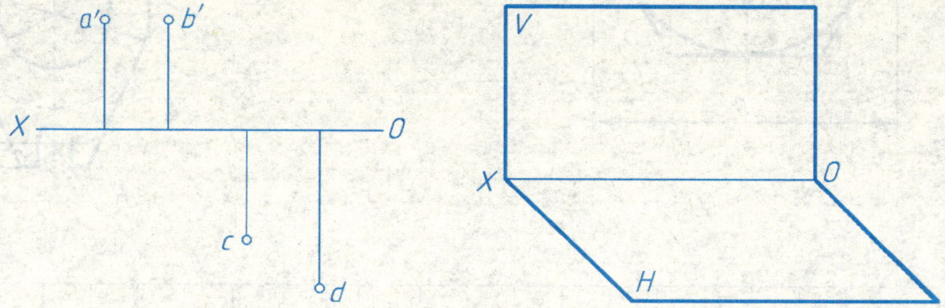

3. 根据点 *A* 的空间位置，求作点 *A* 的三面投影，写出它的坐标值，并说明它到投影面的距离。

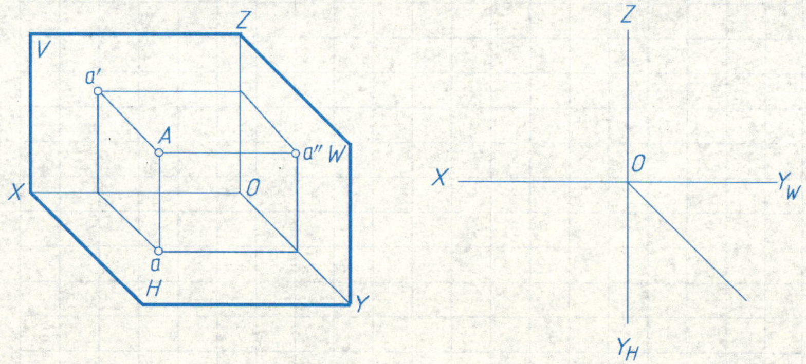

A（　　　　）

点 *A* 距 *H* 面________，距 *V* 面________，距 *W* 面________。

4. 根据点的两面投影，求作第三面投影，并写出各点的坐标值（数值按 1∶1 的比例从投影图中量取整数）。

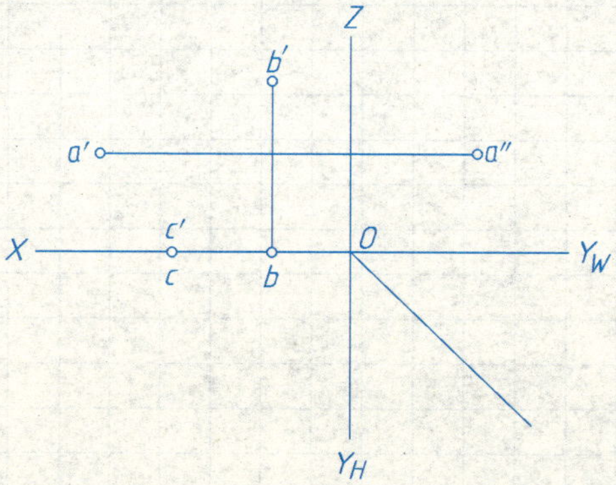

A（　　　　　　），*B*（　　　　　　），*C*（　　　　　　）。

班级　　　　　　姓名　　　　　　学号

2－2　点的投影（二）

1. 已知各点对投影面的距离，画出各点的三面投影。

	距W面	距V面	距H面
A	10	15	5
B	20	10	20
C	20	20	20

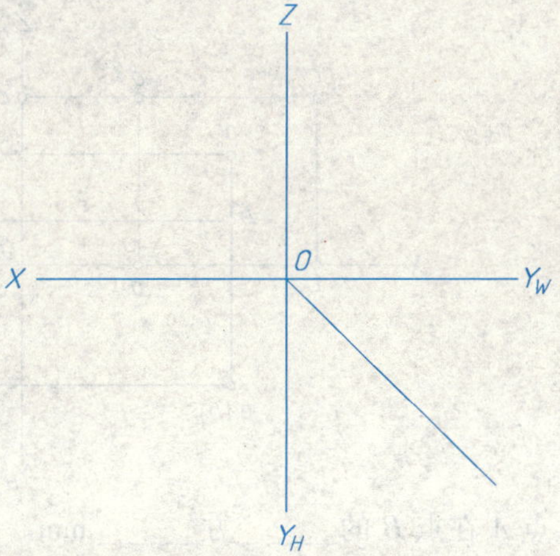

2. 已知点 A（15，10，0）、B（0，15，20）、C（22，0，0），作出其三面投影，说明各点的空间位置。

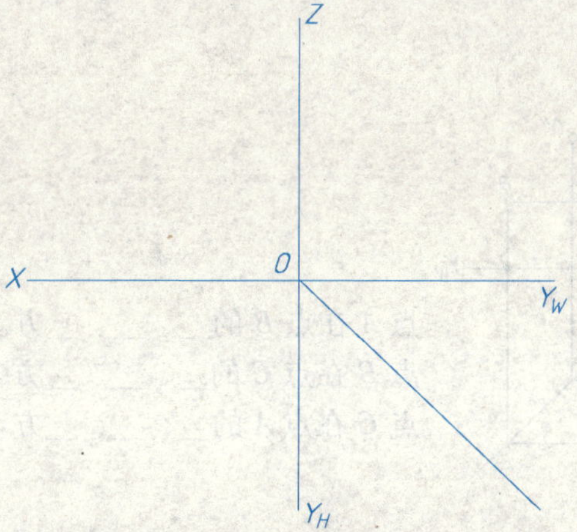

点 A 在____面上，它的____坐标等于零。

点 B 在____面上，它的____坐标等于零。

点 C 在____轴上，它的____和____坐标均为零。

3. 说明下列各点在哪个投影面或投影轴上。

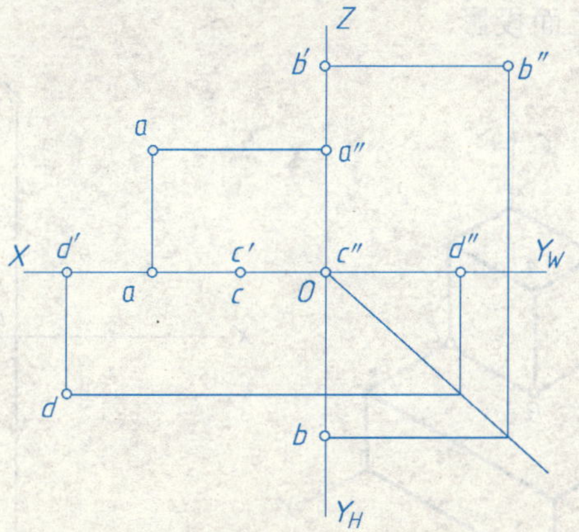

点 A 在________，点 B 在________，

点 C 在________，点 D 在________。

4. 求作点 A（15，8，10）、B（0，12，18）的三面投影和立体图。

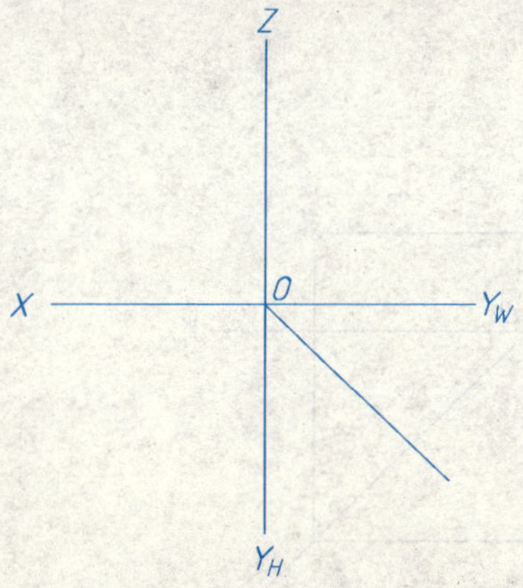

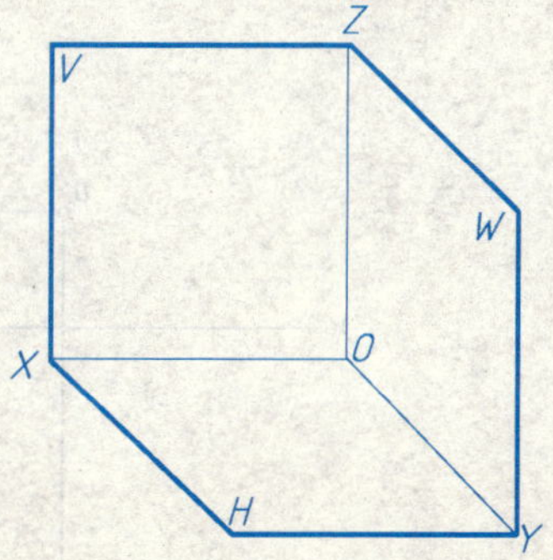

班级　　　　姓名　　　　学号

1. 比较各点的相对位置（左、右、前、后、上、下）。

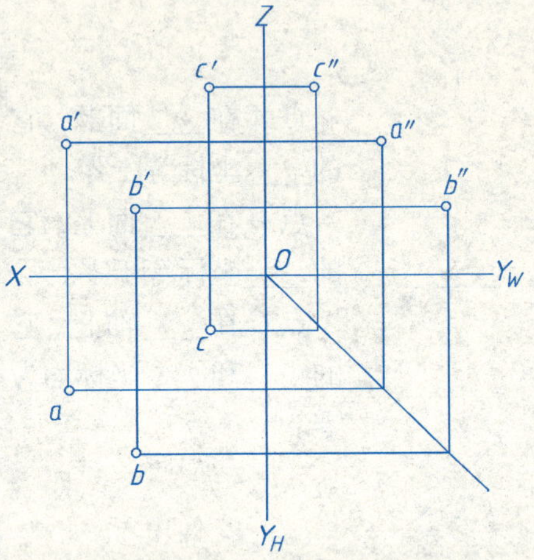

点 *A* 在点 *B* 的__、__、__方。
点 *B* 在点 *C* 的__、__、__方。
点 *C* 在点 *A* 的__、__、__方。

2. 判别下列各重影点的相对位置。

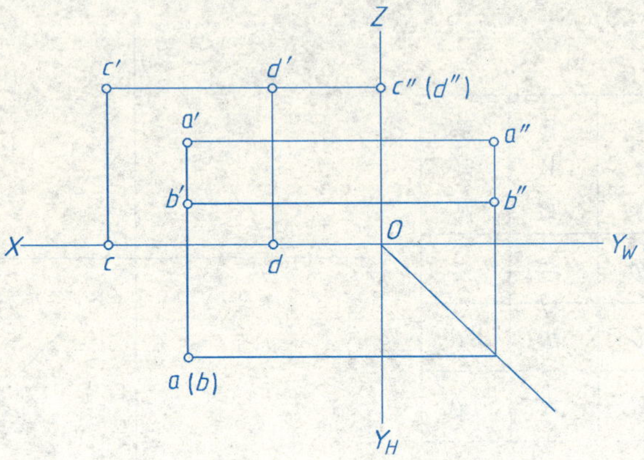

点 *A* 在点 *B* 的______方______ mm。
点 *D* 在点 *C* 的______方______ mm，且该两点均在______面上。

3. 已知点 *B* 在点 *A* 的左方 14mm，后方 12mm，上方 10mm；另一点 *C* 在点 *A* 的正后方 8mm，求作点 *B* 和点 *C* 的三面投影。

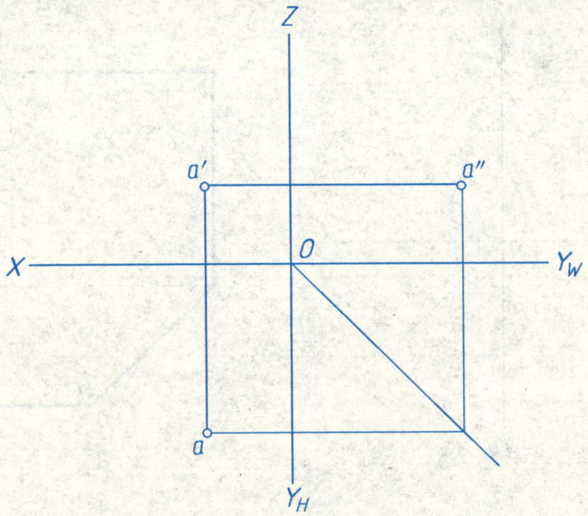

4. 根据三点 *A*、*B*、*C* 在立体图上的位置，量取并写出它们的坐标值，作出其三面投影。

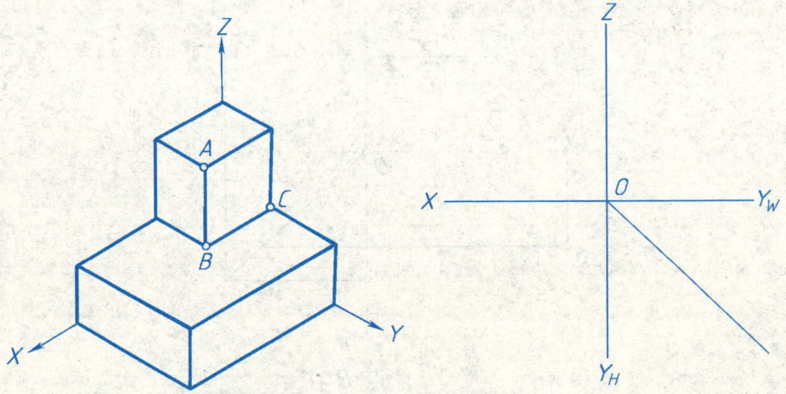

A（　　　　　），*B*（　　　　　），*C*（　　　　　）。

班级　　　　姓名　　　　学号

1. 已知端点 A（18，5，8）、B（5，18，20），作直线 AB 的三面投影。已知直线 CD 的两面投影，作出它的第三面投影。

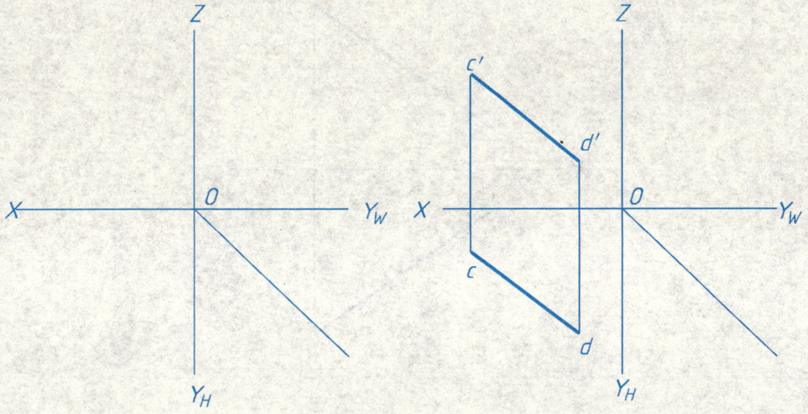

2. 已知点 B 距 H 面 20mm，点 C 距 V 面 5mm，作出直线 AB、CD 的三面投影。

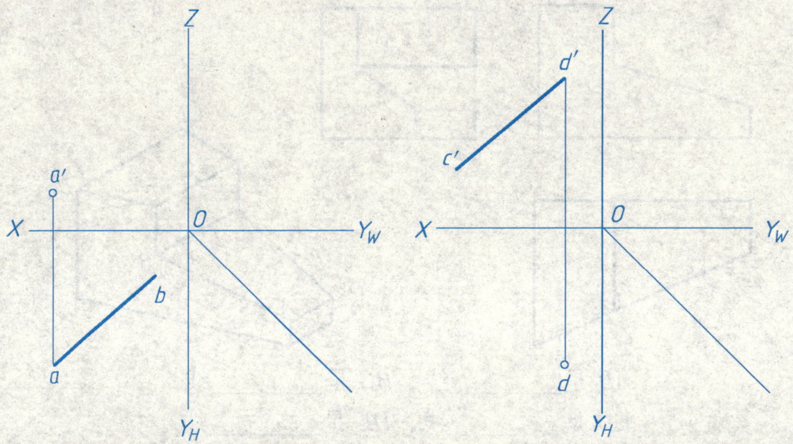

3. 判别下列直线是什么位置直线，并在反映实长的投影旁注明“实长”两字。

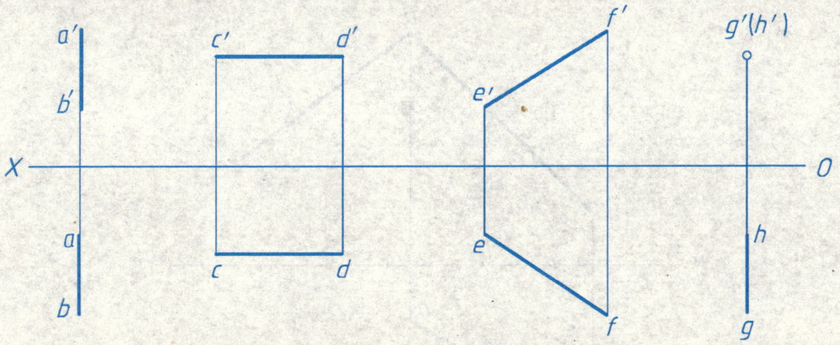

AB 是________线，CD 是________线，EF 是________线，GH 是________线。

4. 过点 A 作水平线 AB，长度为 25mm，$\beta=30°$；作铅垂线 AC，长度为 15mm。

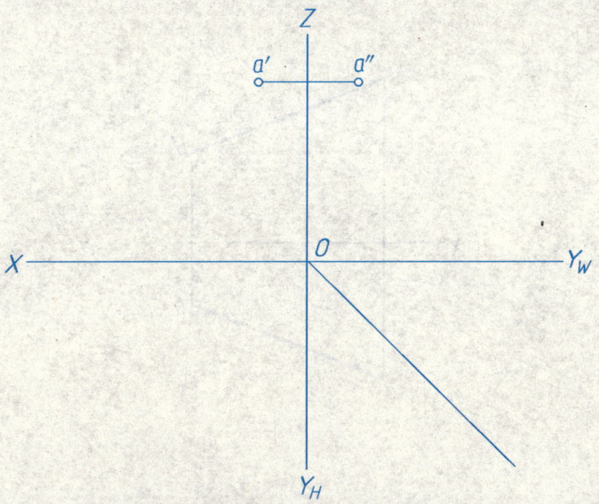

班级　　　　姓名　　　　学号

1. 根据立体图，在三面投影中标出线段 *AB*、*BC*、*CD*、*DE* 的投影，并说明它们各是什么位置直线。

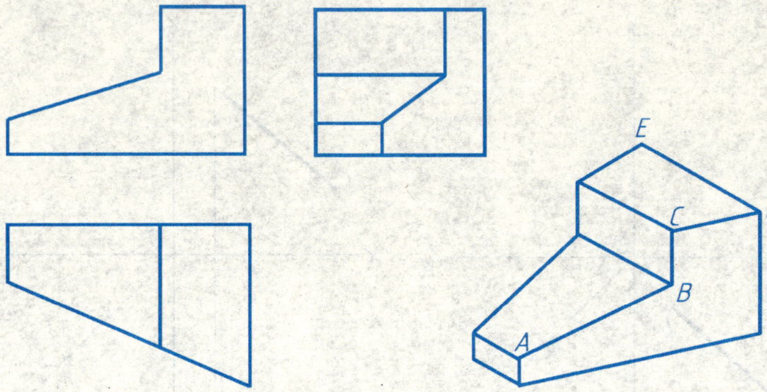

AB 是________线，*BC* 是________线，

CD 是________线，*DE* 是________线。

2. 用直角三角形法求线段 *AB* 的实长和对 *H* 面、*V* 面的倾角 α、β。

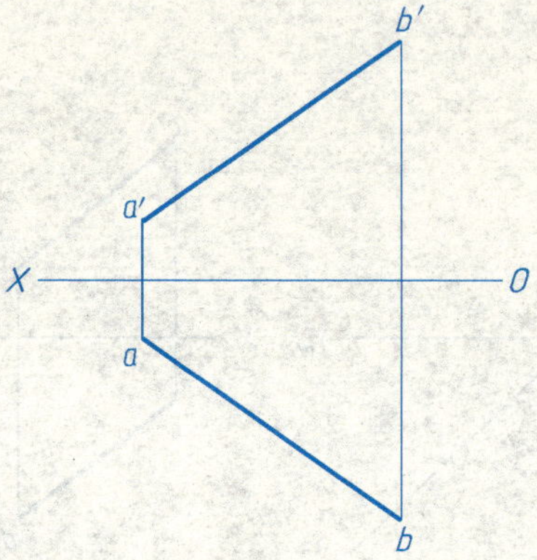

3. 求线段 *AB* 上点 *K* 的投影（*k*，*k*′），使 *AK* = 12mm。

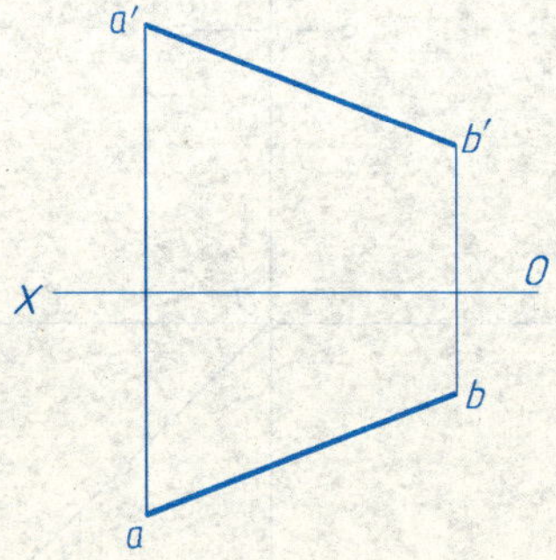

4. 已知线段 *AB* 和 *BC* 实长相等，并知 *AB* 的两面投影及 *BC* 的正面投影，求 *BC* 的水平投影。

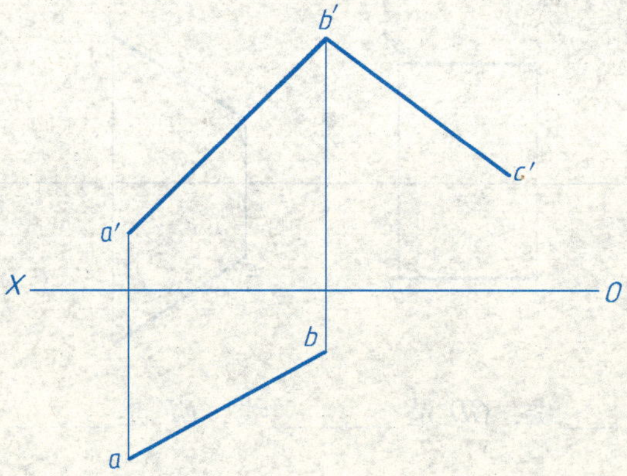

班级　　　　姓名　　　　学号

1. 在下列直线上各求一点 K 的投影，使点 K 距 H 面为 15mm。

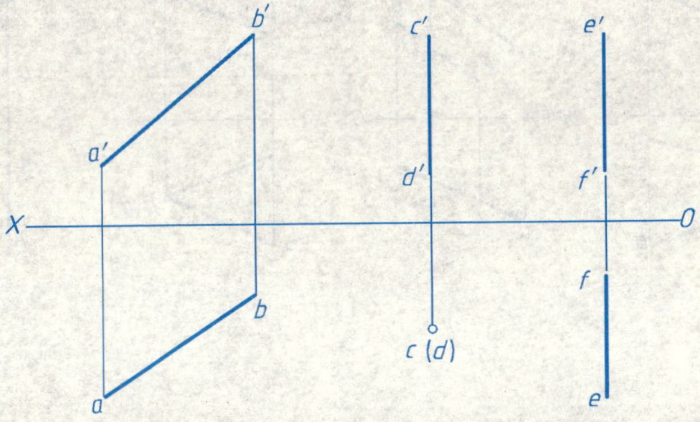

2. 已知线段 AB 上有一点 K，AK: KB = 2: 1，求点 K 的投影。

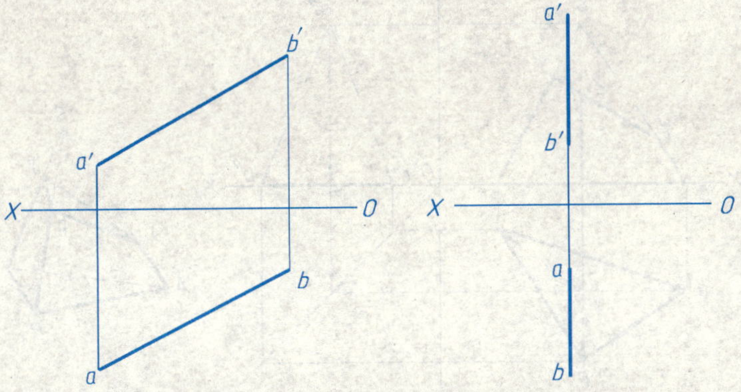

3. 已知直线 AB 上点 K 到 H 面和 V 面的距离相等，求点 K 的投影。

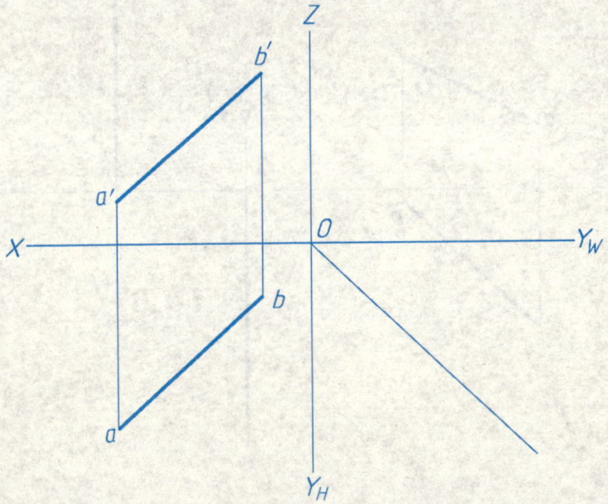

4. 作水平线 EF，使它距 H 面 10mm，且与 AB、CD 两直线均相交。

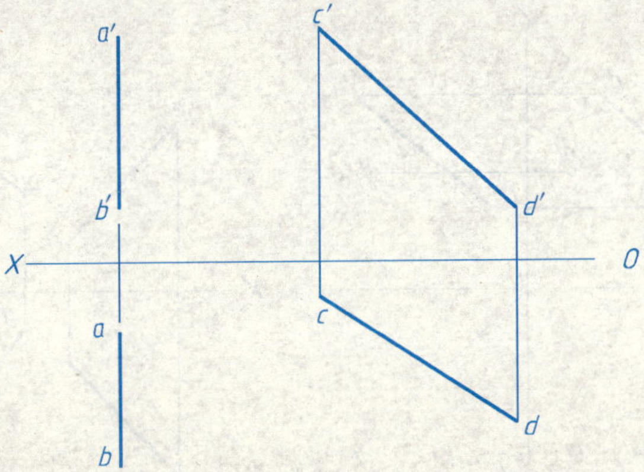

班级　　　　姓名　　　　学号

1. 已知点Ⅰ、Ⅱ、Ⅲ分别在棱线 *SA*、*SB*、*SC* 上，完成斜截三棱台的 *H*、*W* 面投影。

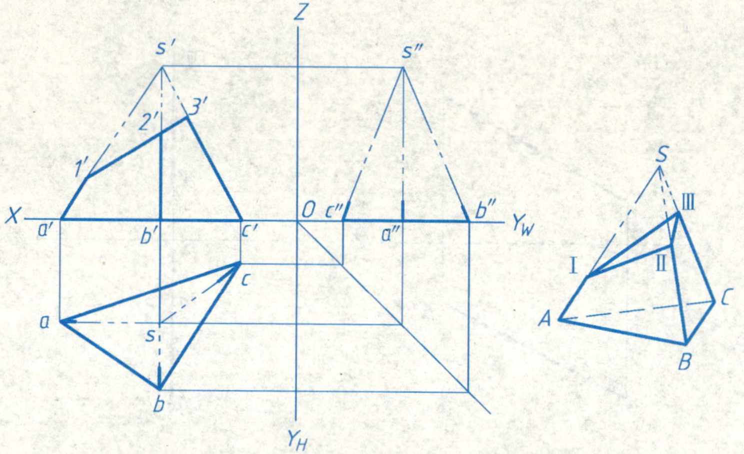

2. 判别下列两直线的相对位置（平行、相交、交叉）。

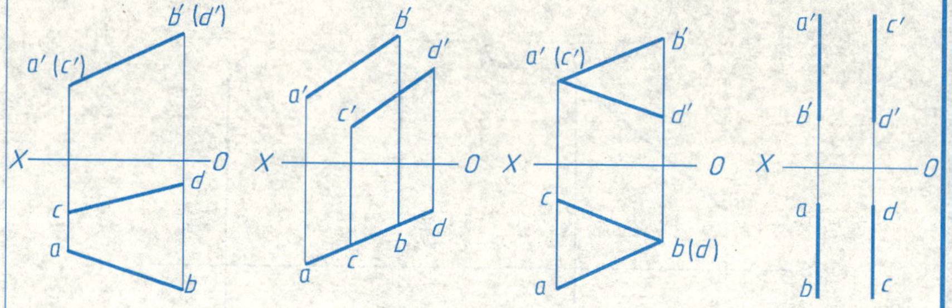

3. 过点 *A* 作直线 *AB* 与 *CD* 平行。作一正平线 *MN* 距 *V* 面 15mm，并与直线 *EF*、*GH* 相交。

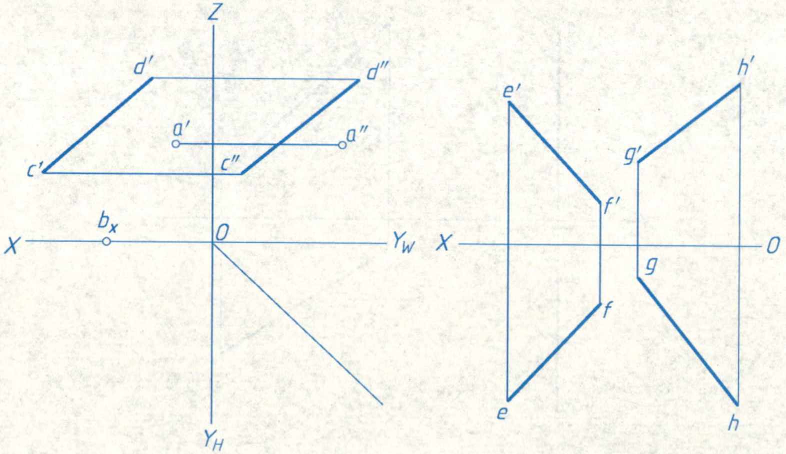

4. 作一直线 *MN*，使 *MN*//*AB*，且与直线 *CD*、*EF* 相交。

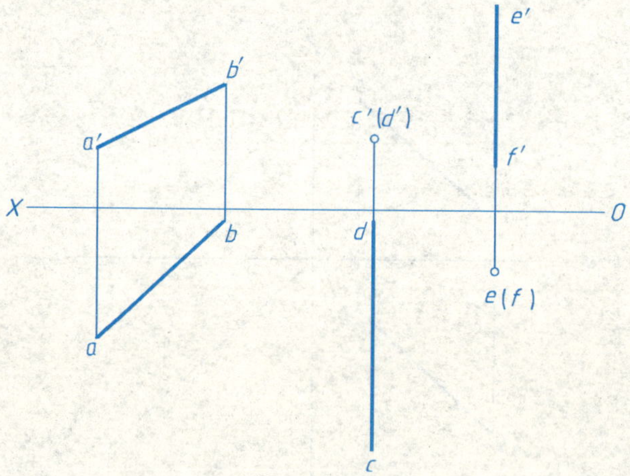

班级　　　　　　姓名　　　　　　学号

1. 标出交叉两直线重影点的投影，并判别其可见性。

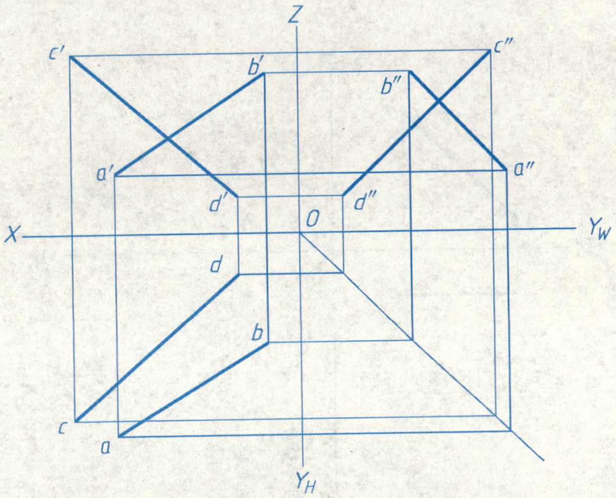

2. 判别两直线是否垂直。

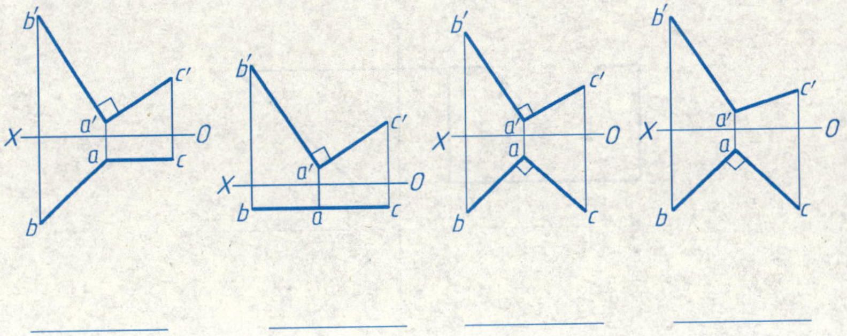

3. 已知正平线 *BC* 为等腰△*ABC* 的底边，顶点 *A* 比点 *B* 高 20mm，后 12mm，完成△*ABC* 的三面投影。

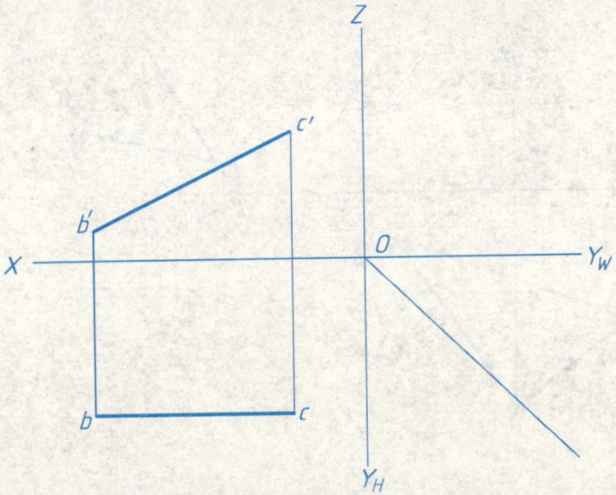

4. 求作直线 *AB* 与 *CD* 之间的距离。

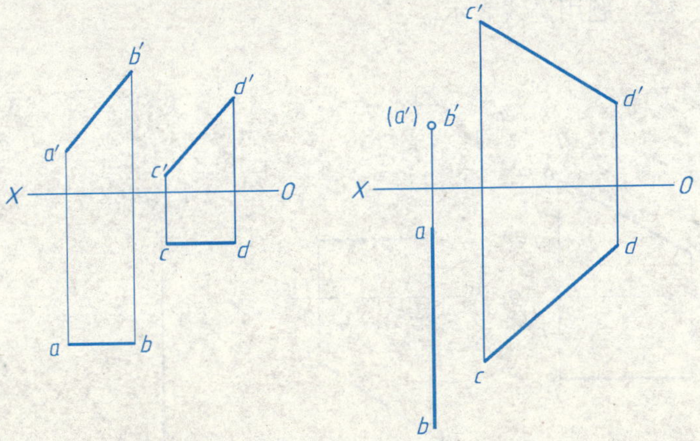

班级　　　　姓名　　　　学号

1. 根据平面的两面投影，求作第三面投影，并说明平面是何种位置平面。

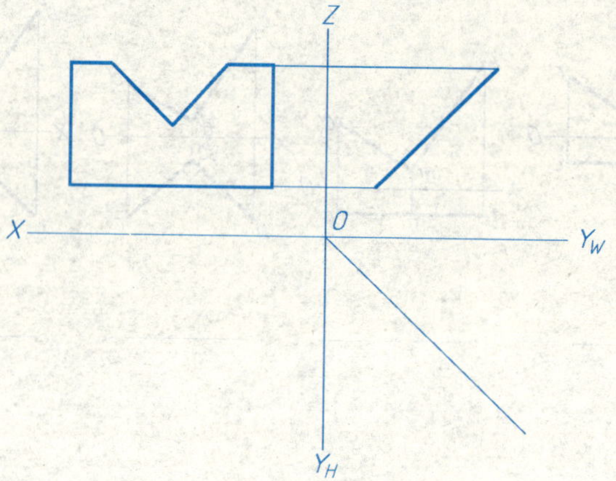

平面是________面。

2. 正方形 *ABCD* 垂直于 *V* 面，*AD* 为正平线，完成正方形的三面投影。

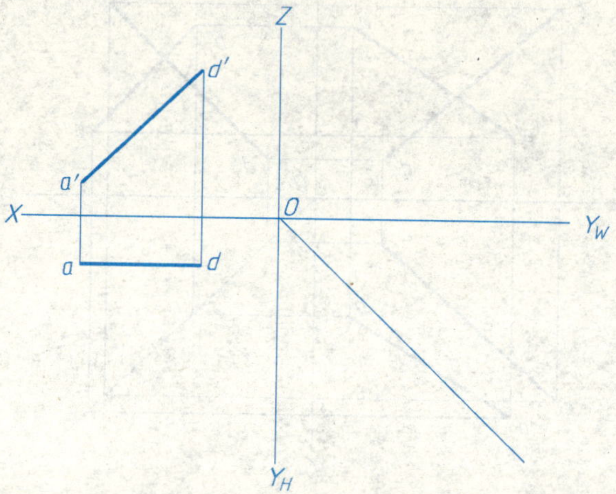

3. 过下列线段作投影面平行面。（1）、（2）题用三角形表示，（3）、（4）题用迹线表示。

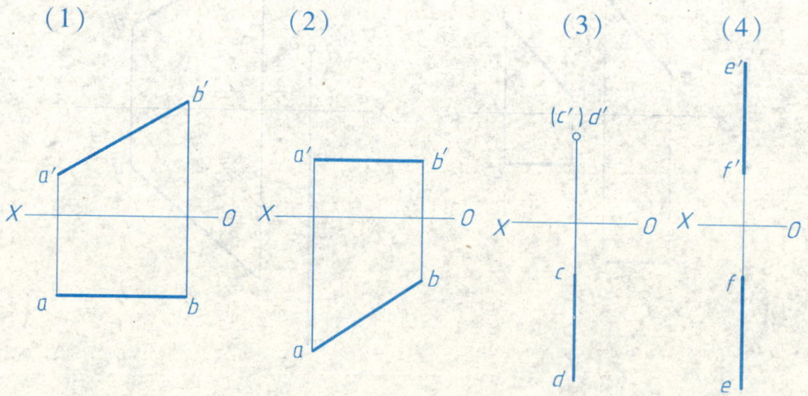

4. 过点 *B* 作△*ABC* 垂直于 *V* 面，使 $\alpha=30°$，有几解？过点 *F* 作平行四边形 *EFGH* 垂直于 *H* 面，使 $\beta=45°$，有几解？

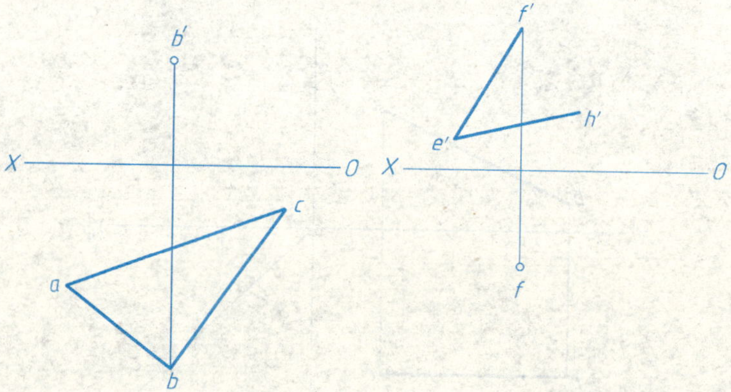

班级　　姓名　　学号

2-10　平面的投影（二）

1. 在三面投影中标出立体图上所指定各平面的投影，并说明它们各是什么位置平面。

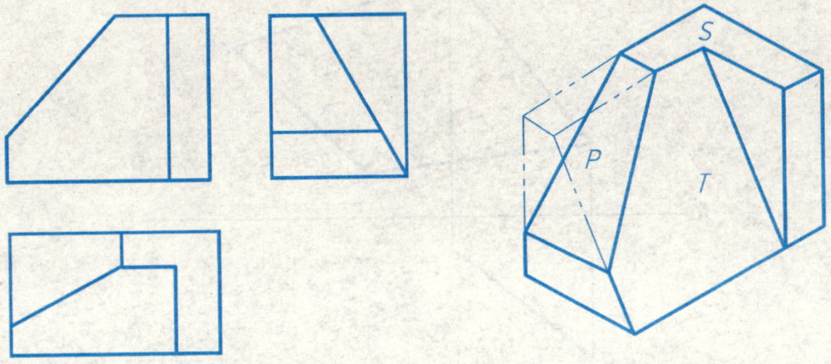

面 S 是________面，面 T 是________面，面 P 是________面。

2. 已知平面△ABC 的两面投影，完成其第三面投影，并求平面上点 K 的其余投影。

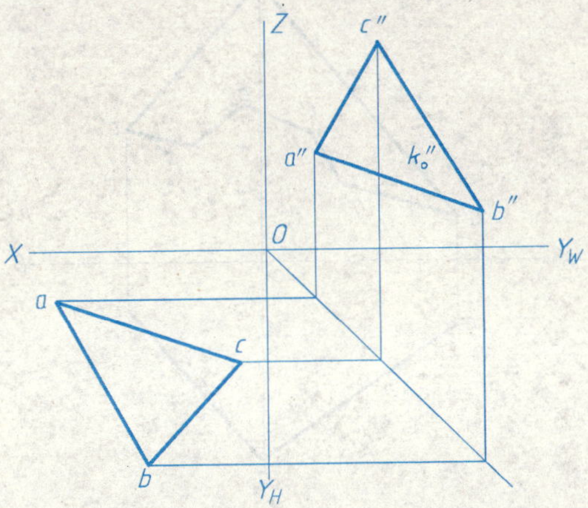

3. 已知平面△ABC 上直线 MN 和点 K 的一个投影，求作它们的另一投影。

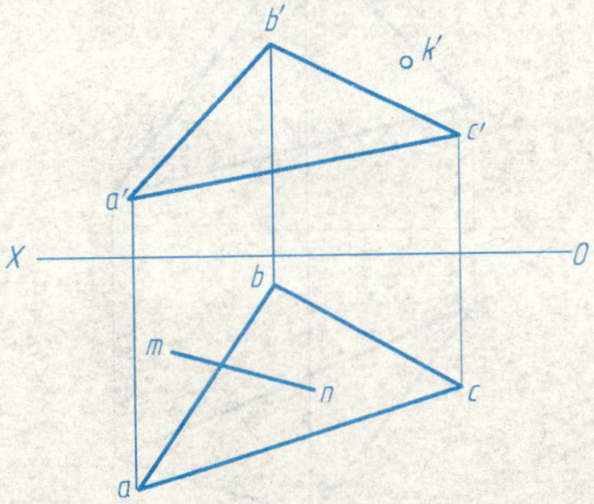

4. 判别点 K 是否在平面上。

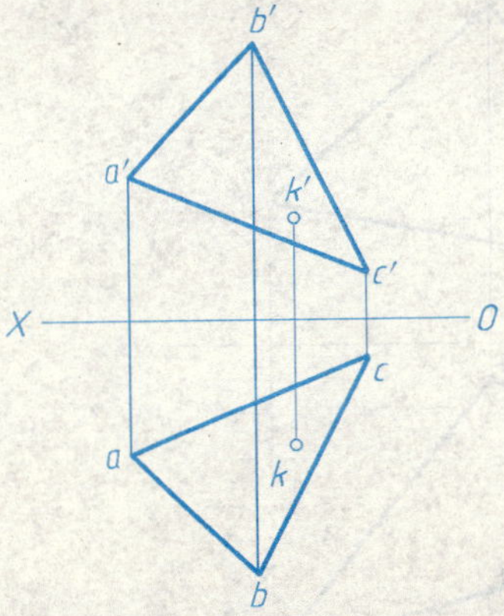

（在，不在）

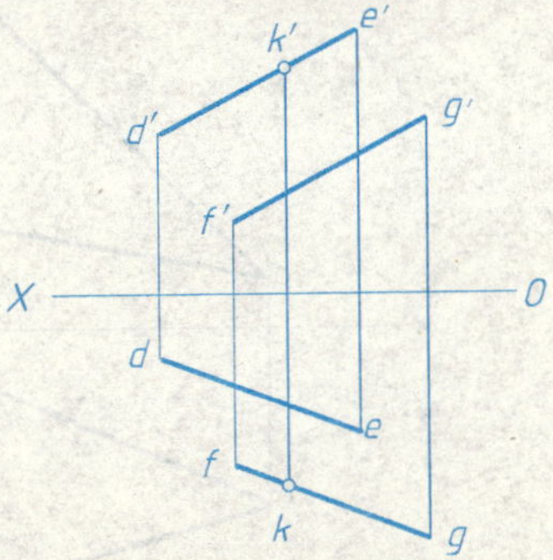

（在，不在）

班级　　　　姓名　　　　学号

2-11 平面的投影（三）

1. 完成缺口三角形的水平投影。

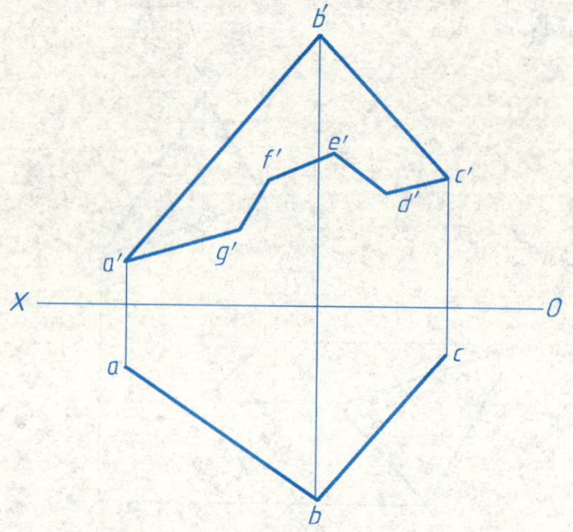

2. 已知平面 *ABCD* 的对角线 *AC* 为一正平线，完成该平面形的水平投影。

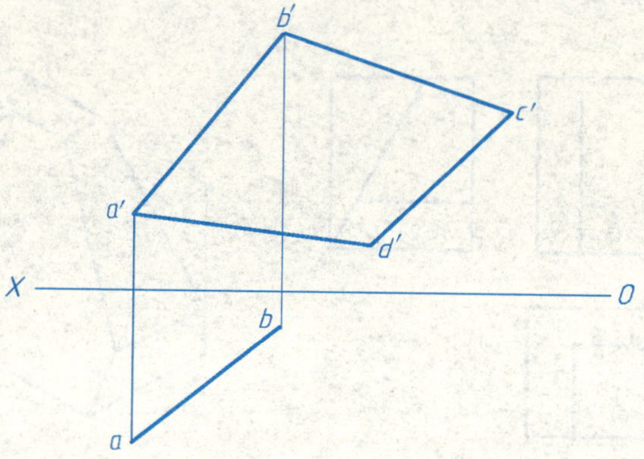

3. 过点 *B* 作平面△*ABC* 内的水平线，过点 *C* 作平面△*ABC* 内的正平线。

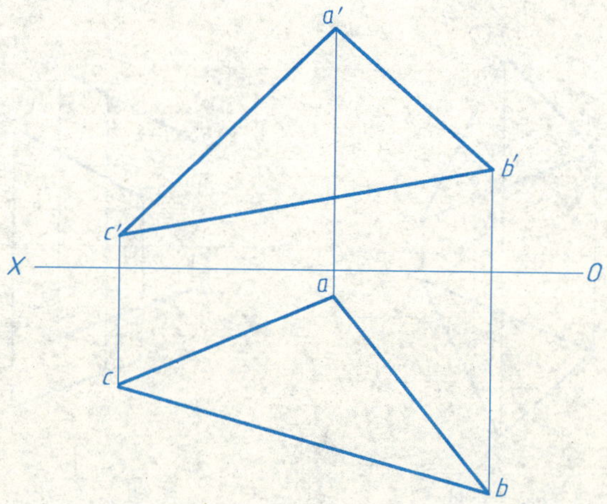

4. 在平面△*ABC* 内确定一点 *K*，使点 *K* 距 *H* 面 15mm，距 *V* 面 16mm。

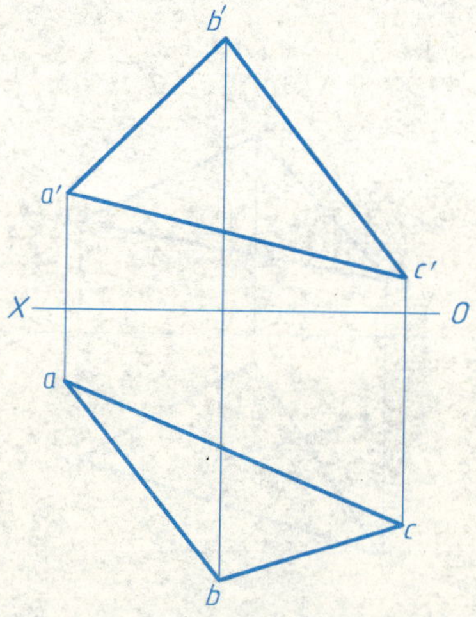

班级　　　　姓名　　　　学号

1. 直线 AB 为一平面对 H 面的最大斜度线，试作出该平面。

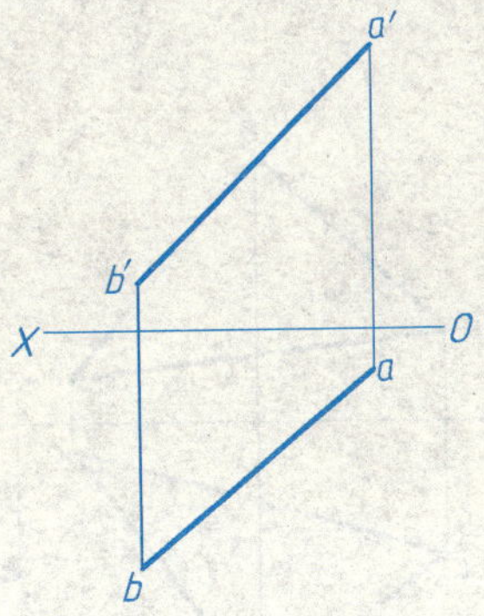

2. 求平面△ABC 对 V 面的倾角 β。

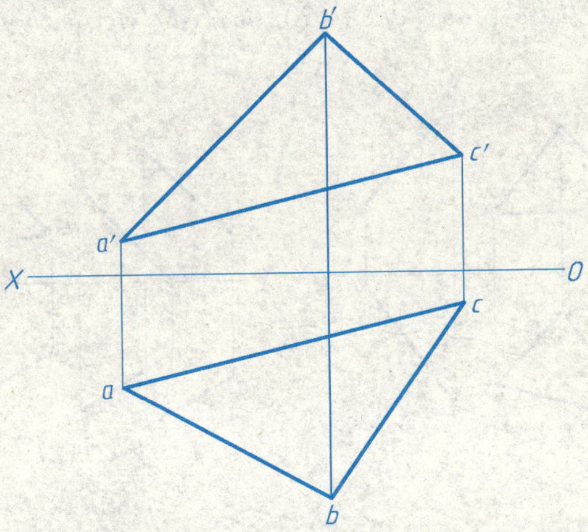

3. 已知线段 AB 为某平面对 V 面的最大斜度线，求作属于该平面且距 H 面为 20mm 的正平线 CD。

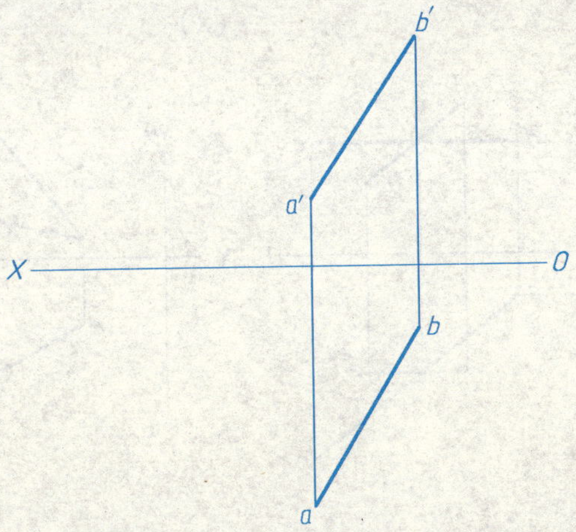

4. 已知线段 AB 是属于平面的一条水平线，并知平面与 H 面的夹角为 45°，求作该平面。

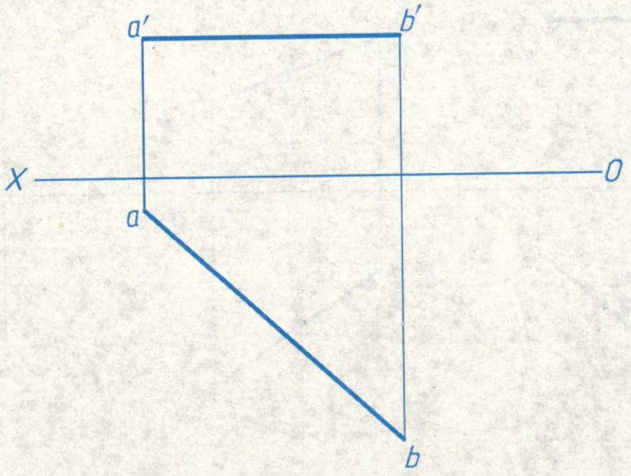

班级　　姓名　　学号

2－13　直线、平面的相对位置（一）

1. 判断下列直线与平面或两平面是否相互平行？

（1）$a'b' /\!/ d'e'$，$ab /\!/ df$　　（2）$ab /\!/ cd /\!/ efg$，$a'b' /\!/ c'd' /\!/ e'f'$

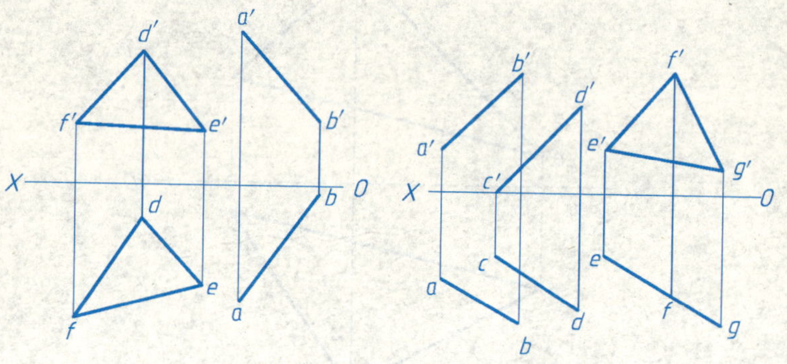

直线 *AB* 与平面△*DEF* ____　　平面（*AB*//*CD*）与平面△*EFG* ____

2. 已知直线 *DE* 平行于△*ABC*，作出 $d'e'$。过点 *F* 作正平线平行于△*ABC*。

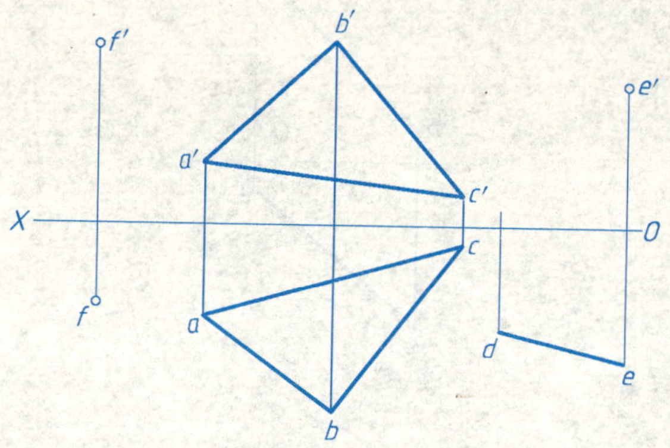

3. 过线段 *BC* 作平面平行于线段 *DE*，再过点 *A* 作铅垂面平行于线段 *DE*。

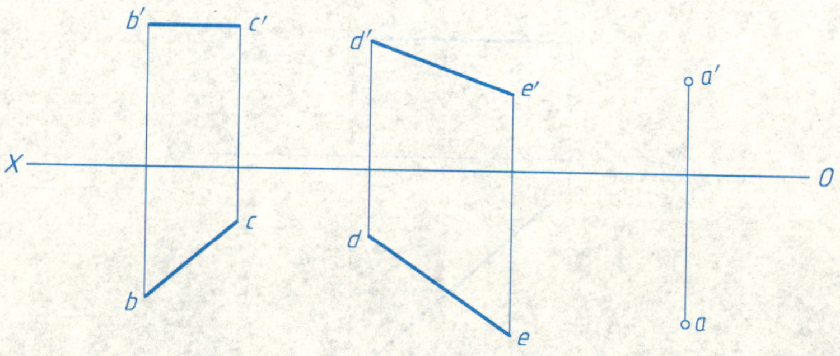

4. 过点 *A* 作平面平行于已知平面。要求：题（1）用三角形表示；题（2）用相交两直线表示。

（1）

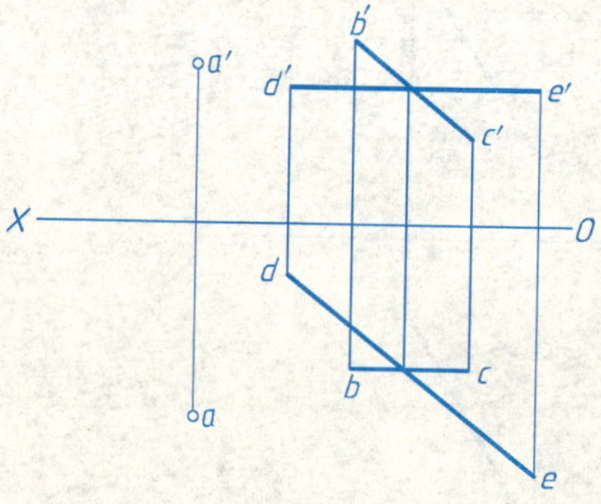

（2）

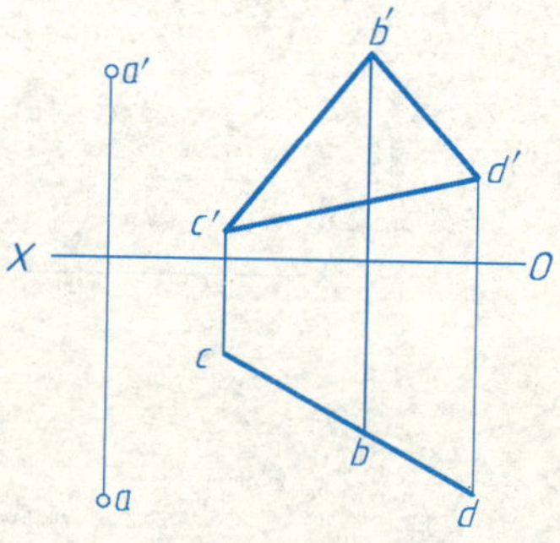

班级　　　　姓名　　　　学号

1. 求直线 *EF* 与△*ABC* 的交点，并判别其可见性。

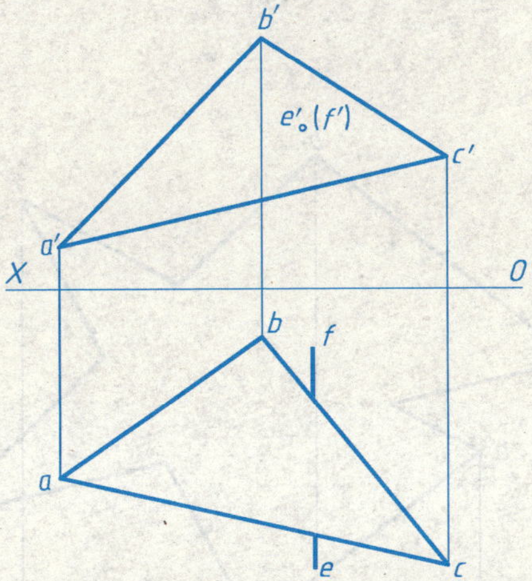

2. 求直线 *EF* 与△*ABC* 的交点，并判别其可见性。

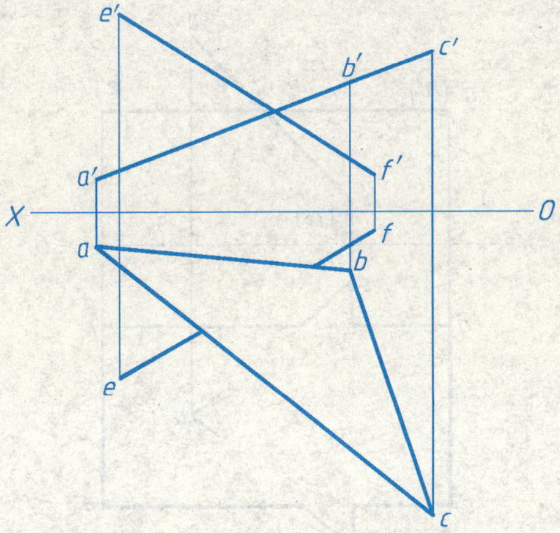

3. 求直线 *EF* 与△*ABC* 的交点，并判别其可见性。

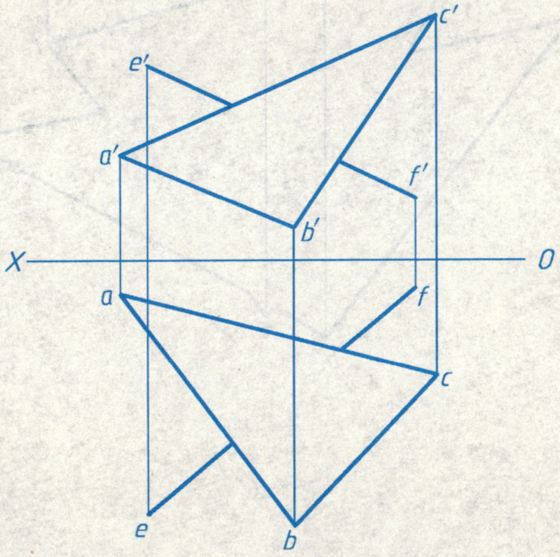

4. 求直线 *AB* 与平面 *EFGH* 的交点，并判别其可见性。

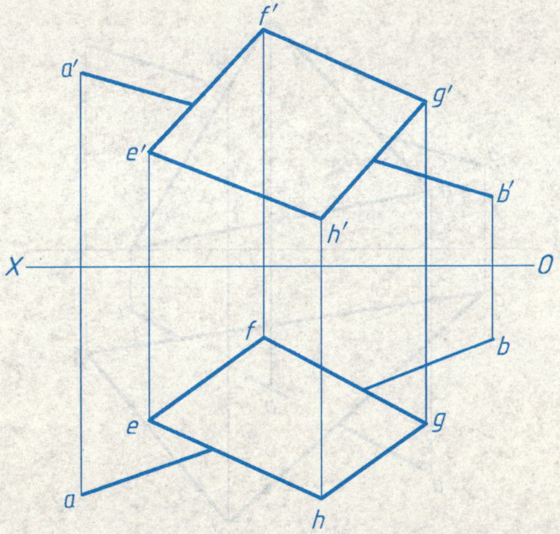

班级　　　　姓名　　　　学号

2-15 直线、平面的相对位置（三）

1. 求作△*ABC* 与平面 *DEFG* 的交线，并判别其可见性。

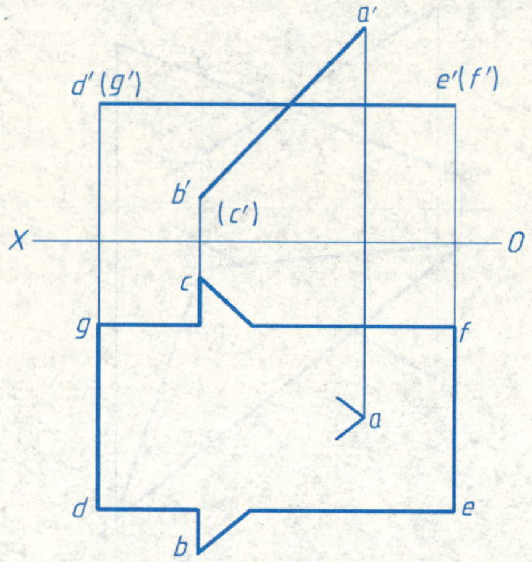

2. 求作△*ABC* 与△*DEF* 的交线，并判别其可见性。

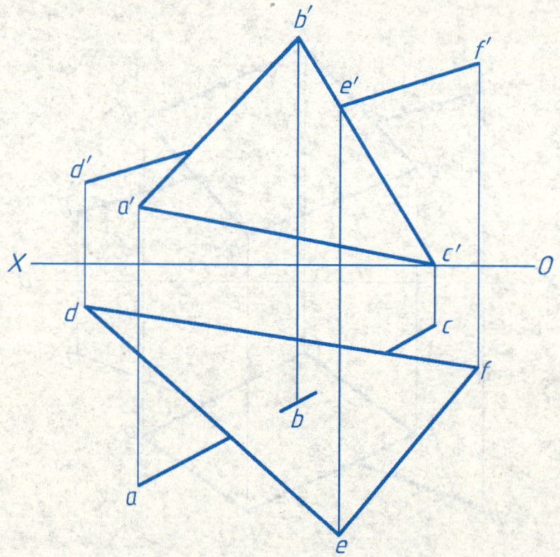

3. 求作△*ABC* 与△*DEF* 的交线，并判别其可见性。

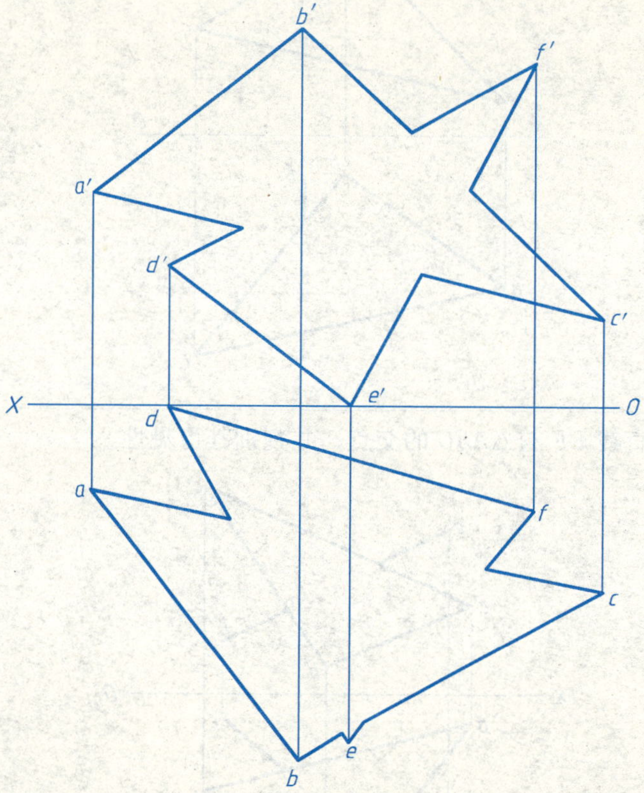

班级　　　　姓名　　　　学号

2-16 直线、平面的相对位置（四）

1. 判别下列直线与平面、平面与平面是否垂直。

(1)

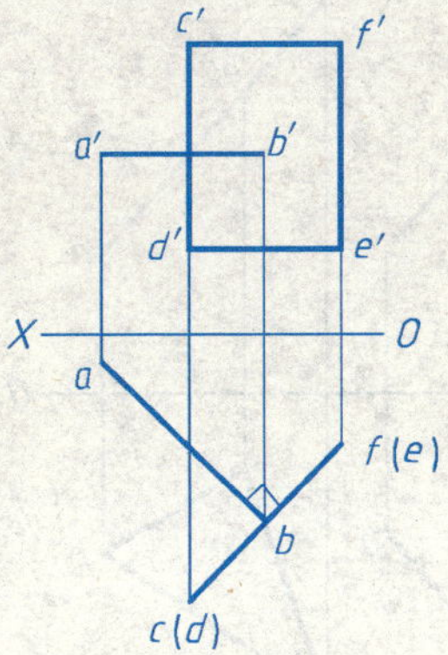

______

(2)

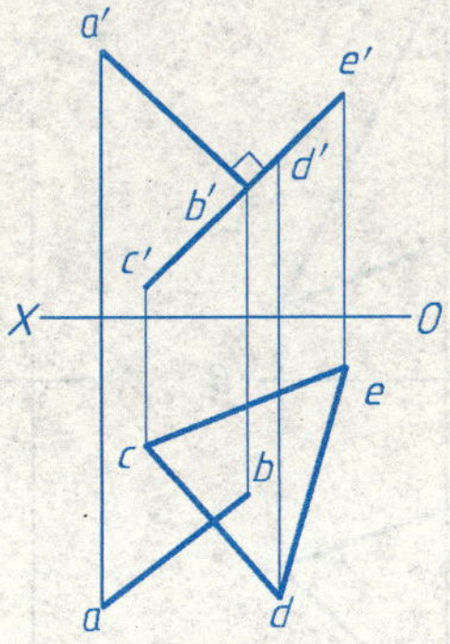

______

(3)

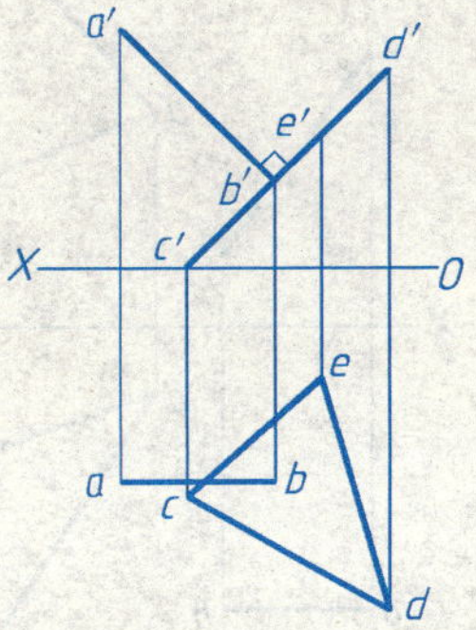

______

(4)

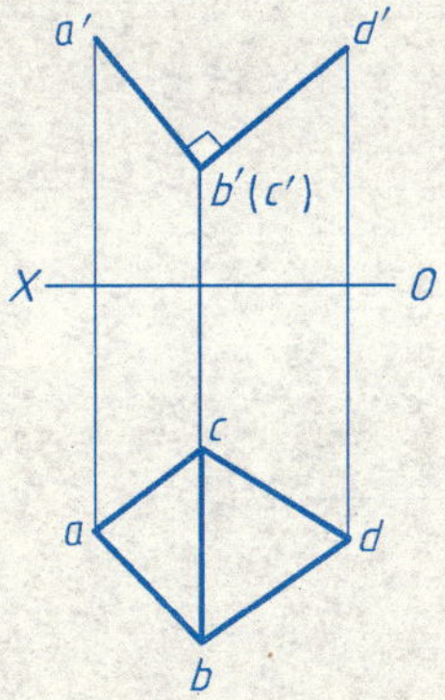

______

(5)

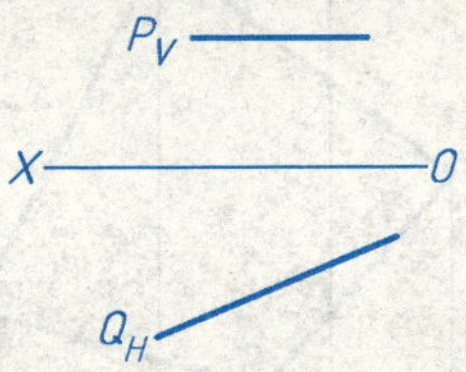

______

(6)

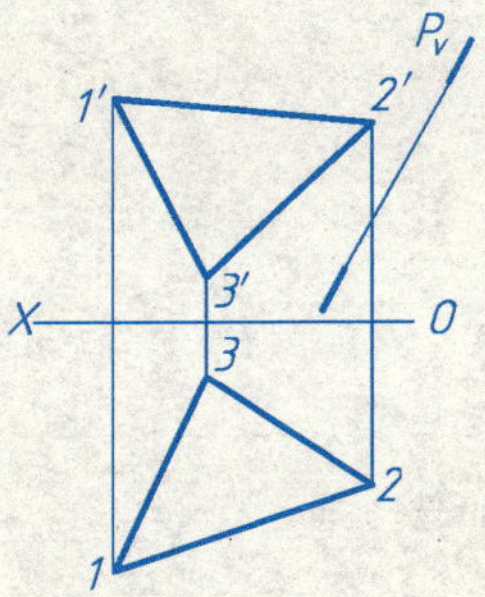

______

2. 过平面 *ABCD* 的中心，作该平面的垂线。

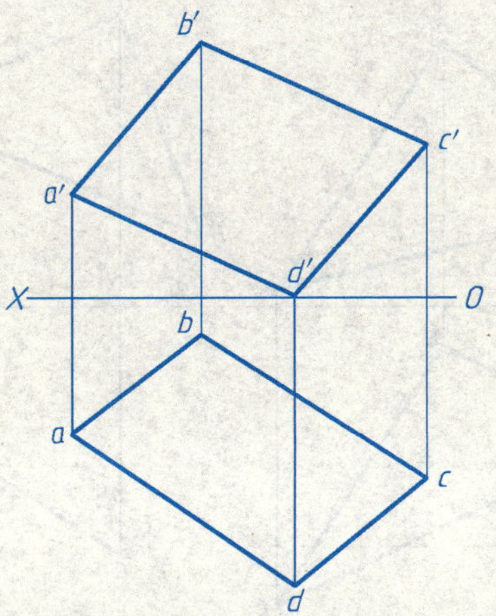

3. 过点 *A* 作直线 *MN* 的垂直面。

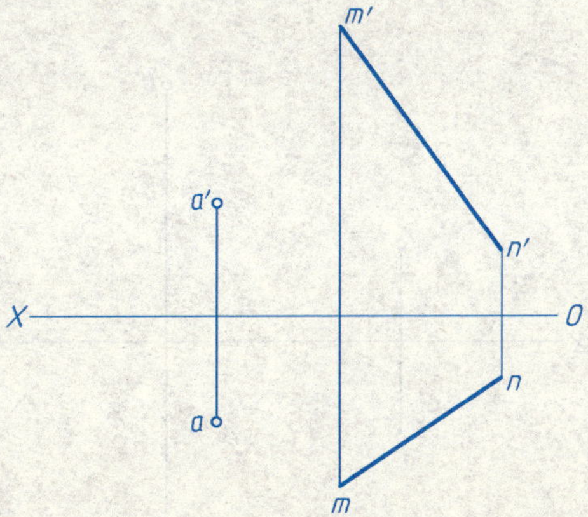

班级　　　　姓名　　　　学号

2－17　直线、平面的相对位置（五）

1. 已知△*ABC* 垂直于△*DEF*，试完成△*ABC* 的水平投影。

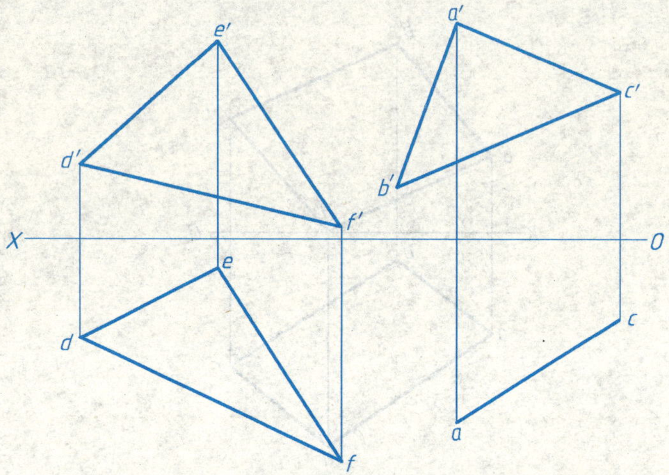

2. 过线段 *AB* 作一平面垂直于平面△*DEF*。

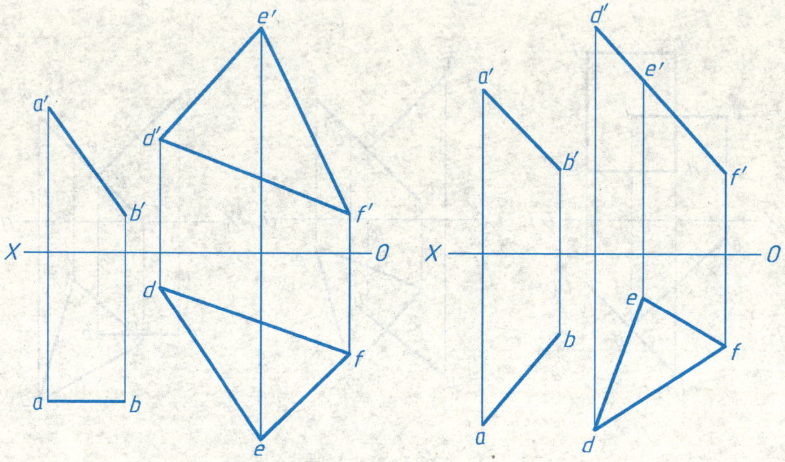

3. 求作到点 *A* 及点 *B* 等距离的点的轨迹。

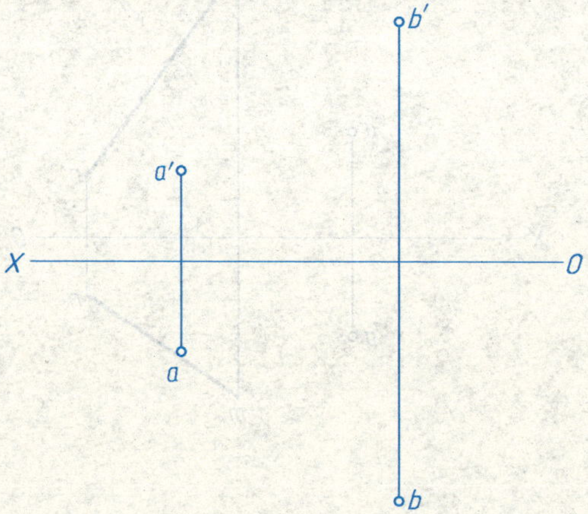

4. 求点 *A* 到平面 *BCDE* 的距离。

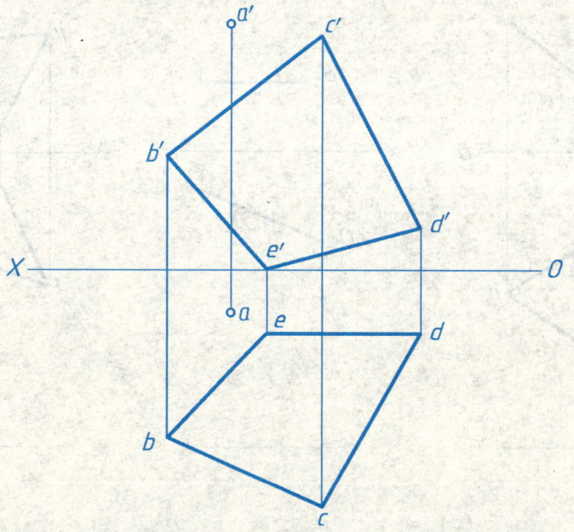

班级　　　　姓名　　　　学号

1. 过点 K 作一平面垂直于△CDE，并平行于线段 AB。

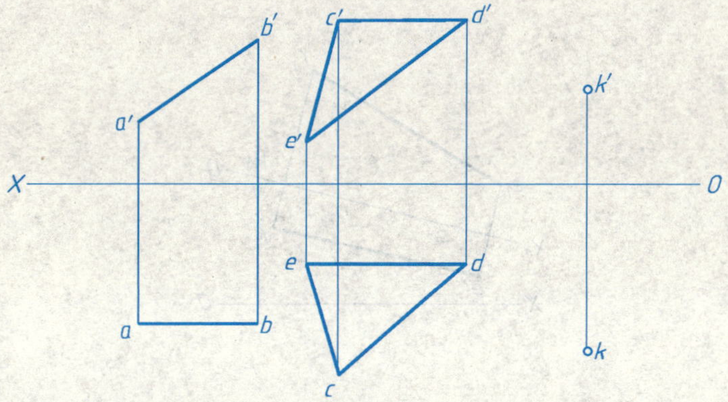

2. 过点 K 作直线与交叉两直线 AB 和 CD 相交。

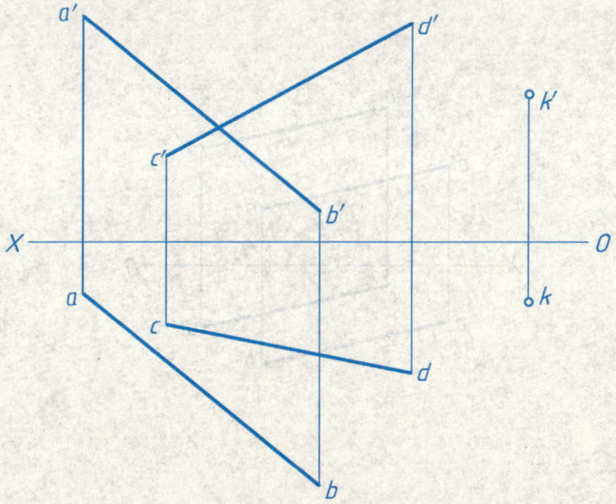

3. 已知 BD 为菱形的一对角线，顶点 A 在 EF 上，求作菱形 $ABCD$ 的投影。

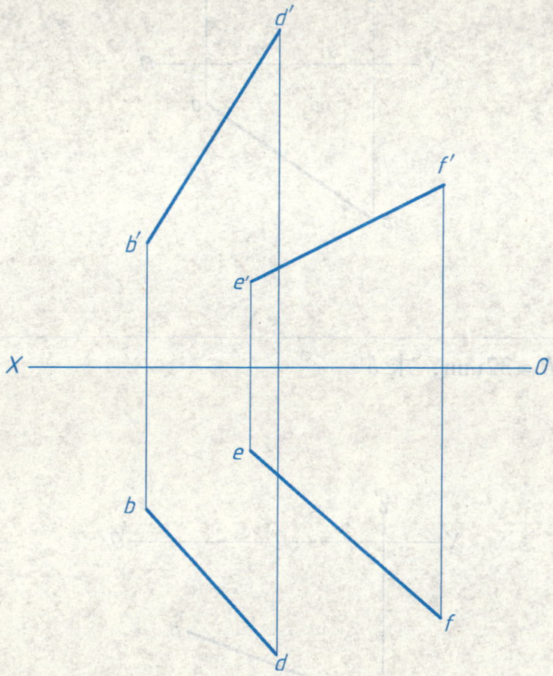

班级　　　　姓名　　　　学号

1. 求线段 AB 的实长和对 H、V 面的倾角 α、β。

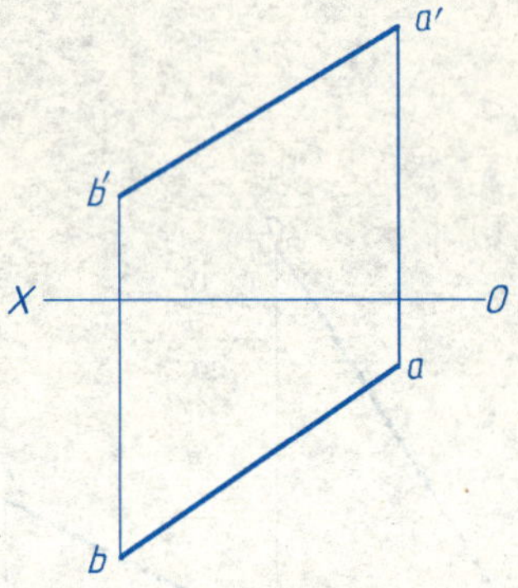

2. 已知直线 EF 的正面投影 $e'f'$ 及 H_1 面投影 e_1f_1，求作 EF 的 H 面投影。

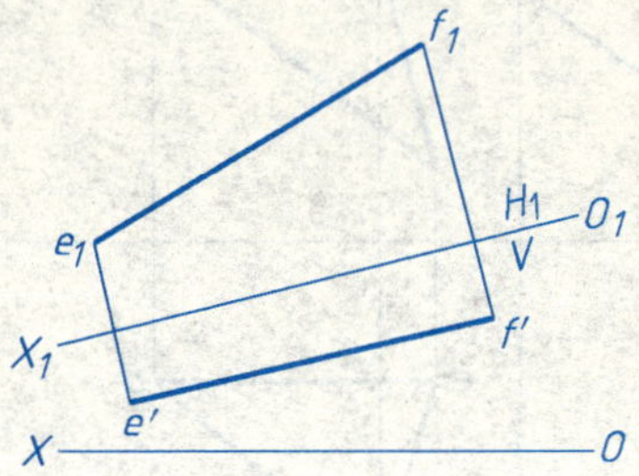

3. 已知 $AB=32\text{mm}$，求 b'。

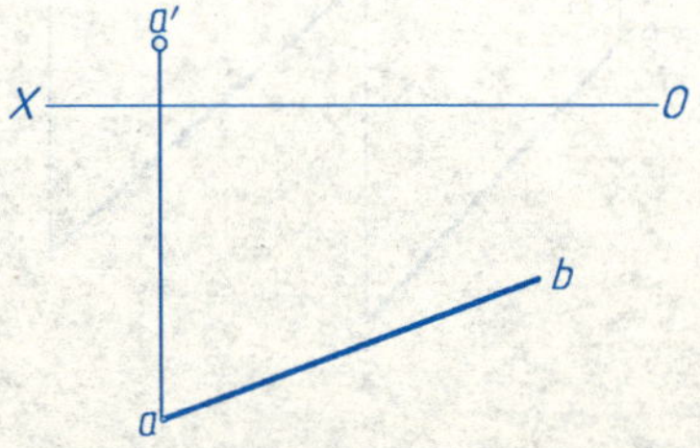

4. 求平行两直线 AB 与 CD 间的距离实长及其在 V、H 面的投影。

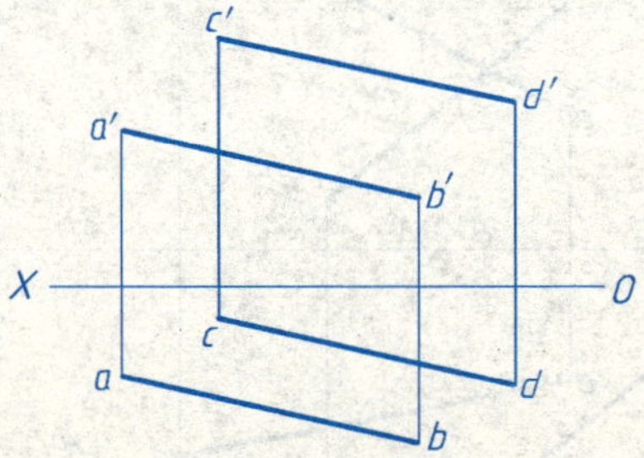

班级　　　　姓名　　　　学号

*2－20　换面法（二）

1. 求四边形的实形及其对 H 面的倾角 α。

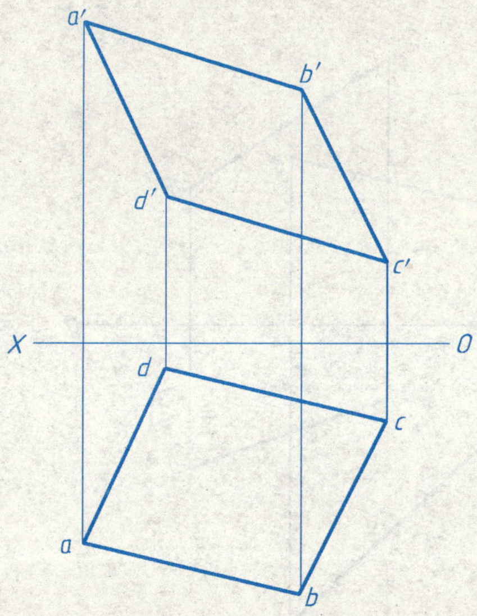

2. 求相交两平面△ABC 和△BCD 之间的夹角 θ。

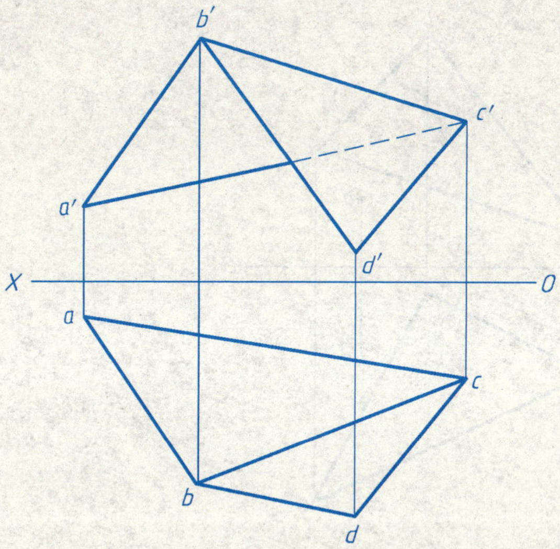

班级　　　　姓名　　　　学号

1. 求点 D 到 $\triangle ABC$ 的距离，并作出其垂足 K 的投影。

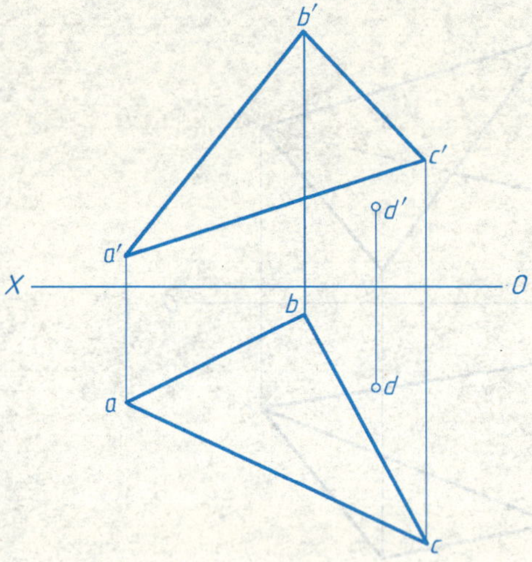

2. 试确定连接管子 AB 与 CD 的最短管子 EF 的位置和长度。

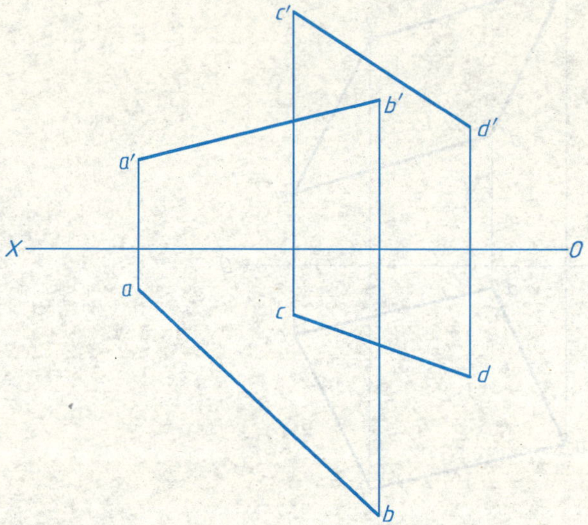

班级　　　　姓名　　　　学号

1. 在△*ABC* 上求一点 *K*，使 *K* 到 *A*、*B* 的距离均为 20mm。

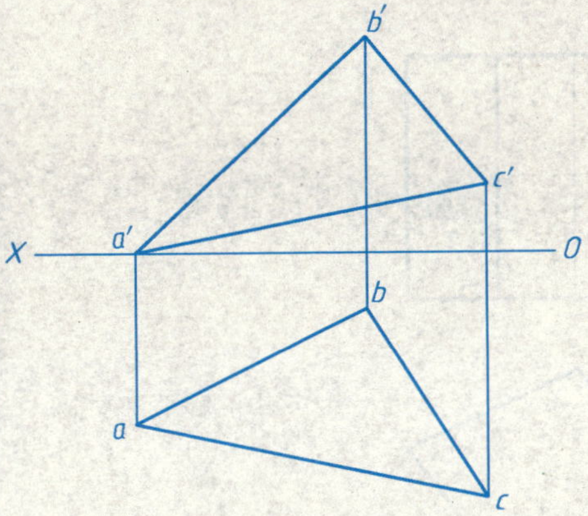

2. 已知平面形的实形投影，求作其正面投影和水平投影。

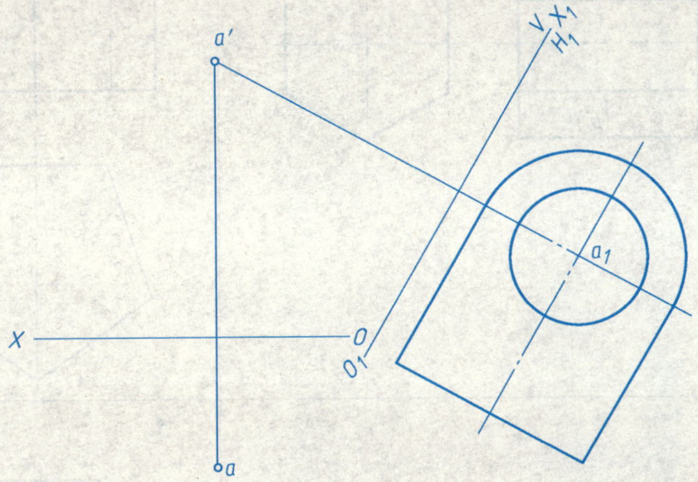

班级　　　　姓名　　　　学号

第三章　基 本 立 体

3－1　完成下列平面体及其表面上点 *A*、*B* 的三面投影

1.

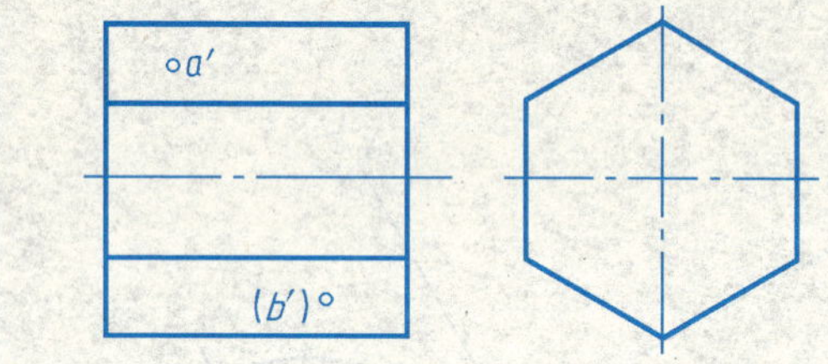

2.

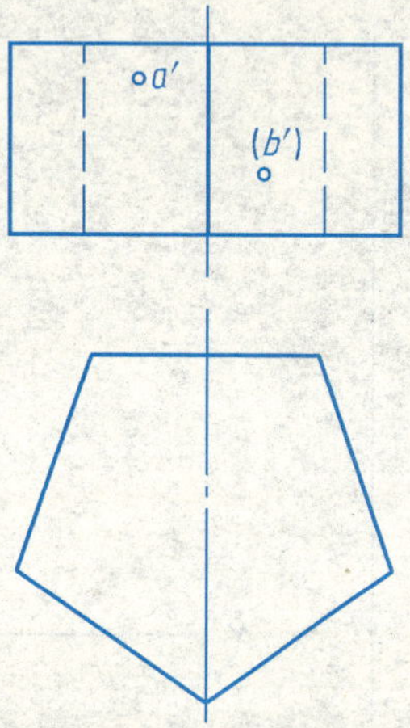

3.

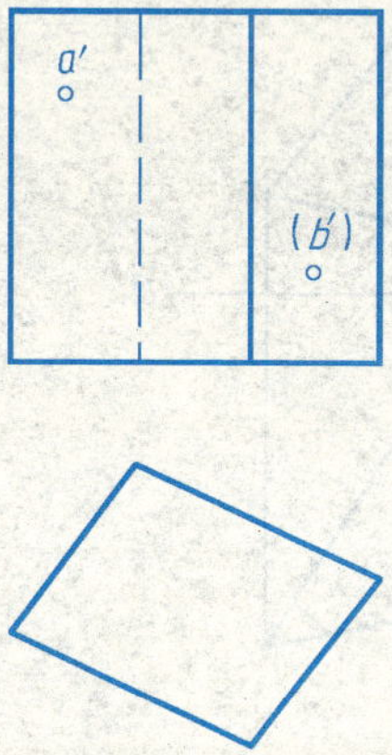

4.

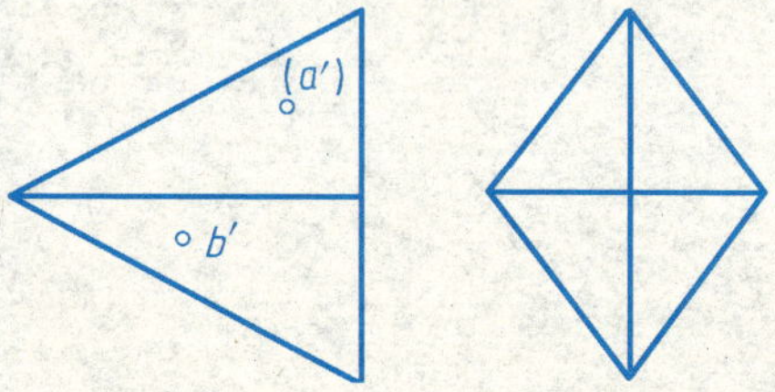

5.

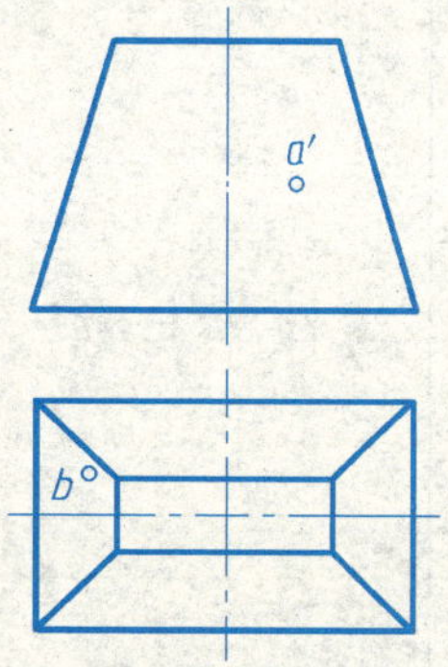

6.

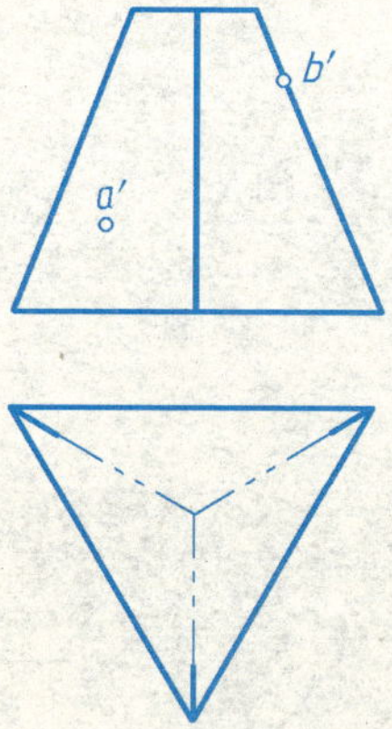

班级　　　　姓名　　　　学号

3－2　完成下列回转体的第三视图，并标出表面上点 *A*、*B* 的另两投影

1.

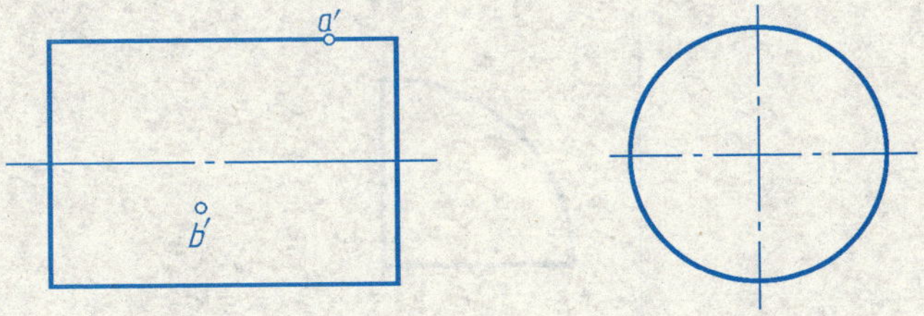

2.

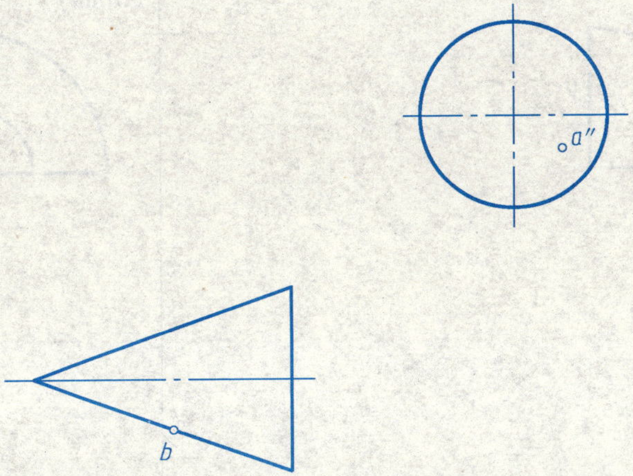

3.

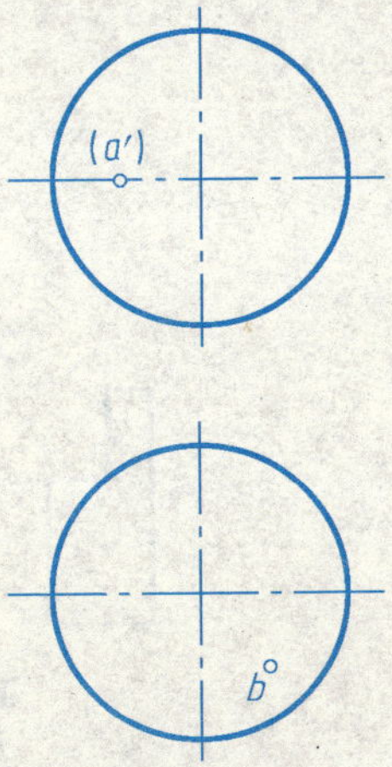

4.

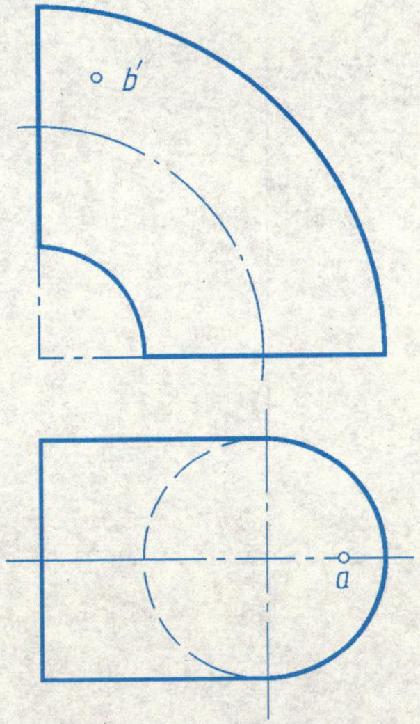

班级　　　　　　姓名　　　　　　学号

3－3 完成下列回转体的三视图

1. 四分之一圆柱（两底面距离 20mm）。

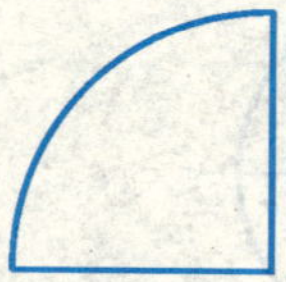

2. 四分之一圆锥台（两底面距离 20mm）。

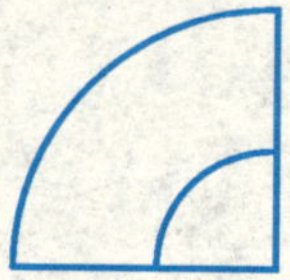

3. 四分之一球。

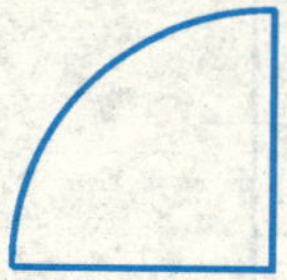

4. 二分之一圆环。

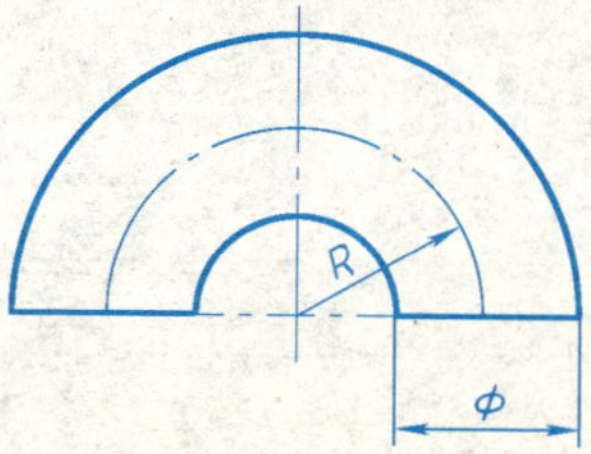

5. 母线绕垂直于 H 面的轴线回转而成的回转体。

6. 母线绕垂直于 H 面的轴线回转而成的回转体。

班级　　　　姓名　　　　学号

*3－4　补画完整柱体上对称面和回转轴线的投影（细点画线）

1.

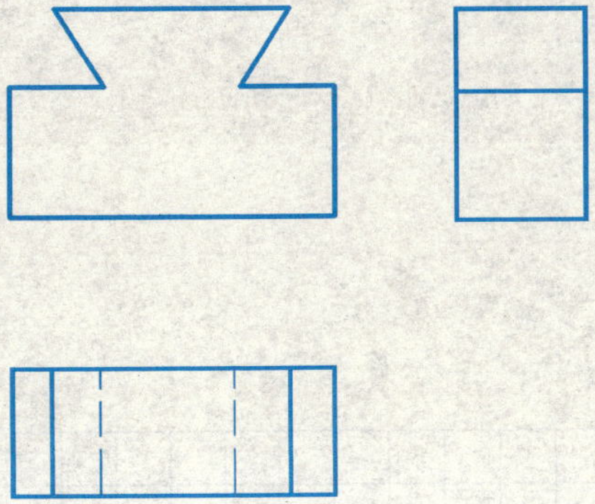

2.

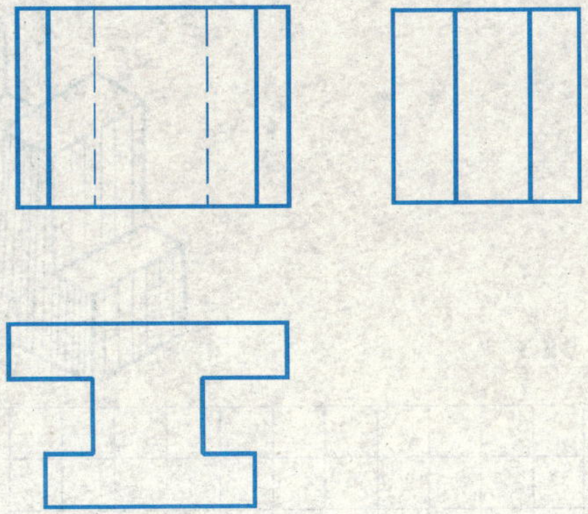

3.

4.

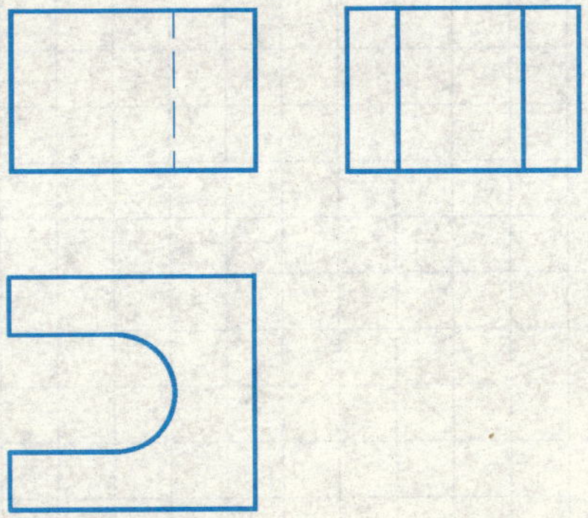

5.

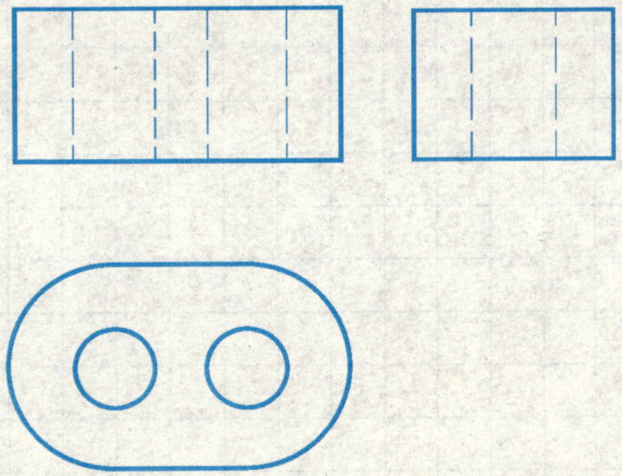

6.

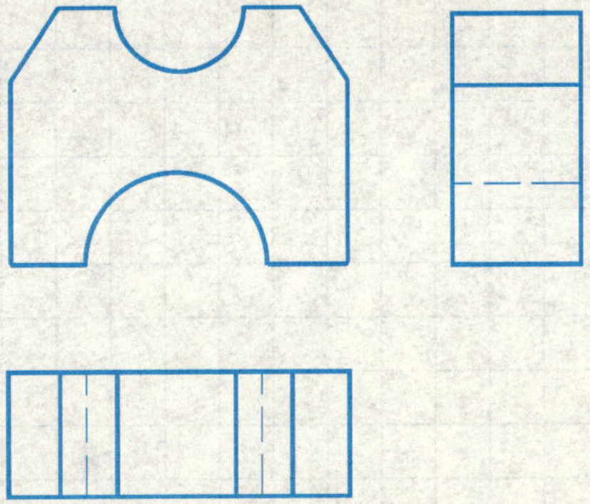

班级　　　　姓名　　　　学号

***3－5　根据立体图或模型，在方格纸上徒手画出其三视图，并标注尺寸**（尺寸数值按 1:1 的比例在图上量取整数）（一）

1.

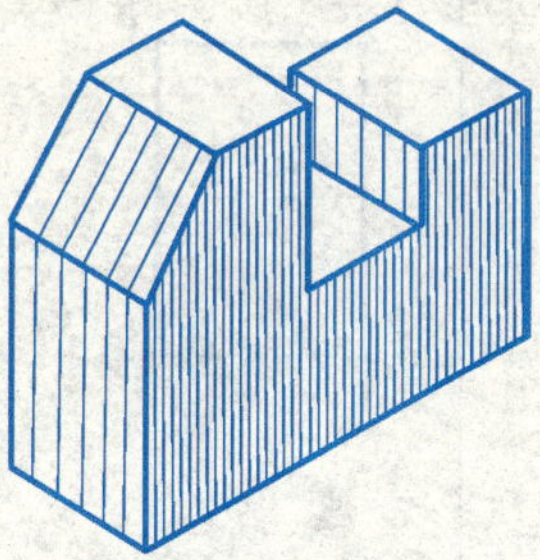

2.

班级　　　　姓名　　　　学号

*3－6 根据立体图或模型，在方格纸上徒手画出其三视图，并标注尺寸（尺寸数值按 1∶1 的比例在图上量取整数）（二）

1.

2.

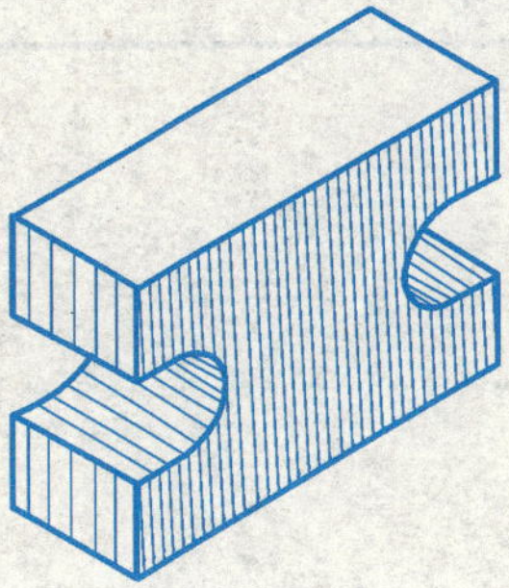

班级　　　　　　姓名　　　　　　学号

第四章　立体表面的交线

4－1　完成下列切口平面体的三面投影

1.

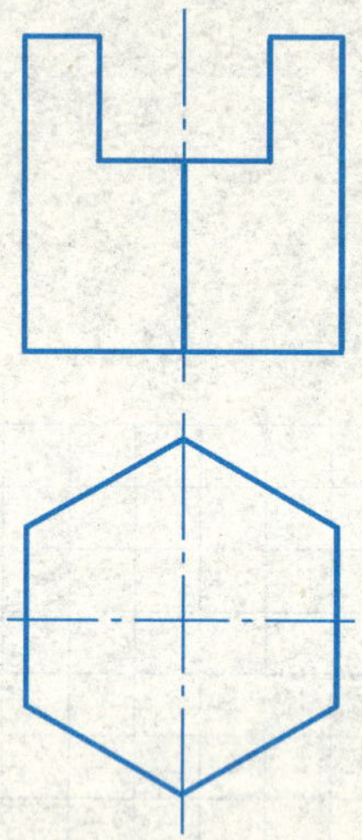

2.

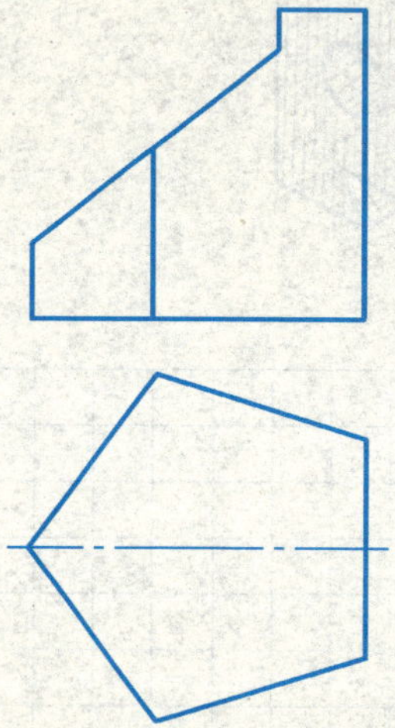

3.

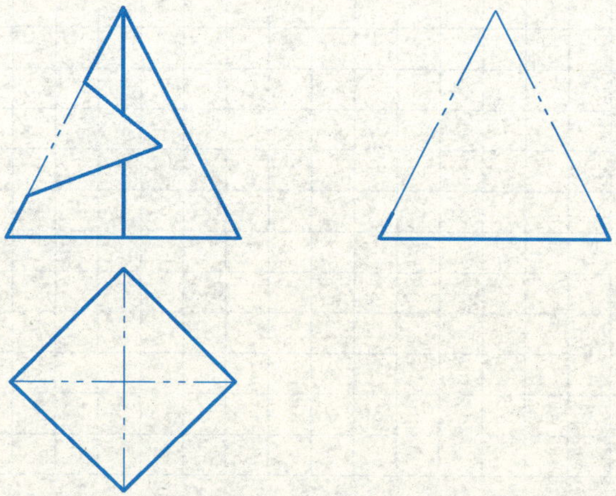

4.

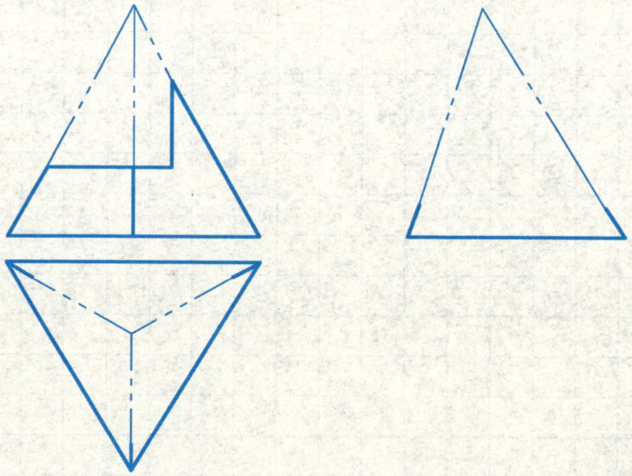

班级　　　　姓名　　　　学号

4-2 补画截切圆柱的第三视图（一）

1.

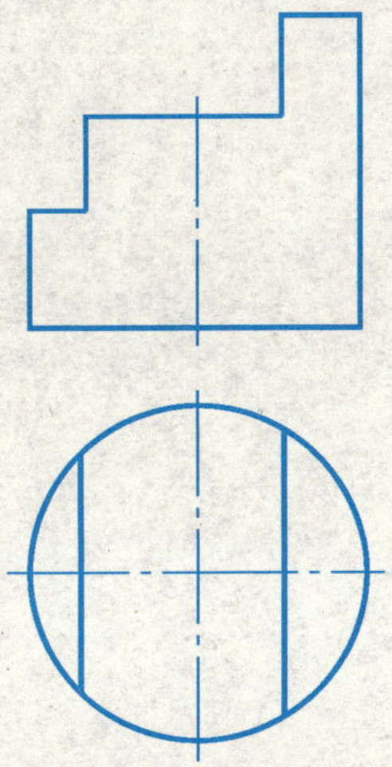

2.

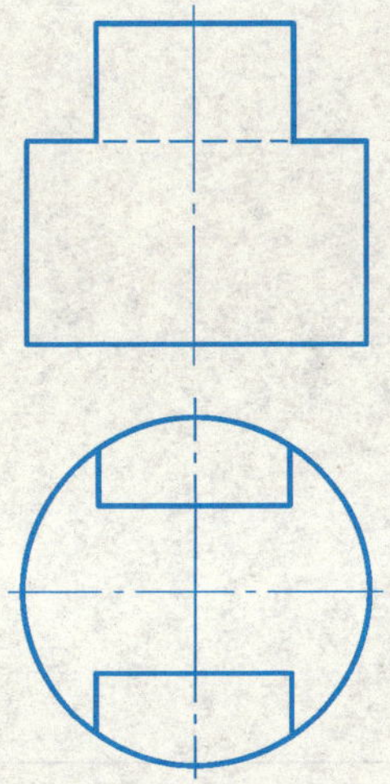

3.

4.

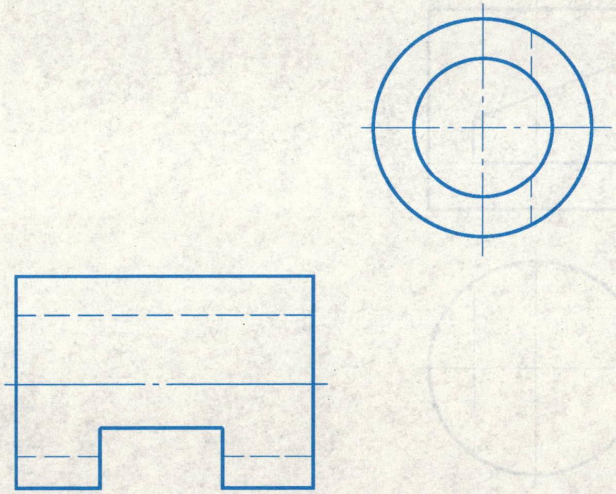

班级　　　　　　姓名　　　　　　学号

4-3　补画截切圆柱的第三视图（二）

1.

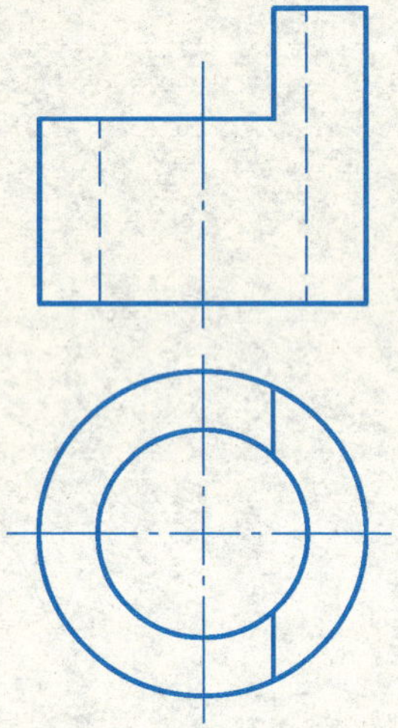

2.

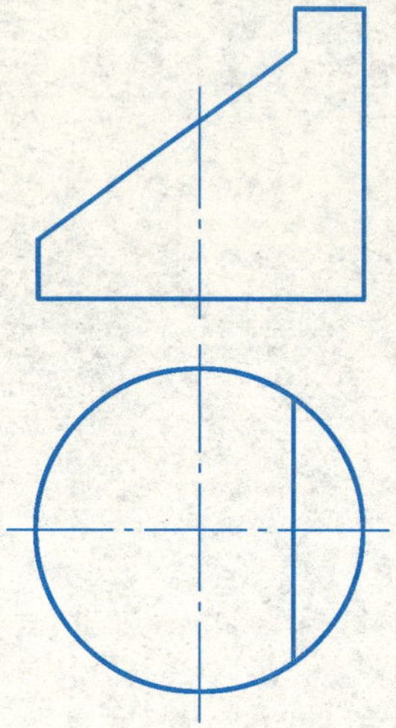

3.

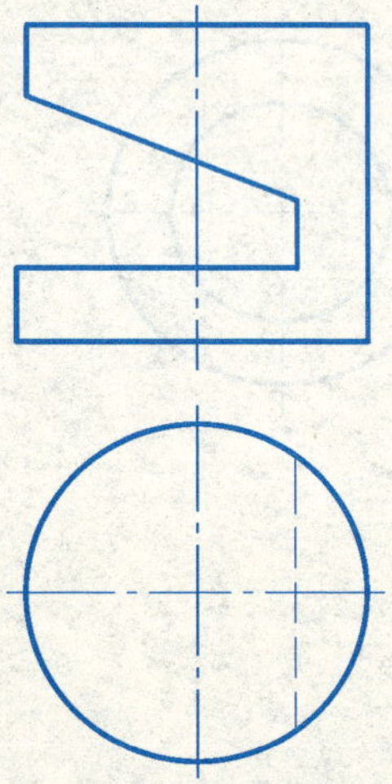

4.

班级　　　　姓名　　　　学号

4 –4　由已知视图，想象立体形状，补画视图中的漏线

1.

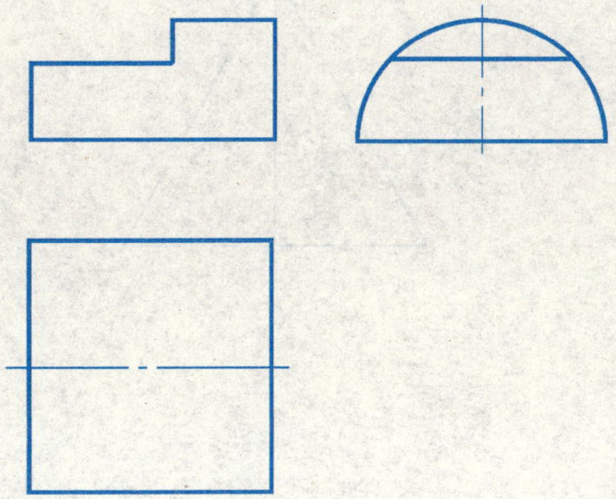

2.

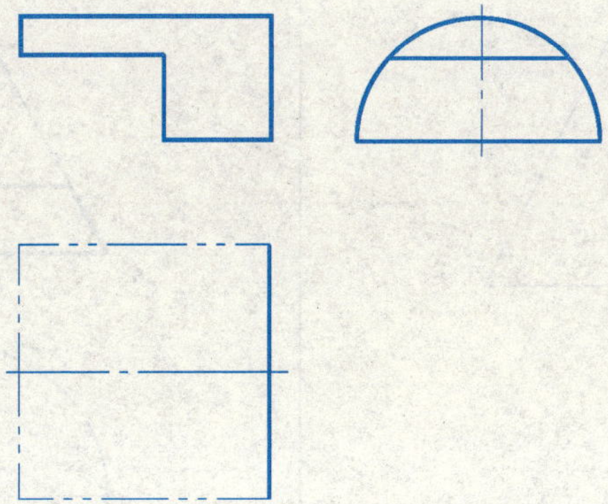

3.

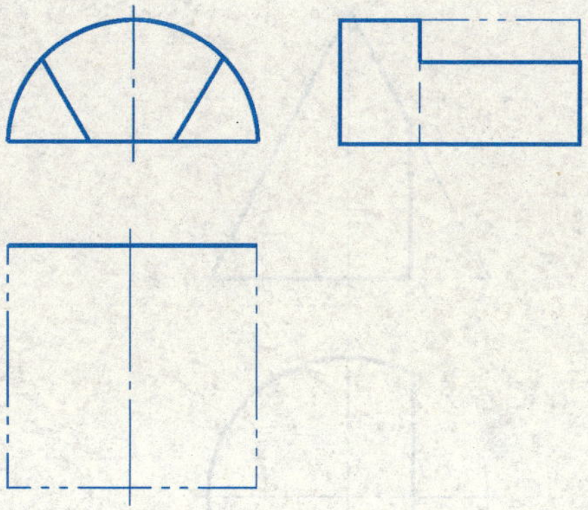

4.

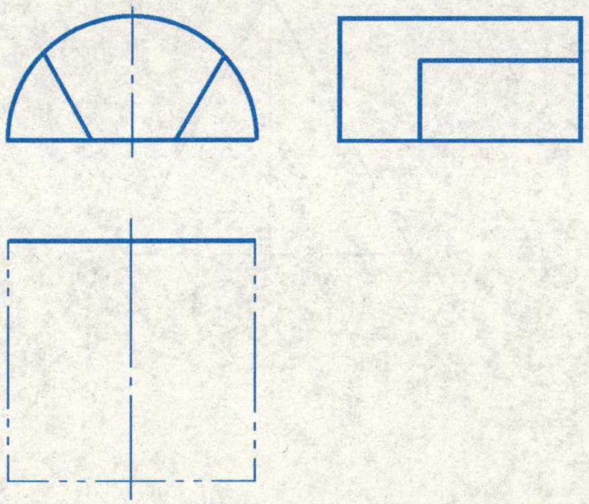

5.

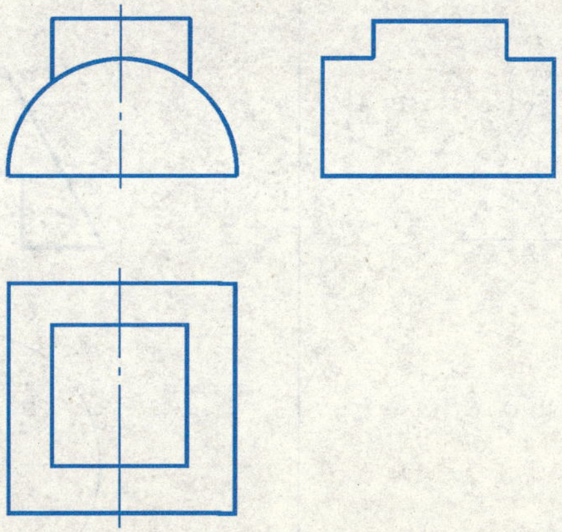

6.

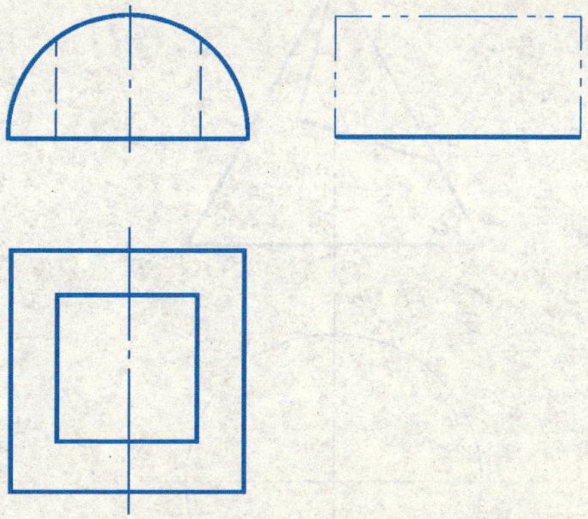

班级　　　　姓名　　　　学号

4－5　完成截切圆锥的三面投影

1.

2.

3.

4.

班级　　　　姓名　　　　学号

4-6 完成截切球体和圆柱的三面投影

1.

2.

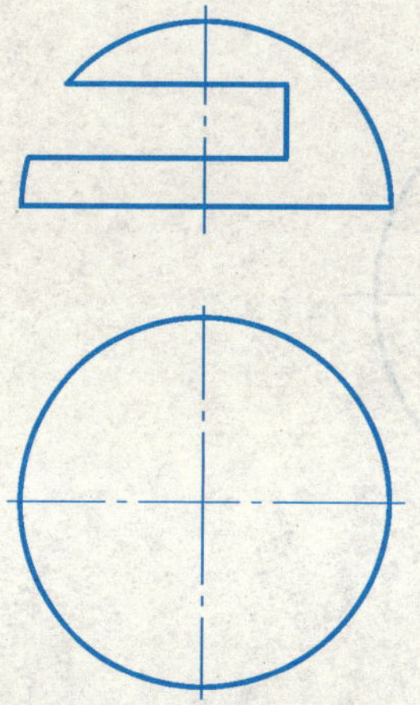

3.

4.

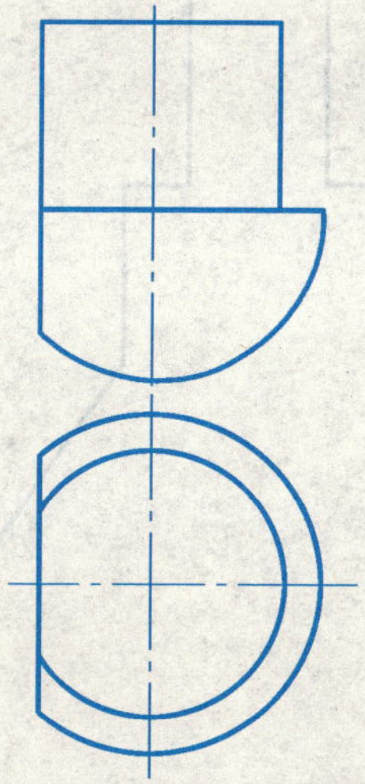

班级 姓名 学号

4-7 补画同轴组合回转体截交线的投影，完成三视图

1.

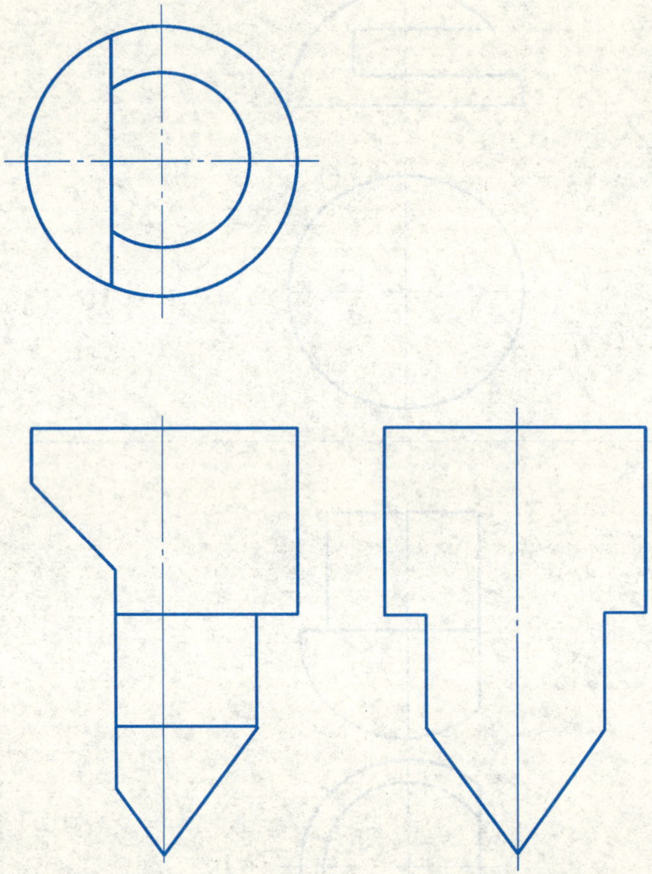

2.

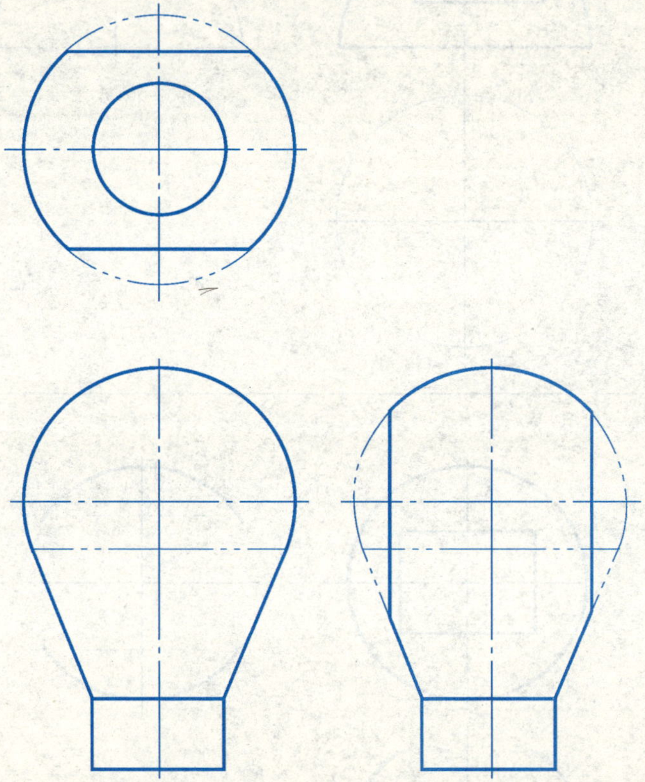

班级　　　　姓名　　　　学号

4-8 分析相贯线的投影，补画视图中所缺的图线

1.

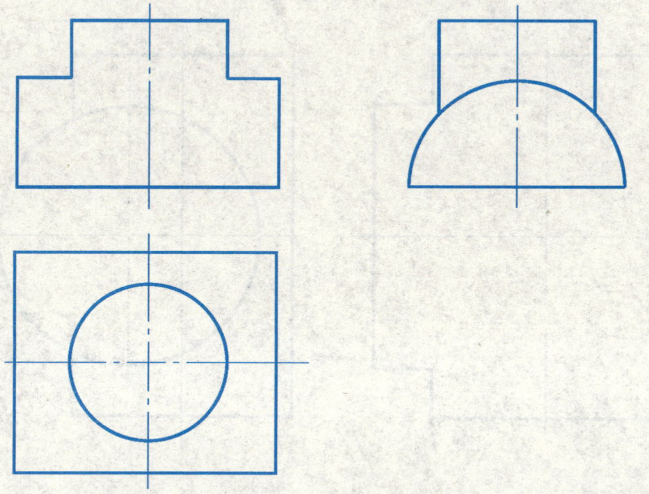

2.

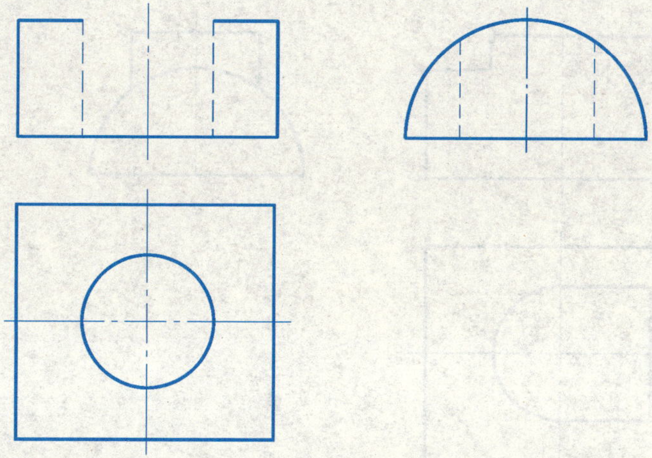

3.

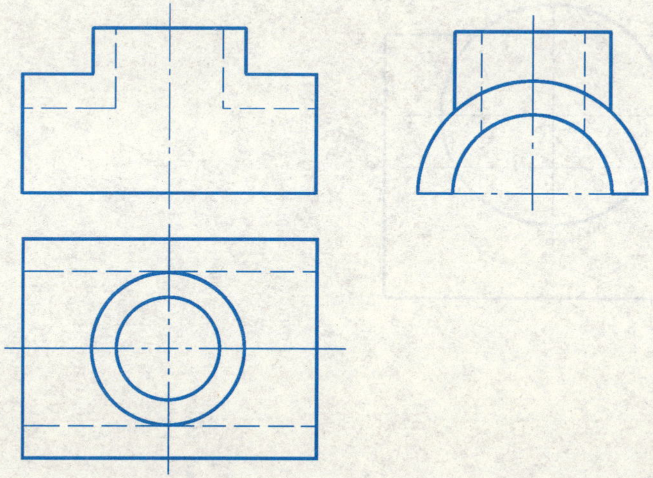

4.

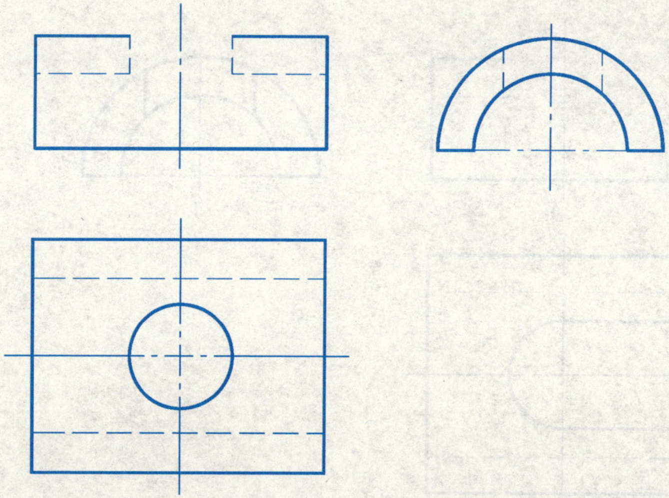

班级　　　　姓名　　　　学号

4-9　求作相贯线的投影，完成三视图

1.

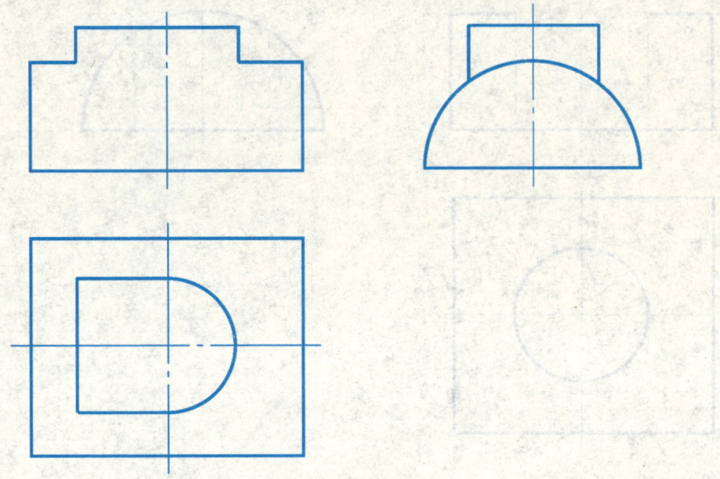

2.

3.

班级　　　　姓名　　　　学号

4－10　求作圆柱与圆锥相贯线的投影，完成三视图

1.

2.

班级　　　　　　姓名　　　　　　学号

4－11　分析两回转体的相贯线，画出其投影，完成三视图

1.

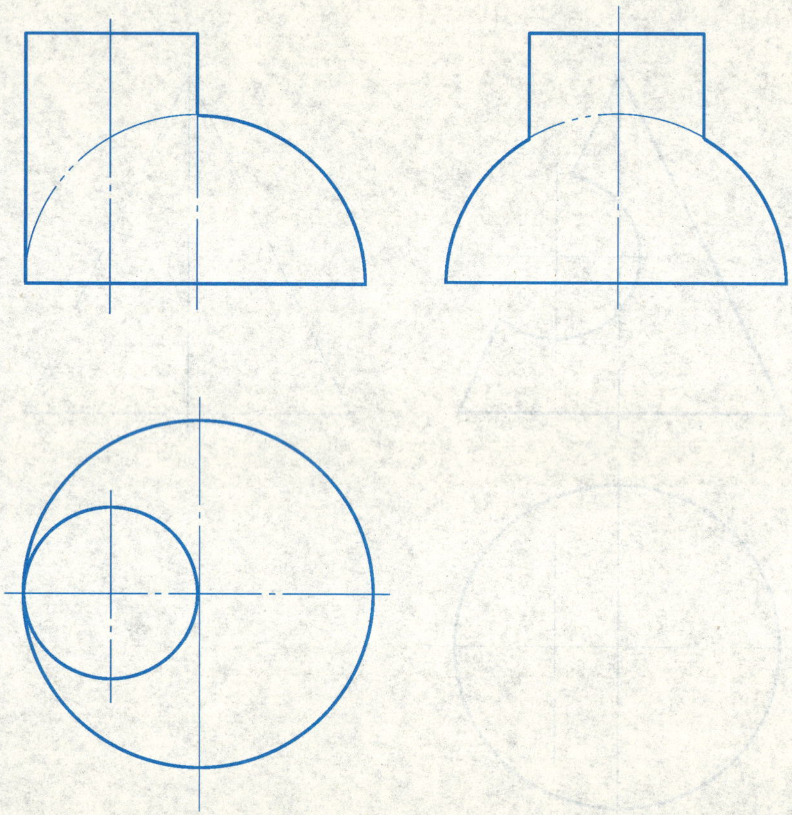

2.

班级　　　　姓名　　　　学号

4－12　求相贯线的投影，完成各视图

1.

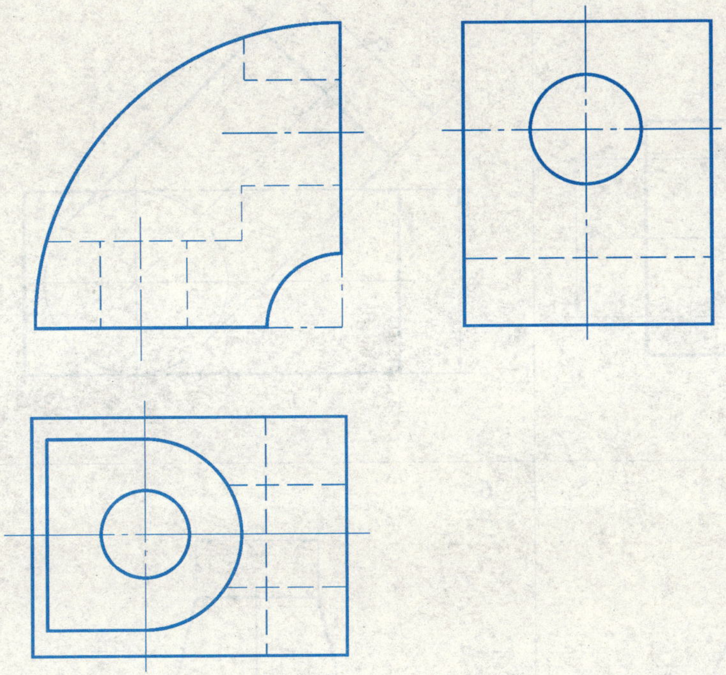

*2. 用辅助球面法

班级　　　　姓名　　　　学号

4-13 分析相贯线的投影，补画视图中所缺的图线（一）

1.

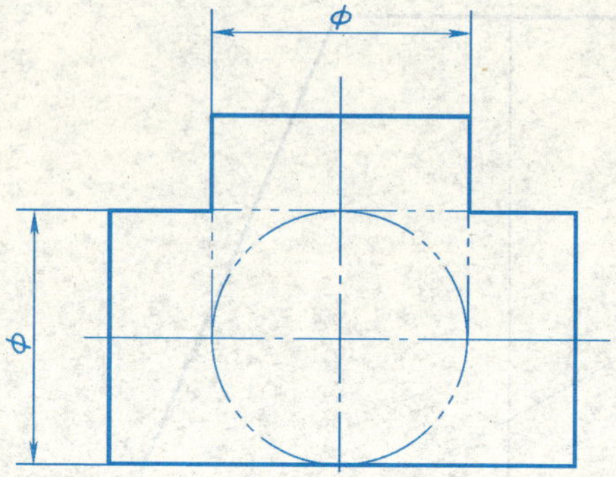

2.

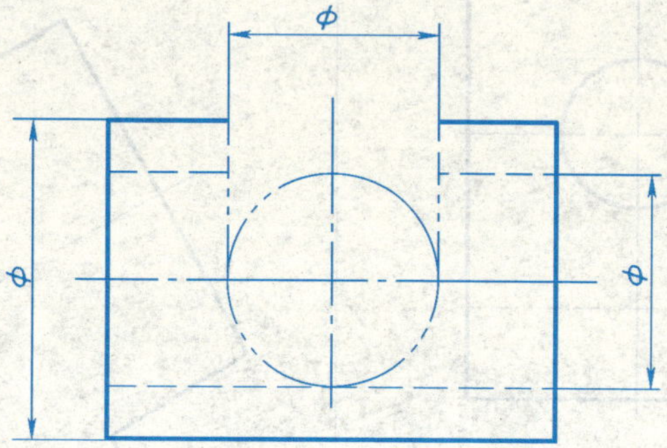

3.

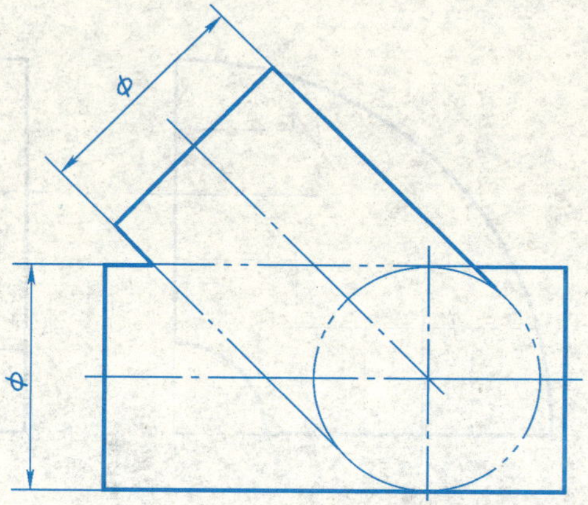

4.

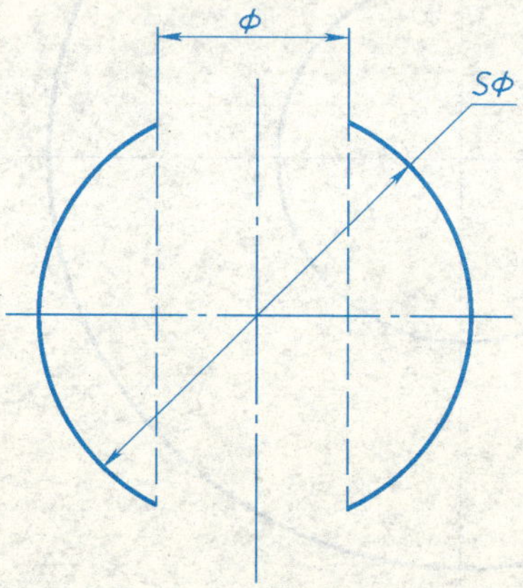

5.

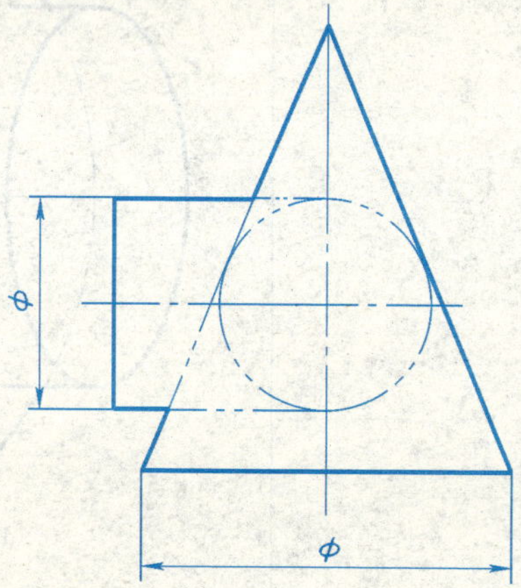

6.

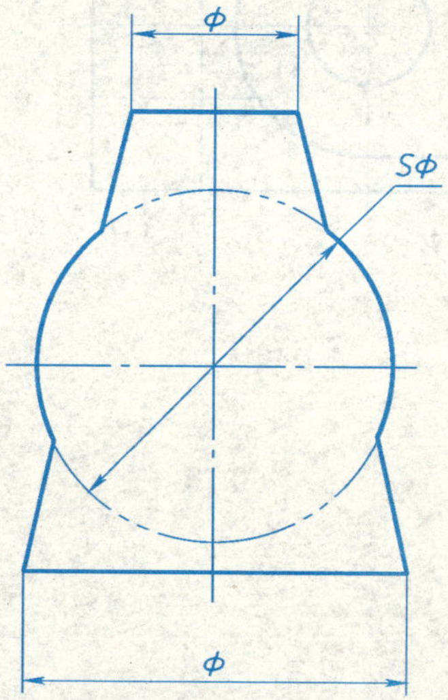

班级　　　　姓名　　　　学号

4-14 分析相贯线的投影，补画视图中所缺的图线（二）

1.

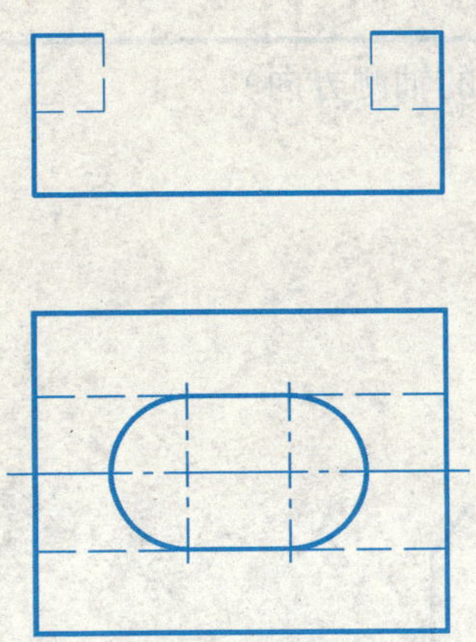

2.

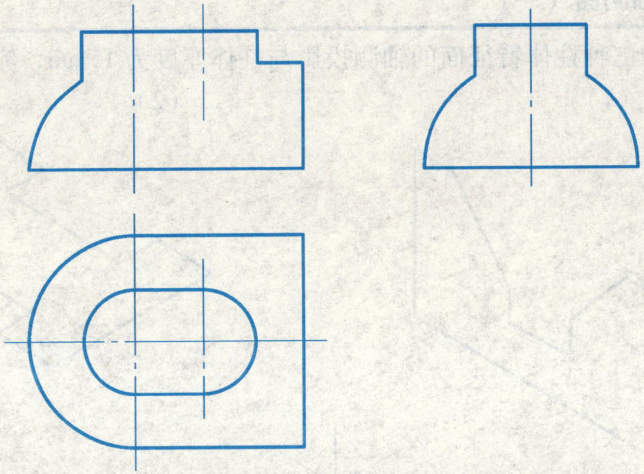

3.

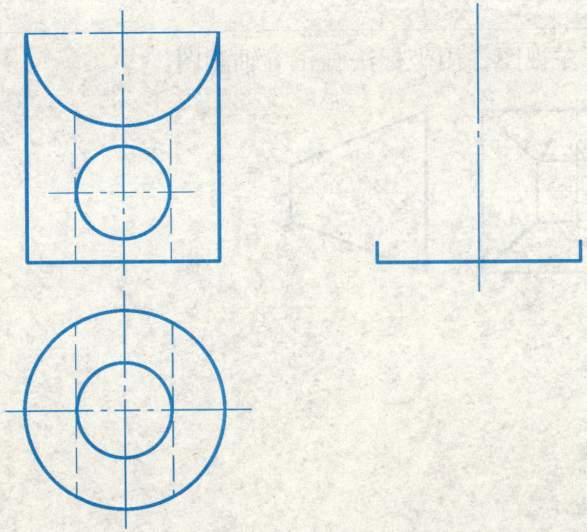

4.

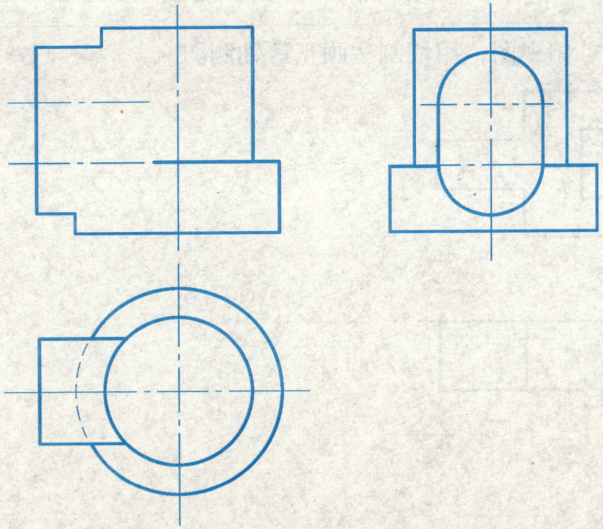

班级　　　　姓名　　　　学号

第五章 轴 测 图

5－1 轴测图（一）

1. 已知三种柱体特征面的轴测投影与柱体厚度为 15mm，完成其正等轴测图（Y、Z、X 分别为其厚度的轴测方向）。

（1）

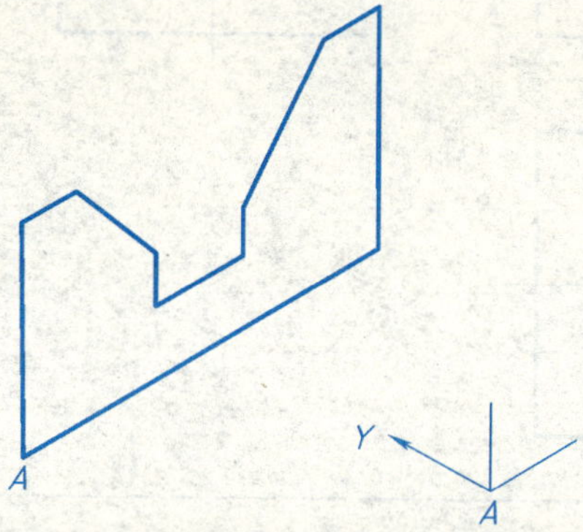

（2）

（3）

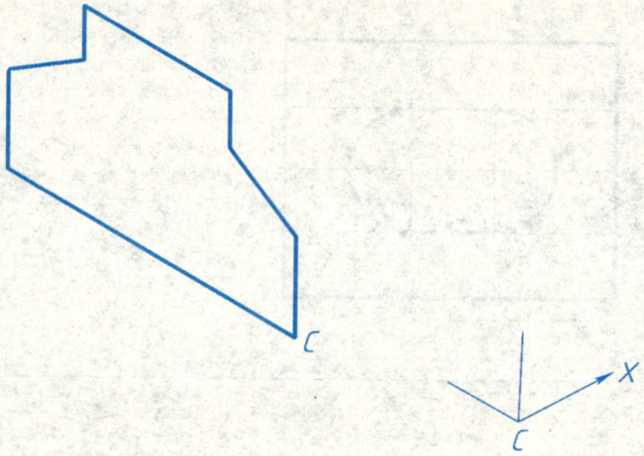

2. 根据主、俯视图，用切割法画正等轴测图。

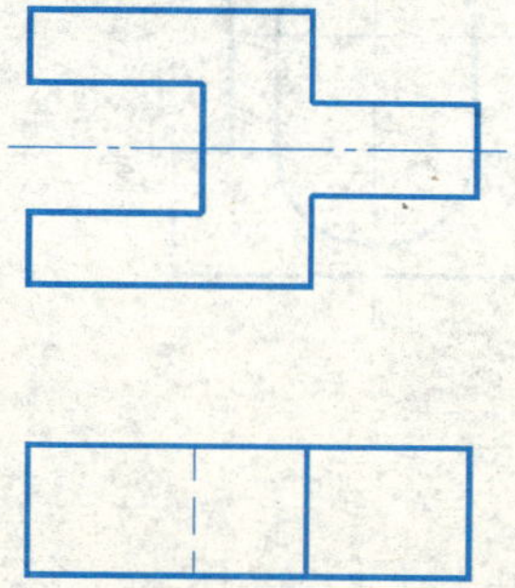

3. 根据主、左视图，用坐标法画正等轴测图。

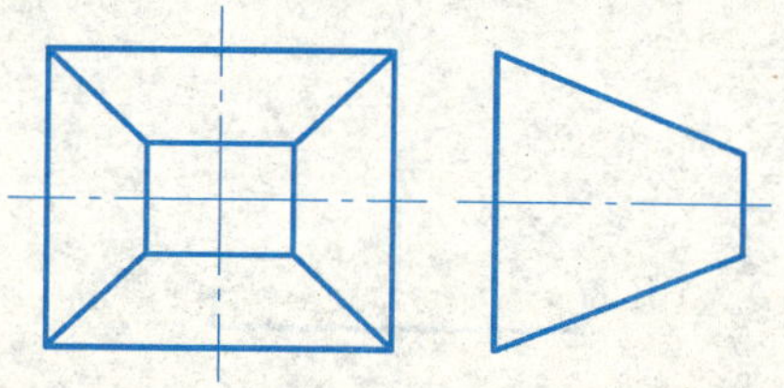

班级　　　　姓名　　　　学号

5-2 轴测图（二）

1. 根据主、俯视图，画正等轴测图。

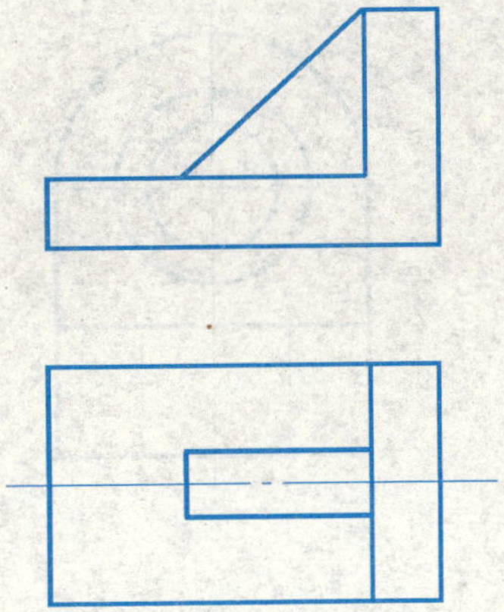

2. 根据六棱柱的两视图，画其正等轴测图（六棱柱立在四棱柱顶面的正中）。

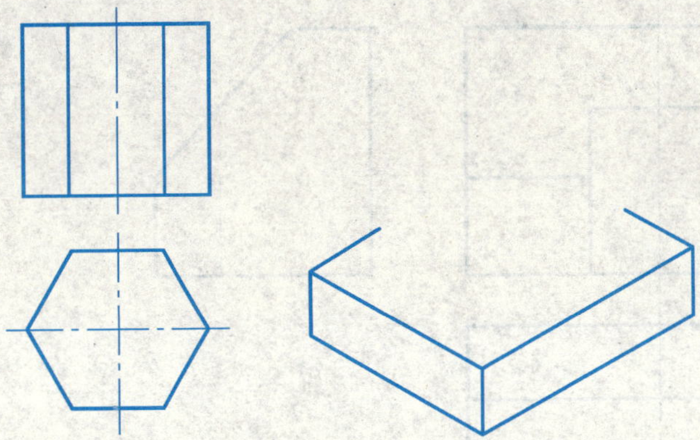

3. 根据圆柱两视图，画其正等轴测图（圆柱立在四棱柱顶面的正中）。

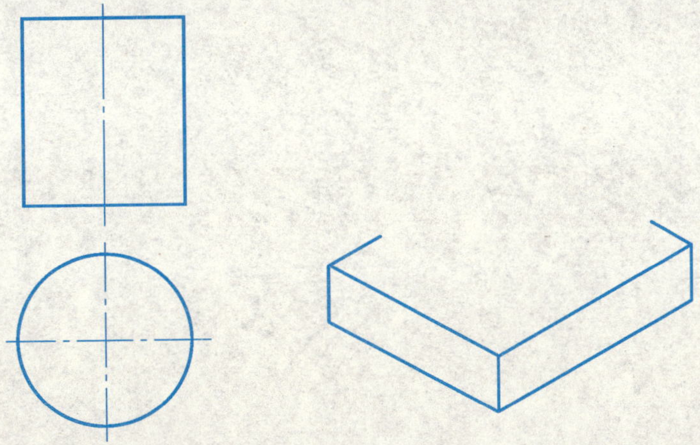

4. 根据主、俯视图，画正等轴测图。

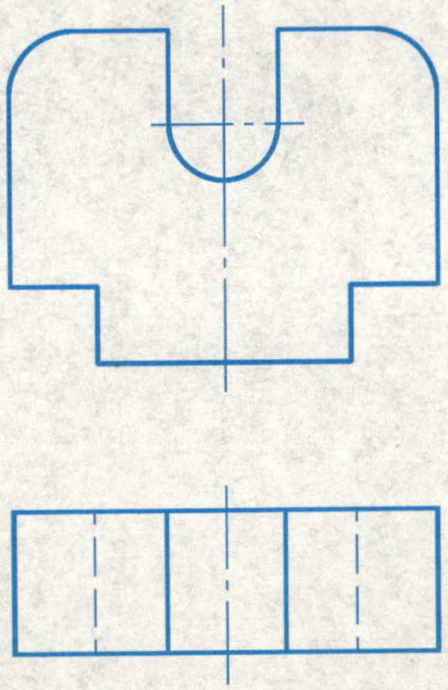

班级　　　　姓名　　　　学号

5-3 根据三视图画正等轴测图

1.

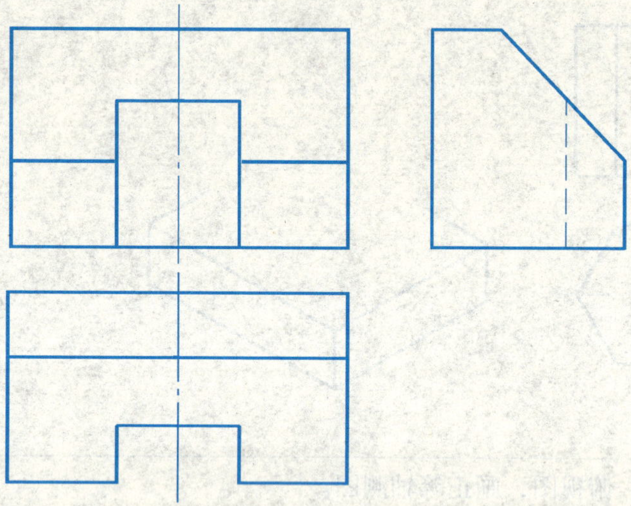

2.

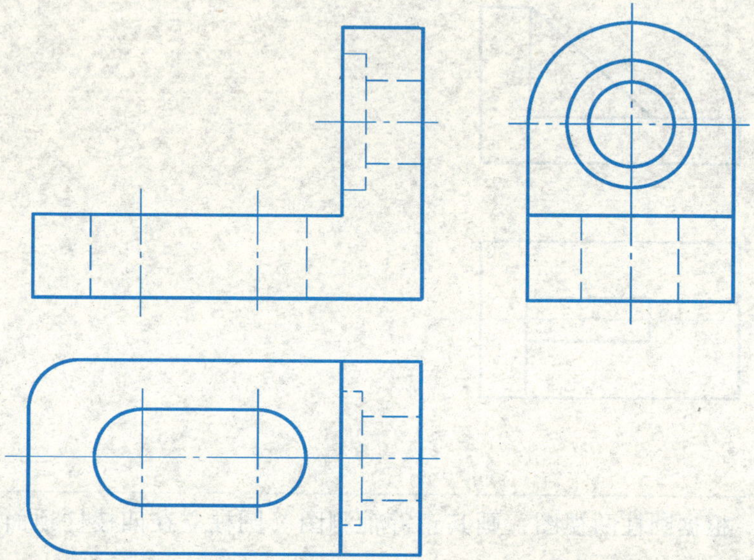

班级 姓名 学号

5-4 根据两视图画斜二轴测图

1.

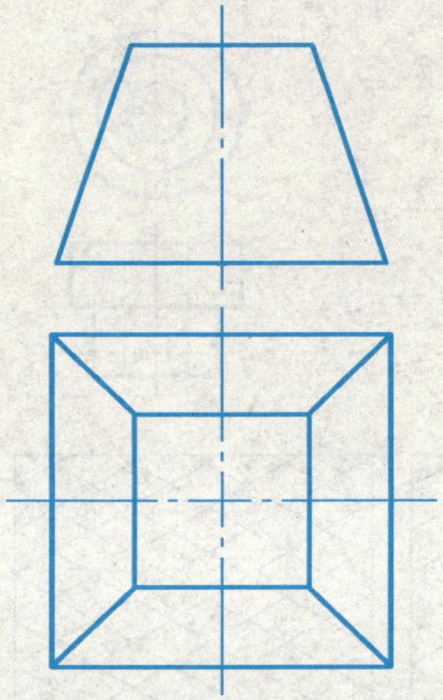

2.

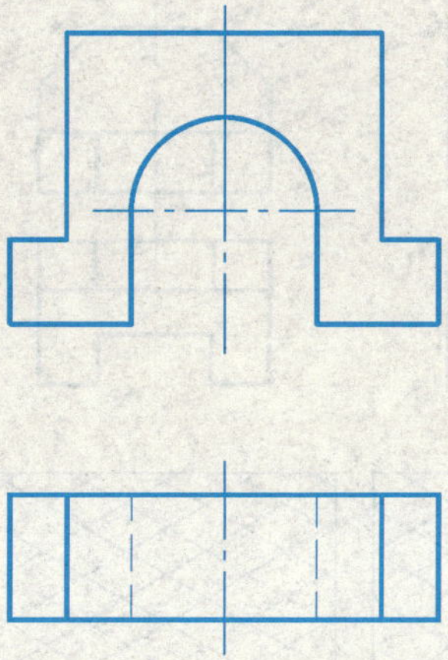

3.

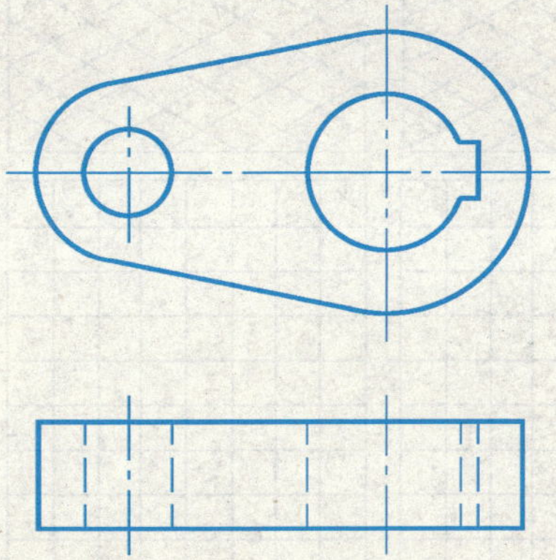

4.

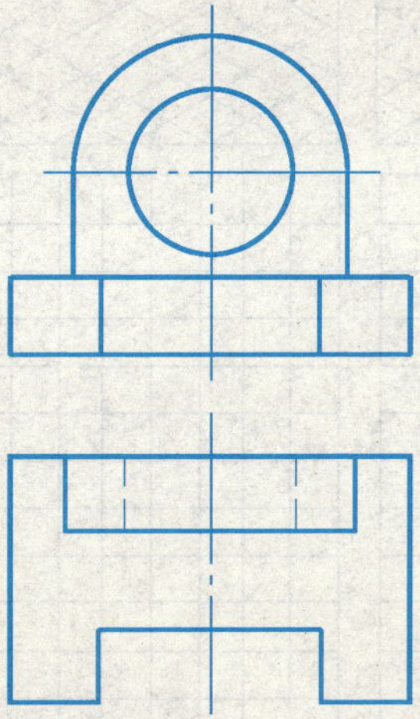

班级　　姓名　　学号

5-5 根据两视图徒手画轴测图（斜格内画正等轴测图，方格内画斜二轴测图）

1.

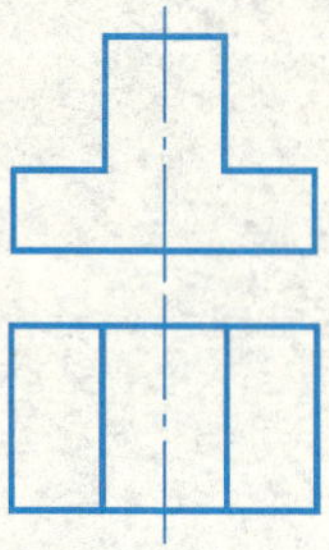

2.

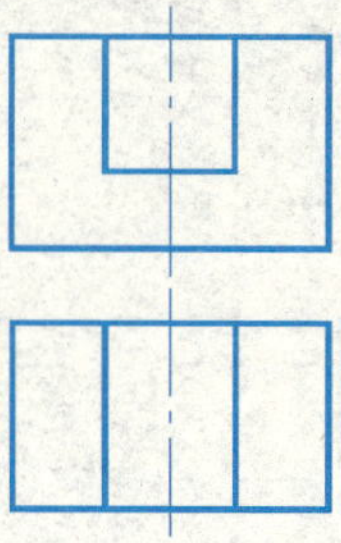

3.

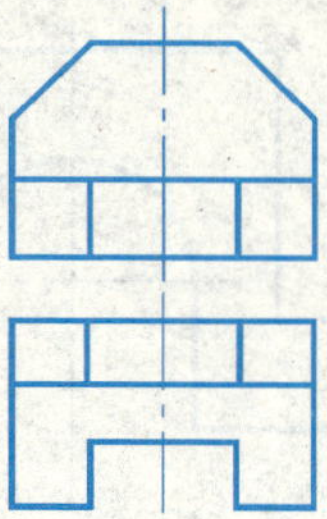

4.

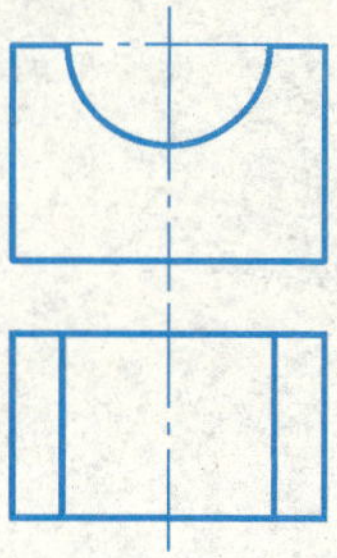

5.

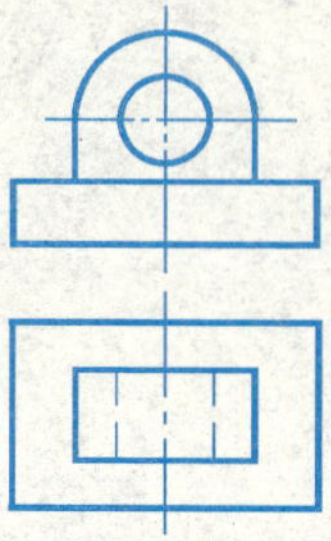

6.

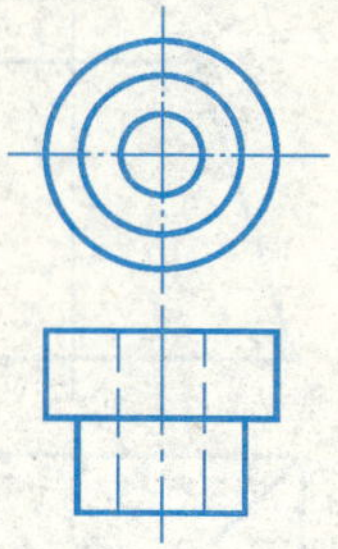

班级　　　　姓名　　　　学号

5-6　根据三视图徒手画轴测图（斜格内画正等轴测图，方格内画斜二轴测图）

1.

2.

班级　　　　姓名　　　　学号

第六章 组 合 体

6－1 根据轴测图，补画视图中所缺的图线

1.

2.

3.

4.

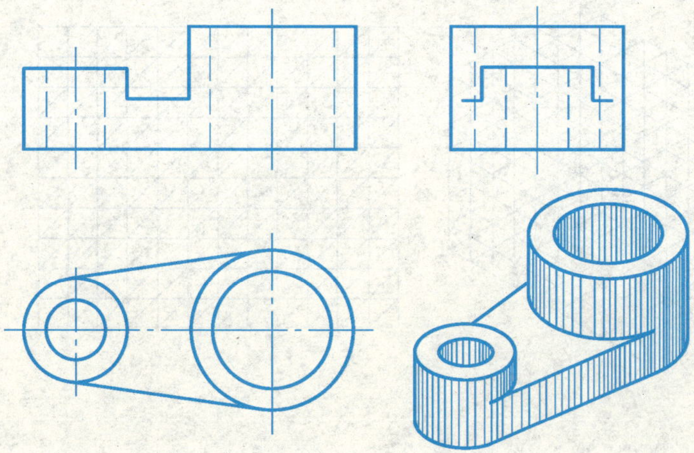

班级　　　　　　姓名　　　　　　学号

6－2　根据主、左视图，找出对应的轴测图，把图号填在（　）内，并补画俯视图中的缺线

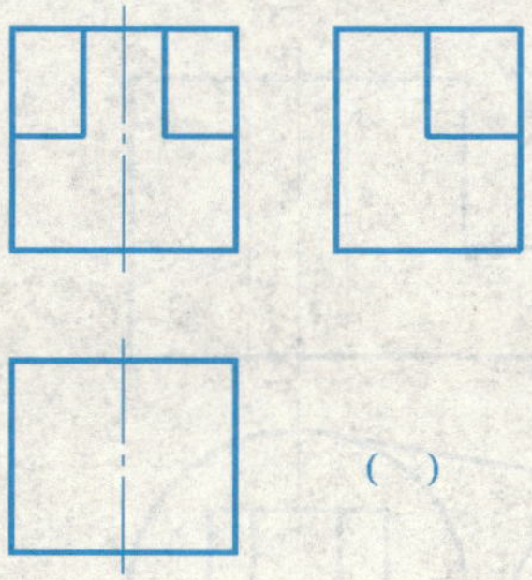
（ ）

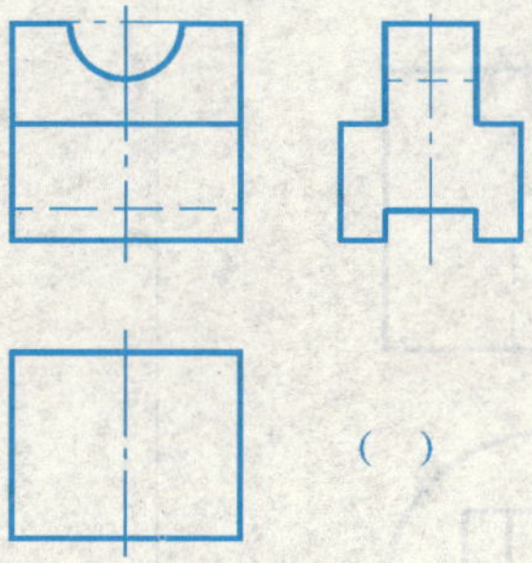
（ ）

(1)

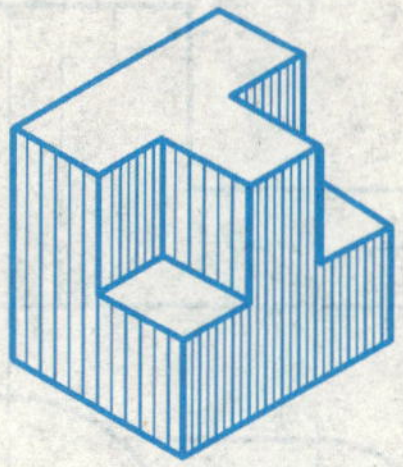
(2)

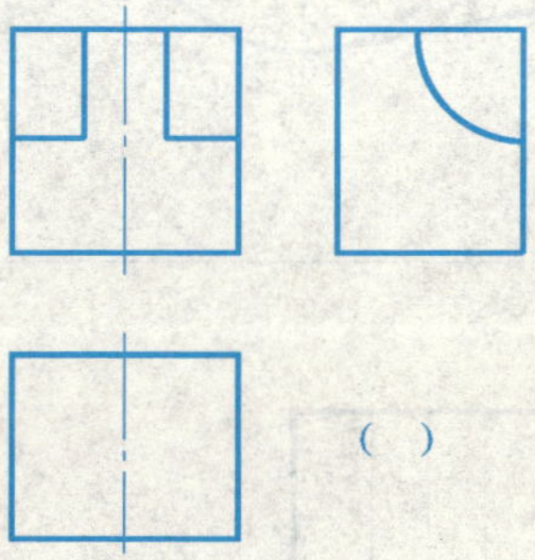
（ ）

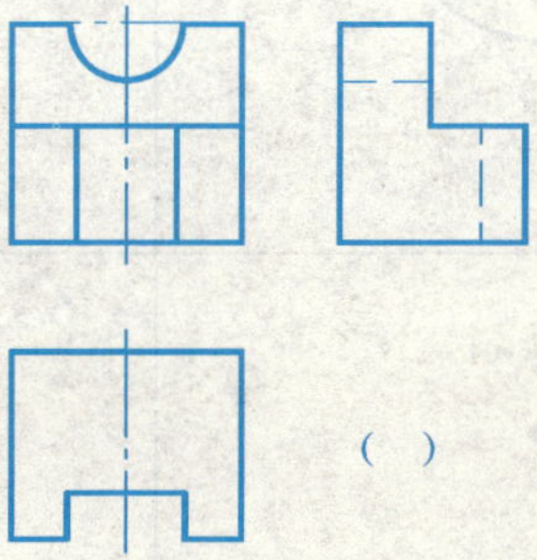
（ ）

(3)

(4)

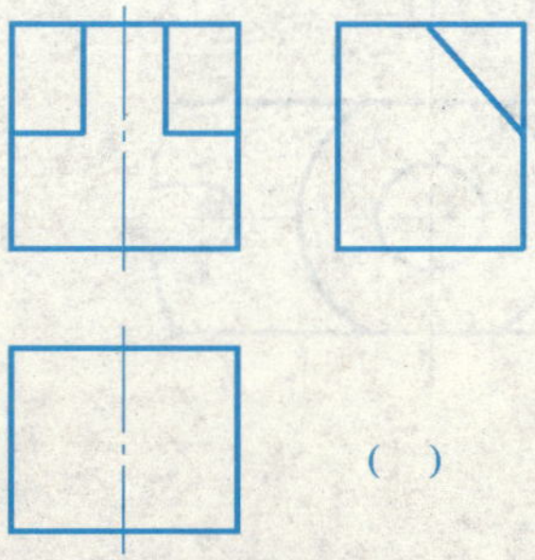
（ ）

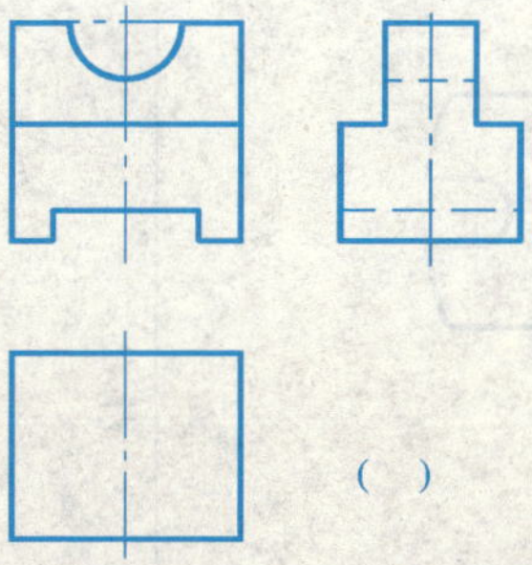
（ ）

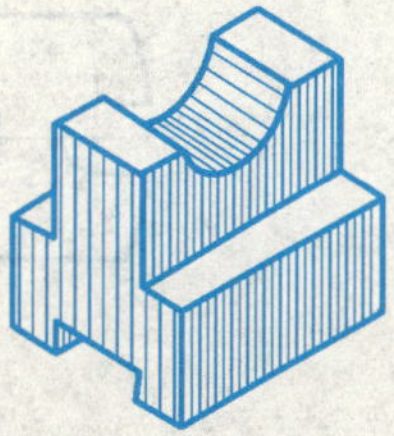
(5)

(6)

班级　　　　姓名　　　　学号

6－3　补画视图中所缺的图线

1.

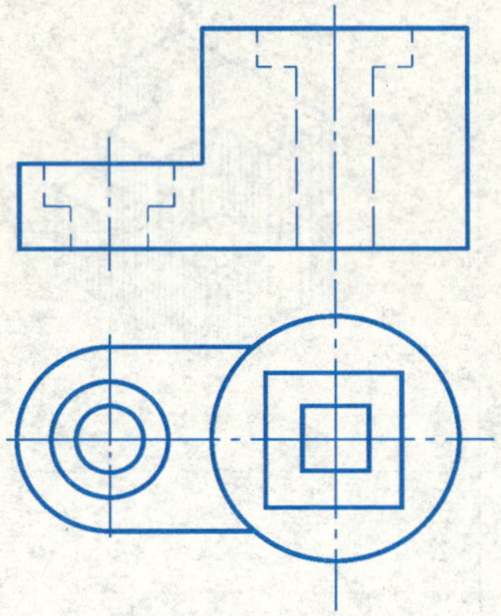

2.

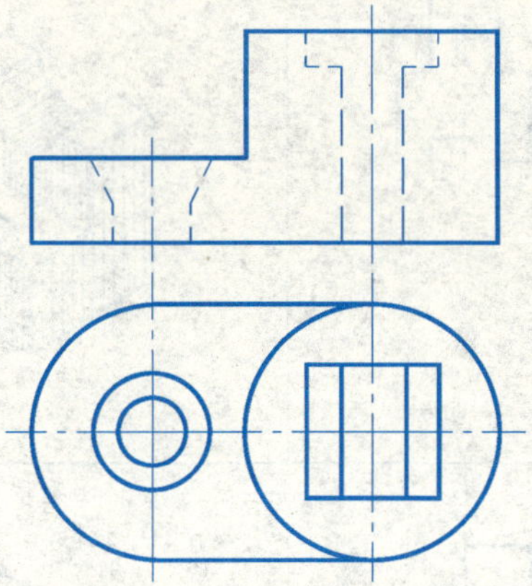

3.

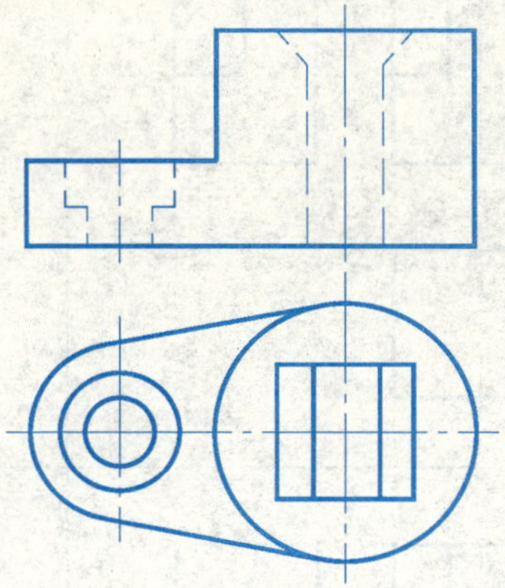

4.

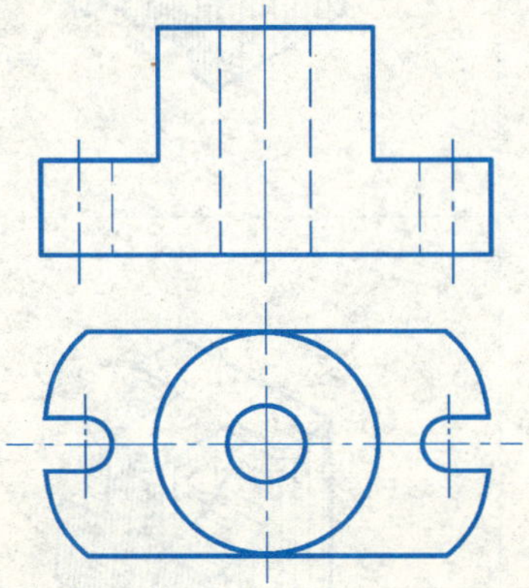

5.

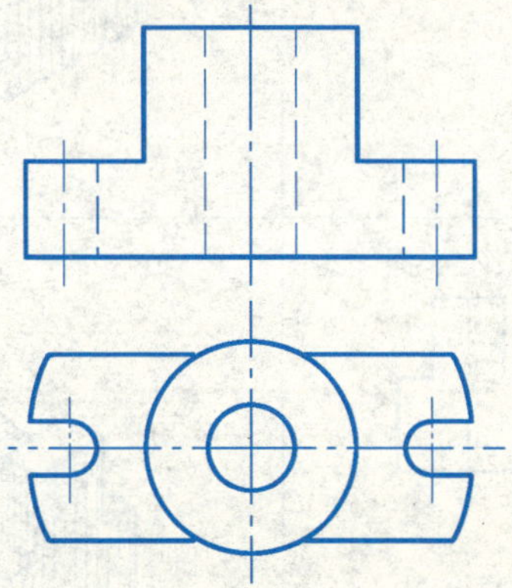

6.

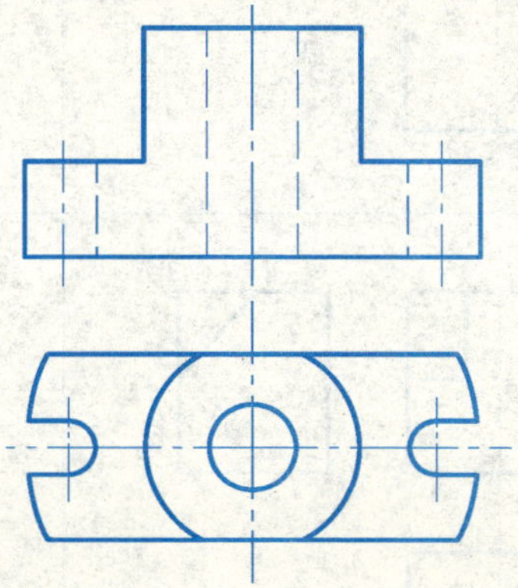

班级　　　　姓名　　　　学号

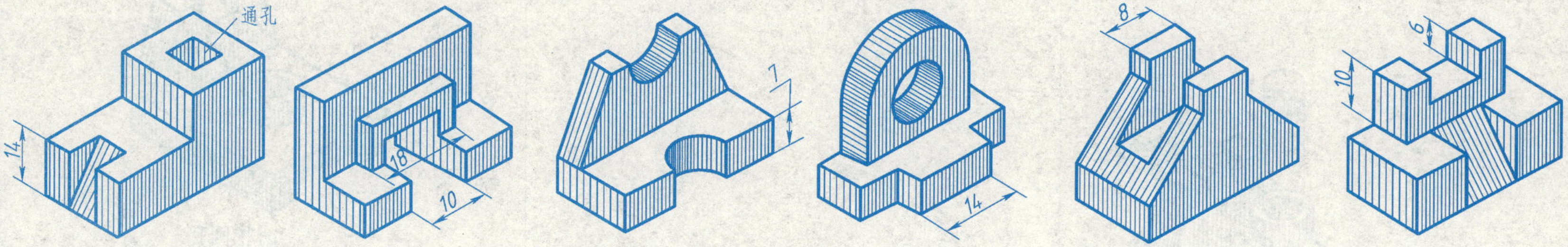

1.

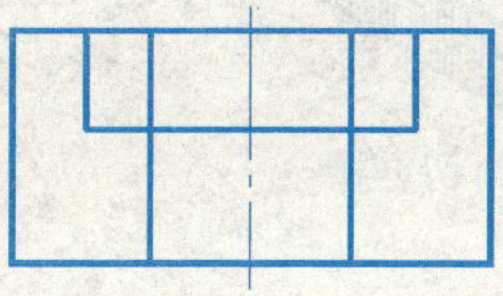

2.

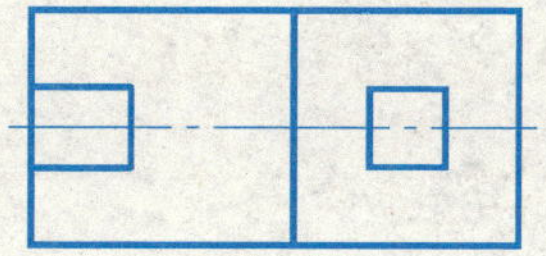

3.

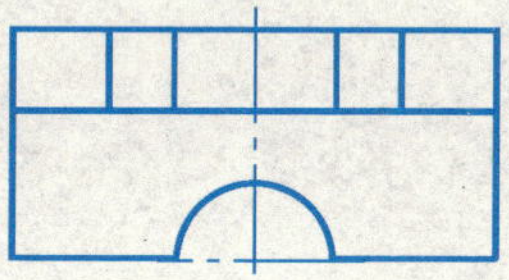

4.

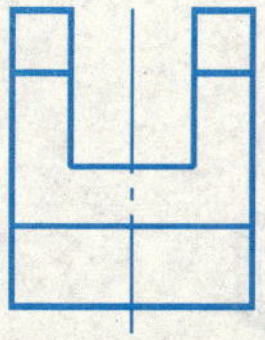

5.

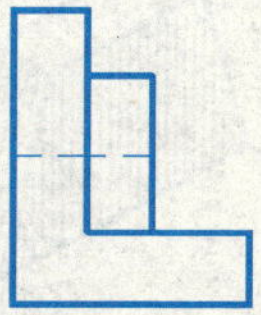

6.

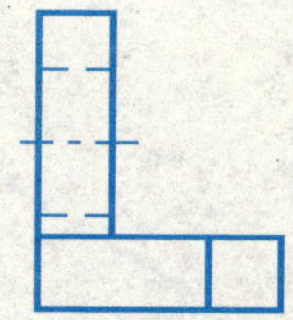

班级　　　　姓名　　　　学号

6－5　按图示步骤，根据轴测图，用形体分析法画出图 g 所示组合体的三视图

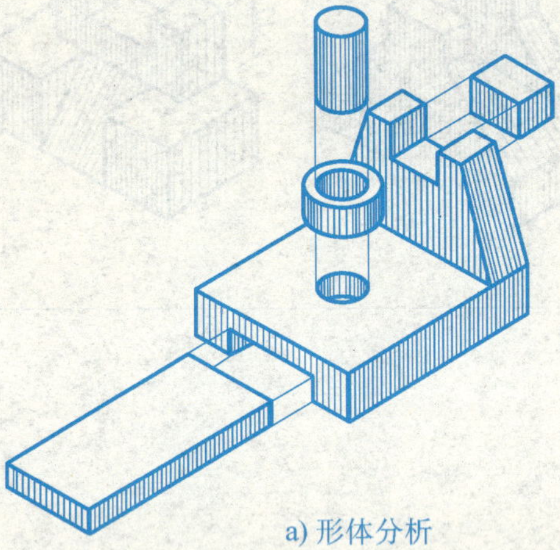

a) 形体分析

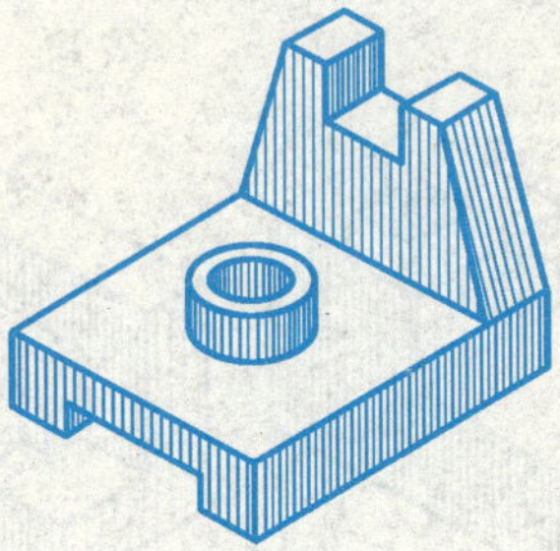

g) 挖圆孔

f) 切方槽

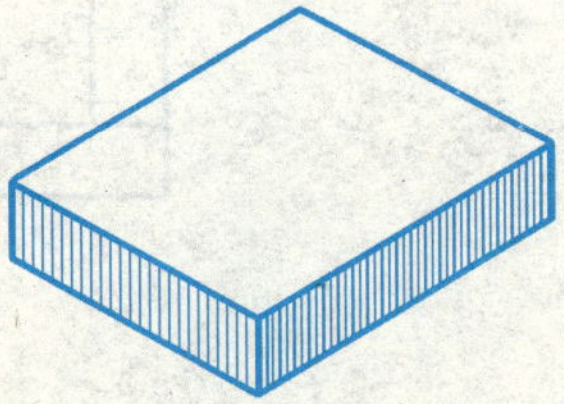

b) 画底板

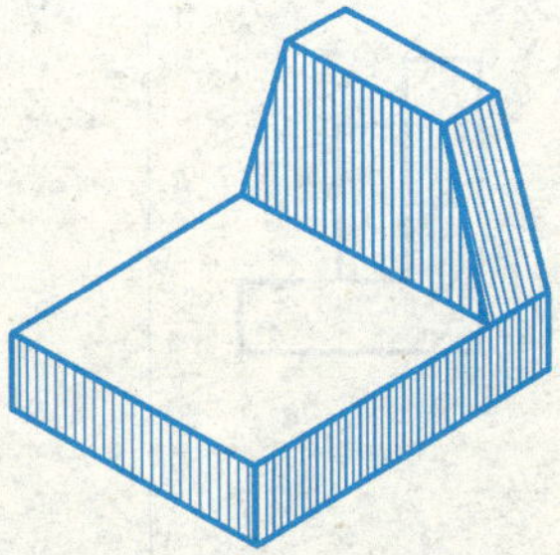

c) 画竖板

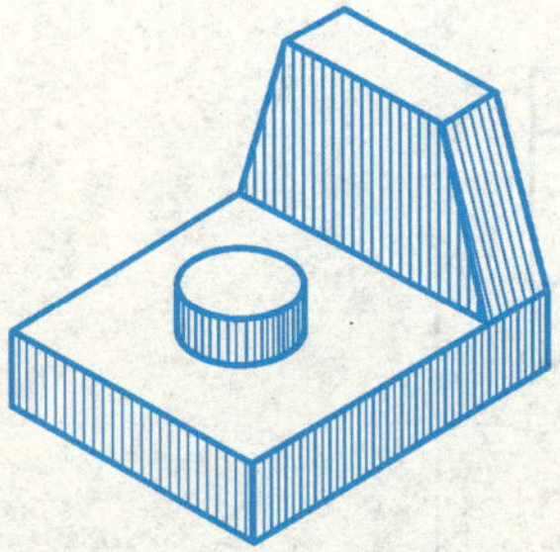

d) 画圆柱

e) 切长方体槽

班级　　　　姓名　　　　学号

6-6 根据轴测图，按1:1的比例画三视图（一）

1.

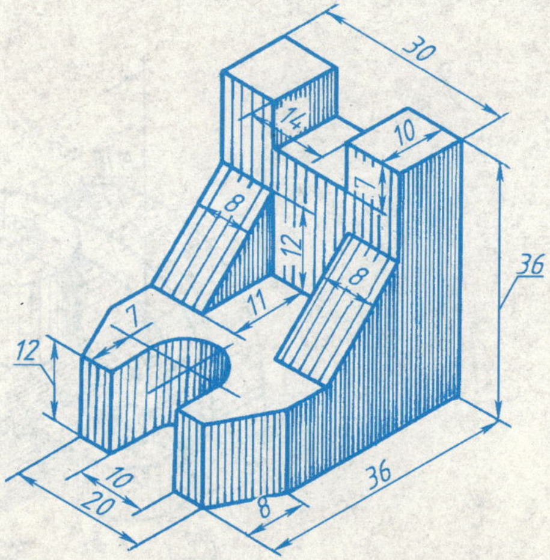

2.

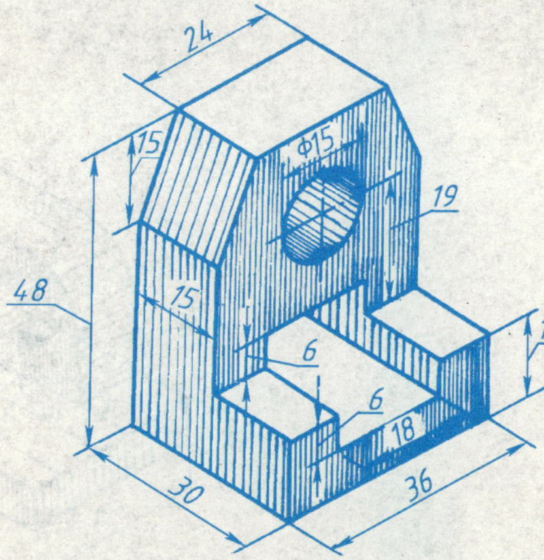

班级　　　　姓名　　　　学号

6-7 根据轴测图，按 1:1 的比例画三视图（二）

1.

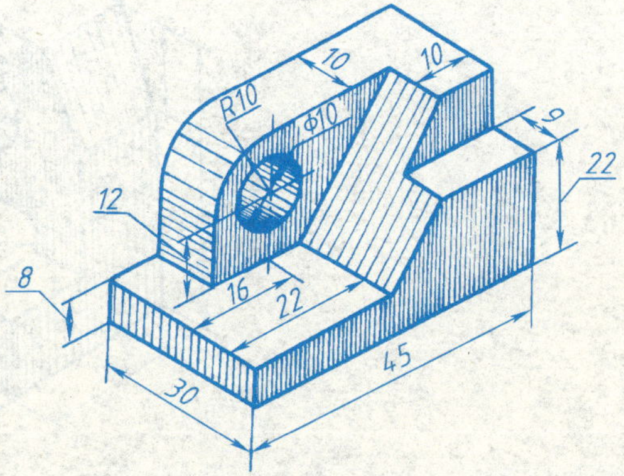

2.

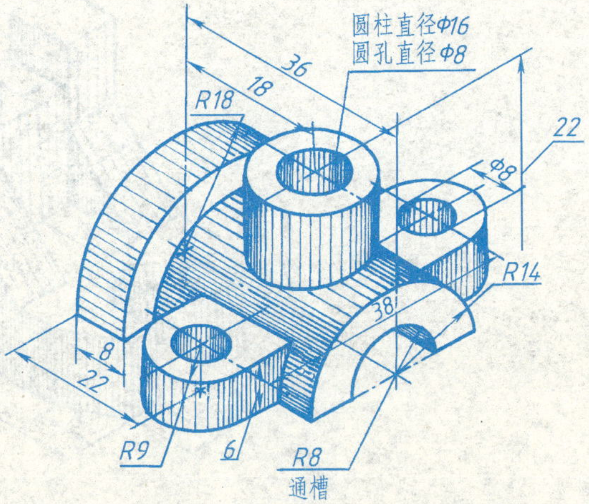

班级　　姓名　　学号

6-8　根据轴测图，按教师指定的题号，在方格纸上徒手画出物体的三视图（一）

1.

2.

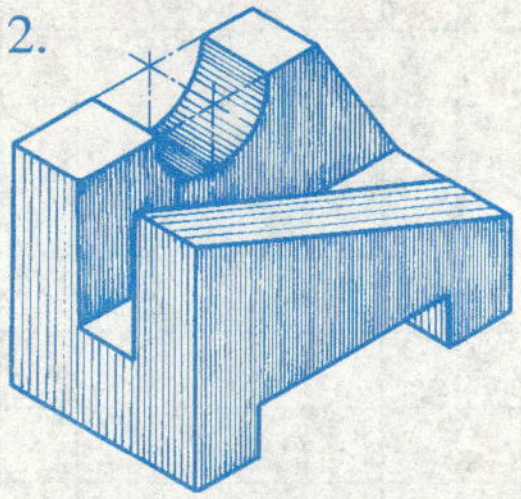

3.

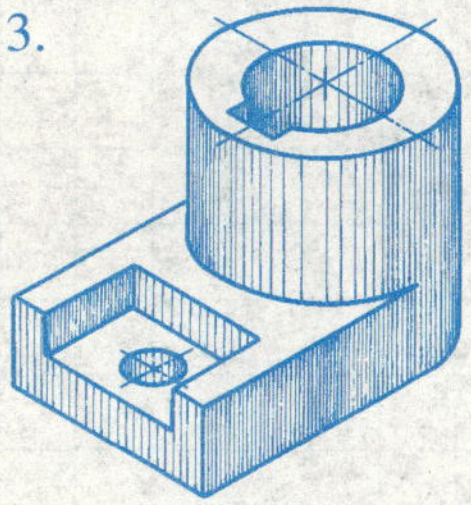

4.

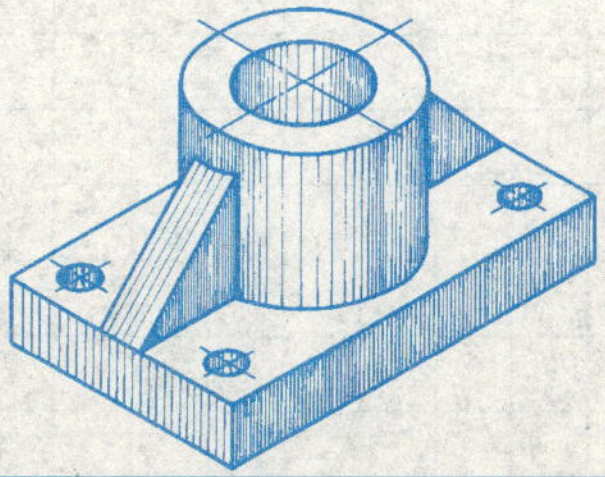

班级　　　　姓名　　　　学号

6－9　根据轴测图，按教师指定的题号，在方格纸上徒手画出物体的三视图（二）

1.

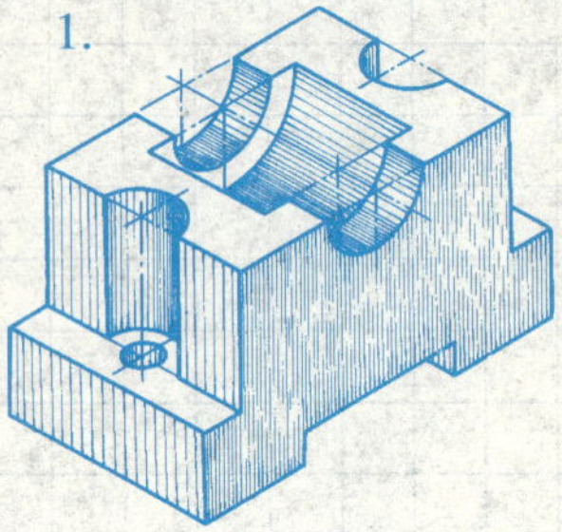

2.

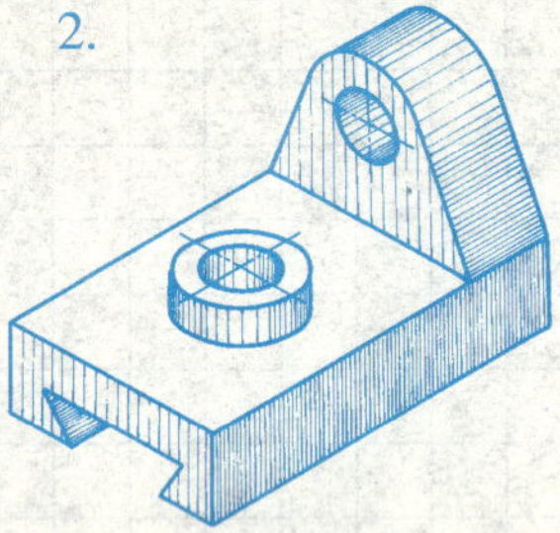

3.

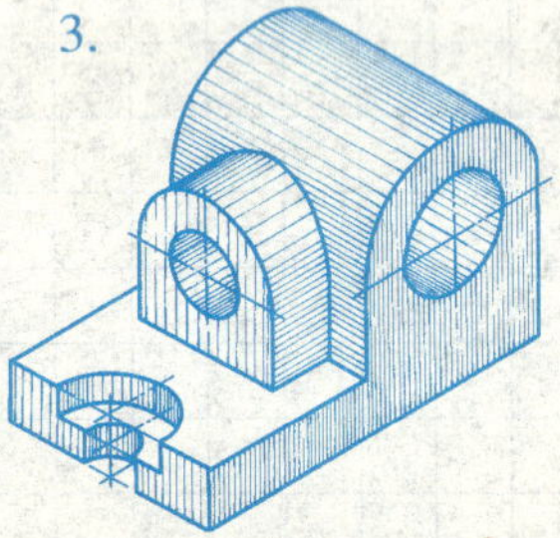

4.

班级　　　　　　姓名　　　　　　学号

6－10　改正视图中尺寸标注的错误（重复错误尺寸打“×”，遗漏尺寸补全，不注尺寸数字）

1.

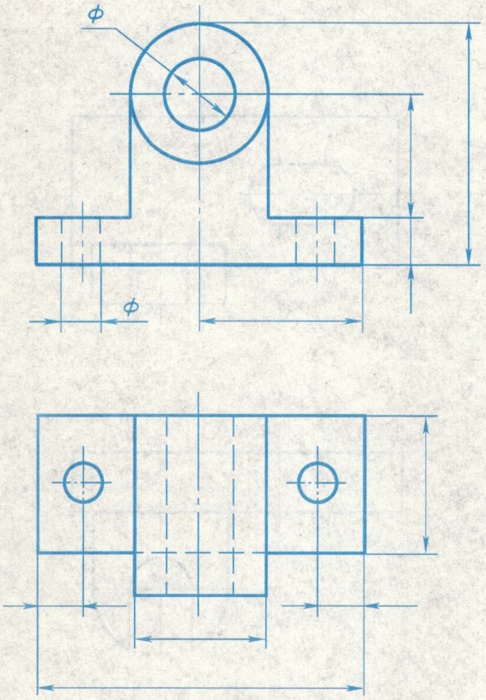

2.

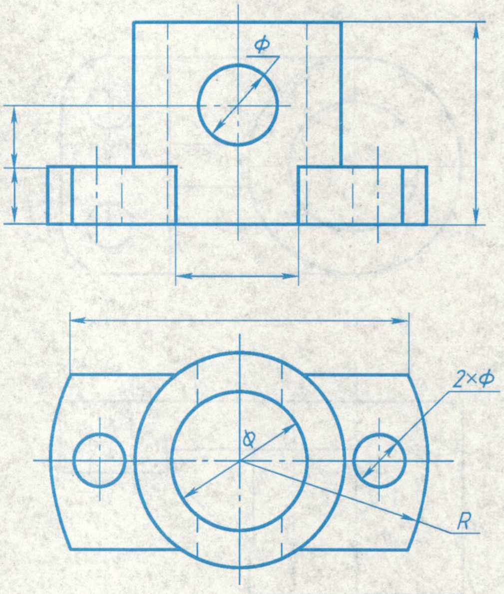

3.

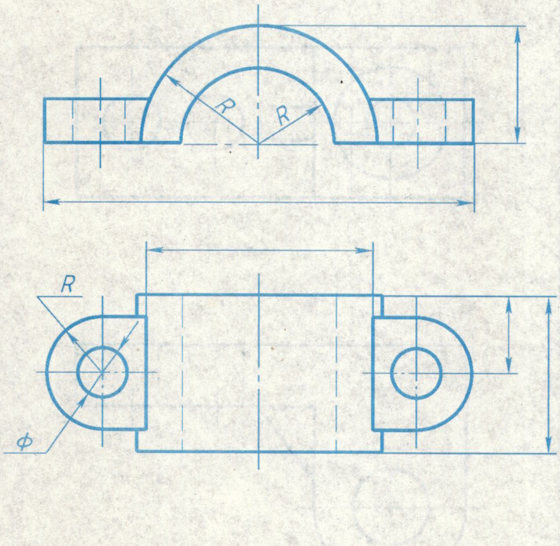

4.

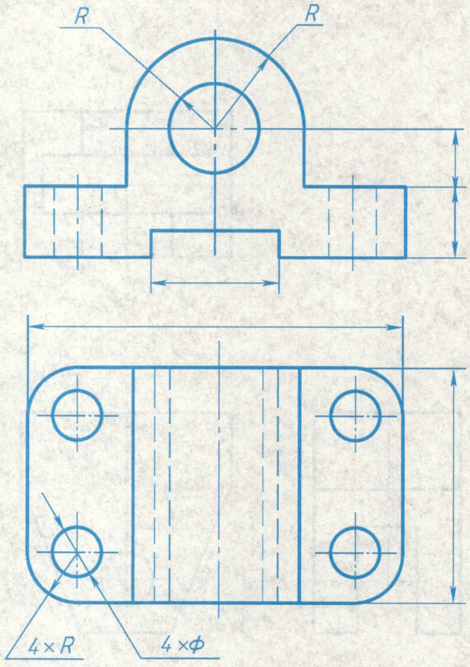

班级　　　　姓名　　　　学号

6—11　标注下列组合体的尺寸（尺寸数值按 1∶1 的比例在图上量取整数）

1.

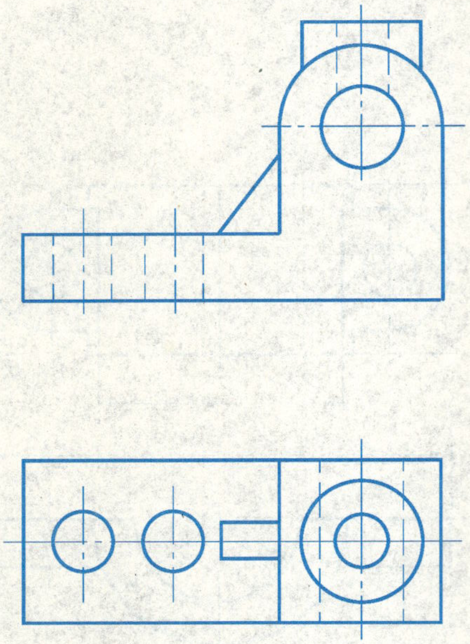

2.

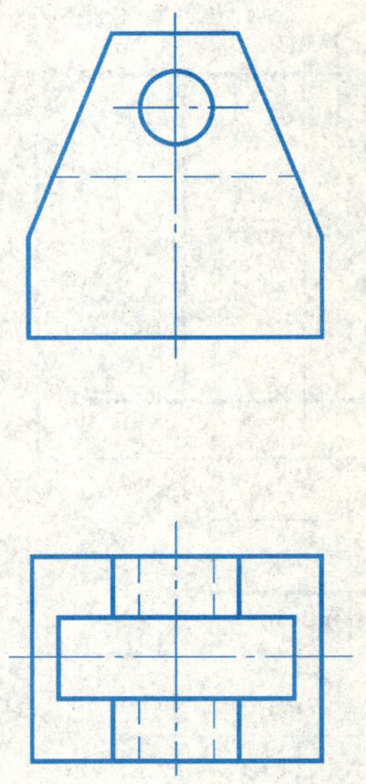

3.

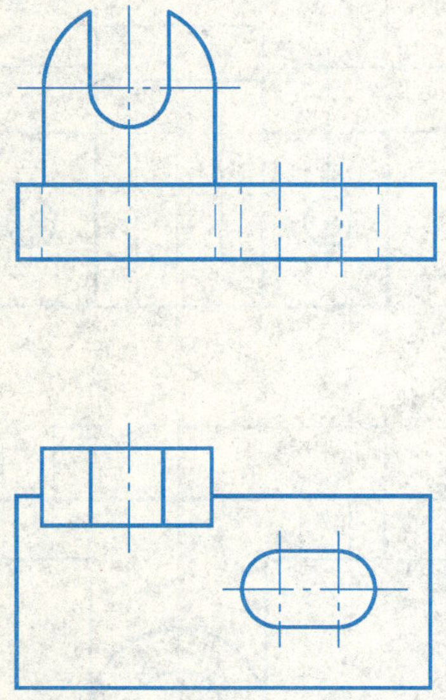

4.

班级　　姓名　　学号

作 业 指 导

一、目的

根据模型掌握画组合体三视图的方法，学习组合体视图的尺寸注法。

二、内容和要求

1. 根据模型（或轴测图）画三视图，并标注尺寸。

2. 第 1、2 题用 A4 图纸，第 3、4 题用 A3 图纸。画图题目由教师指定。

三、注意点

1. 应用形体分析法画图和标注尺寸。

2. 应以反映组合体各组成部分形状和相对位置较明显的方向作为主视图的投射方向。

1.

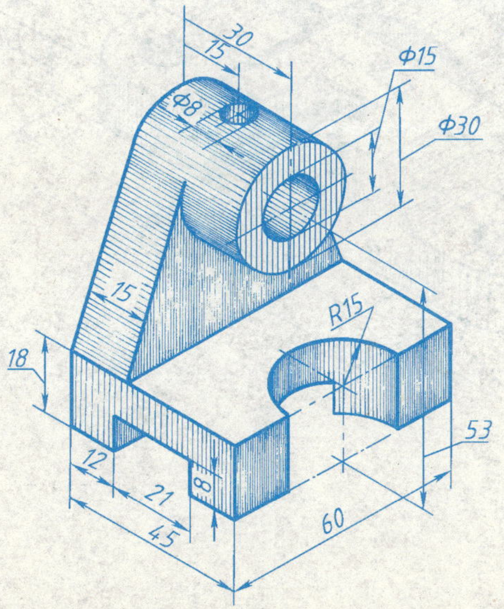

2.

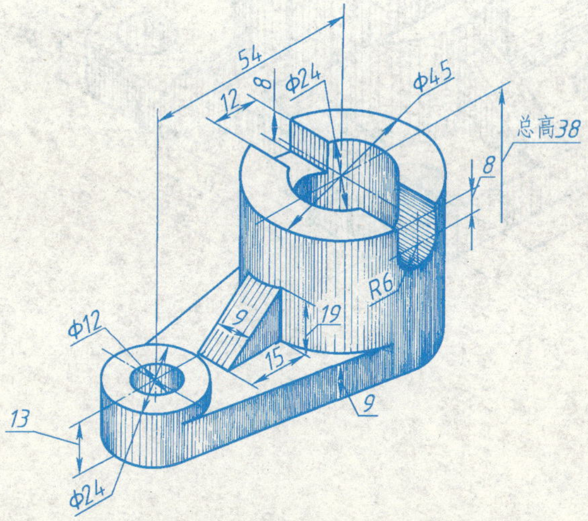

班级　　　　姓名　　　　学号

3.

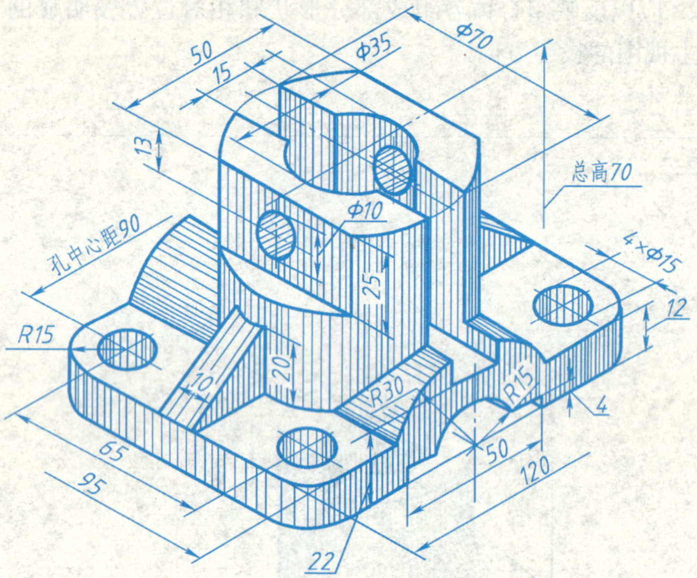
50
15
Φ35
Φ70
13
总高70
Φ10
孔中心距90
4×Φ15
25
12
R15
20
10
R30
R15
4
65
50
95
120
22

4.

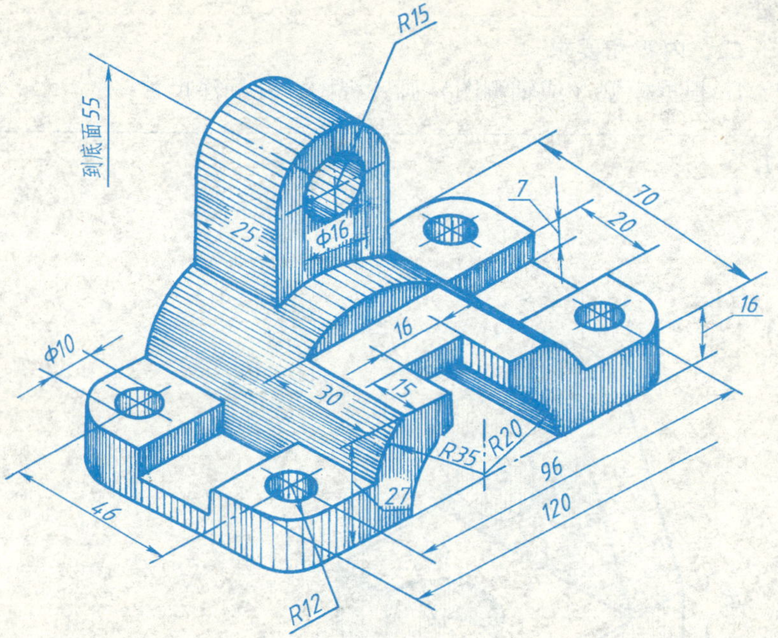
R15
到底面55
7
70
25
Φ16
20
16
16
Φ10
30
15
R35
R20
96
27
46
120
R12

班级　　　　姓名　　　　学号

6-13 根据两视图，徒手补画第三视图

1.

2.

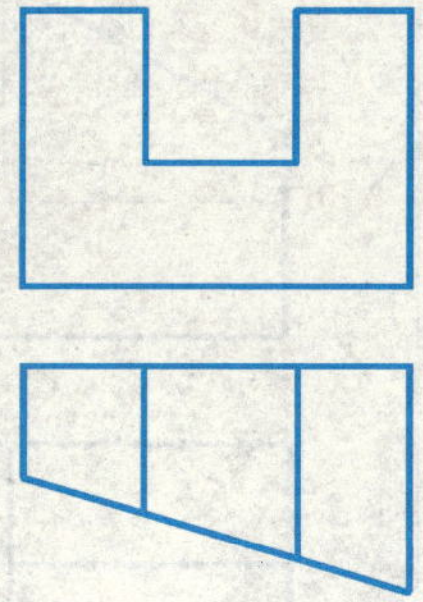

3.

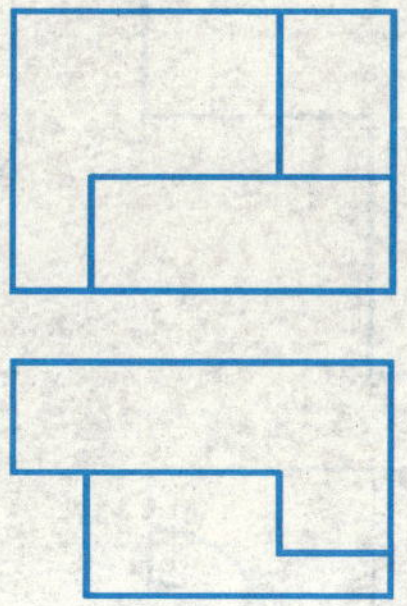

4.

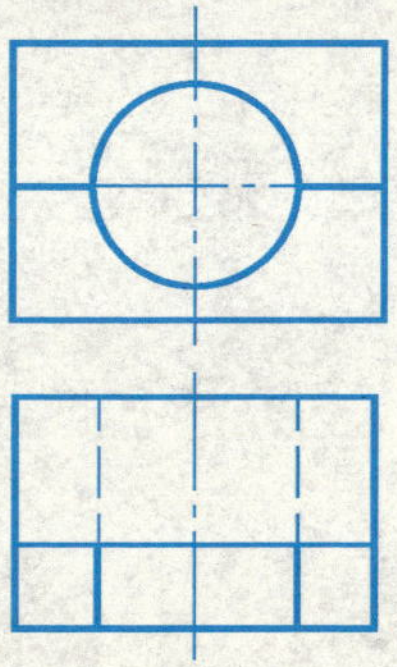

5.

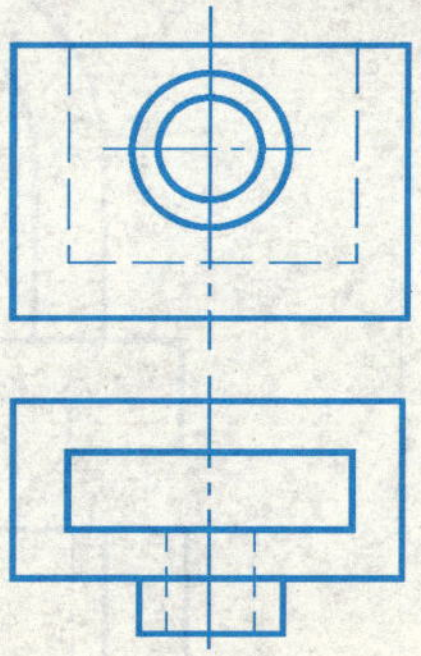

6.

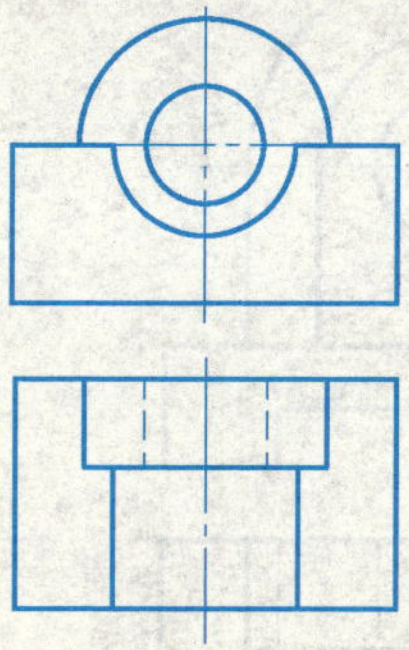

班级　　　　　姓名　　　　　学号

6-14　根据两视图，补画第三视图（一）

1.

2.

3.

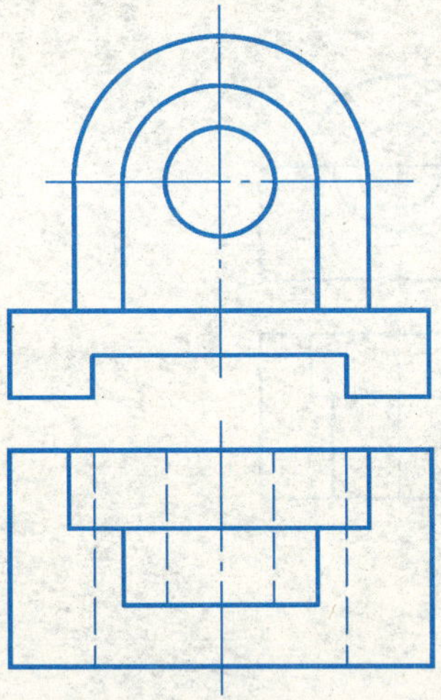

4.

班级　　　　　姓名　　　　　学号

6－15 根据两视图，补画第三视图（二）

1.

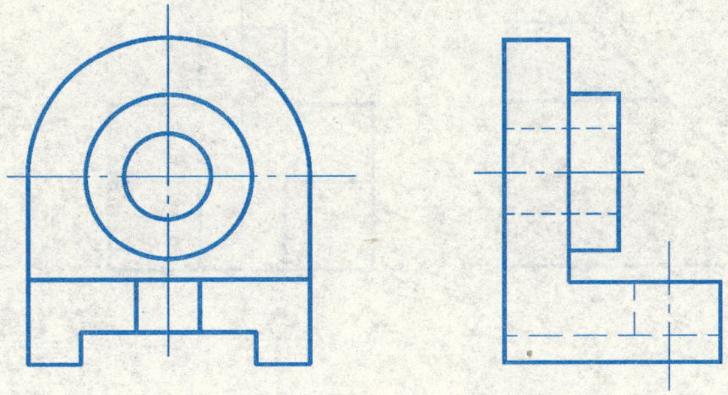

2.

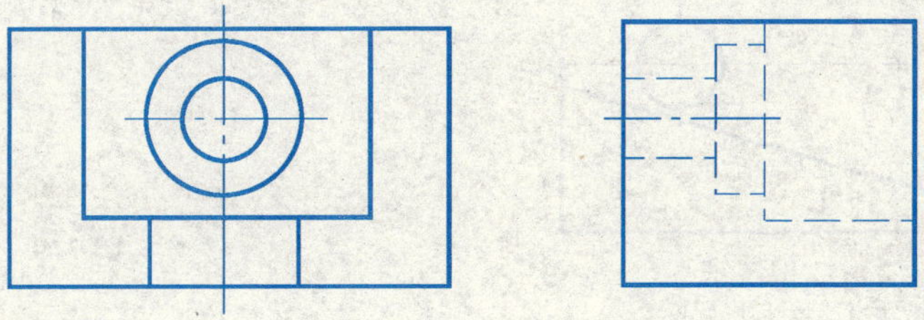

3.

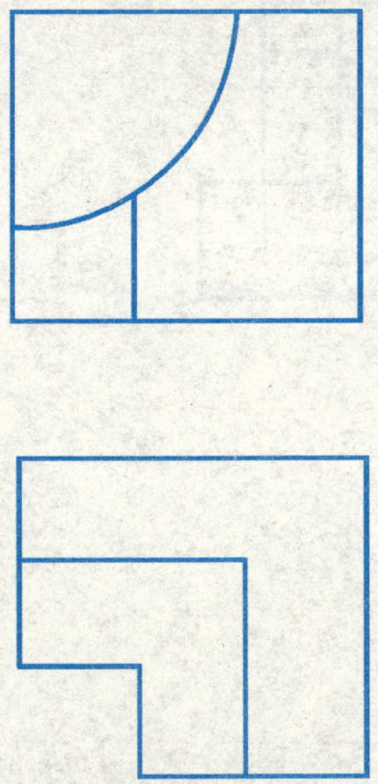

4.

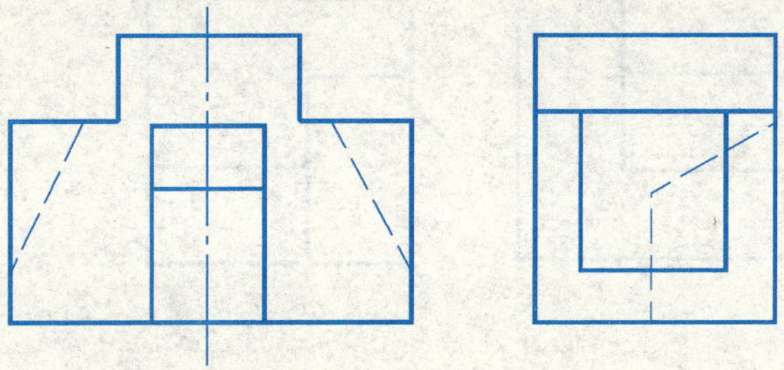

班级 姓名 学号

6-16 根据两视图，补画第三视图（三）

1.

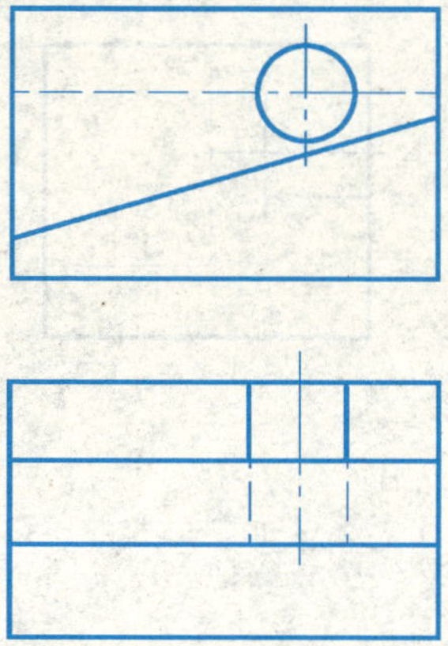

2.

3.

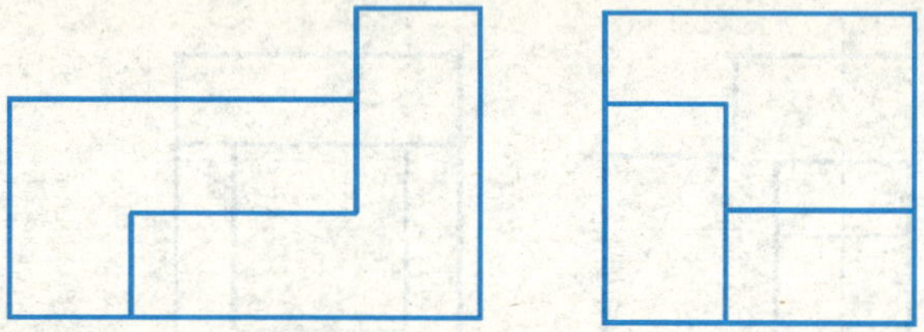

4.

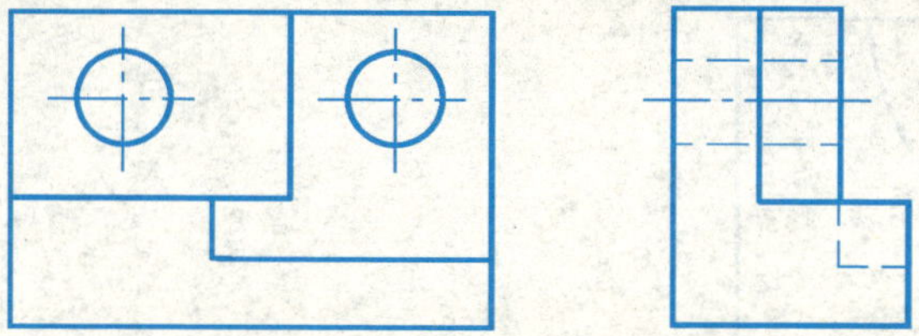

班级　　　　姓名　　　　学号

6－17　补画视图中所缺的图线（一）

1.

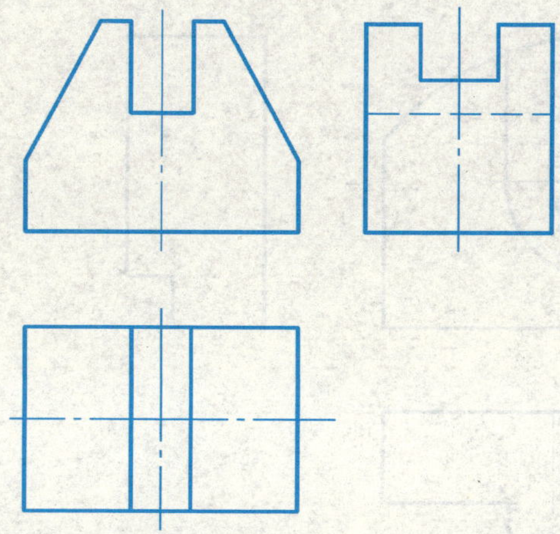

2.

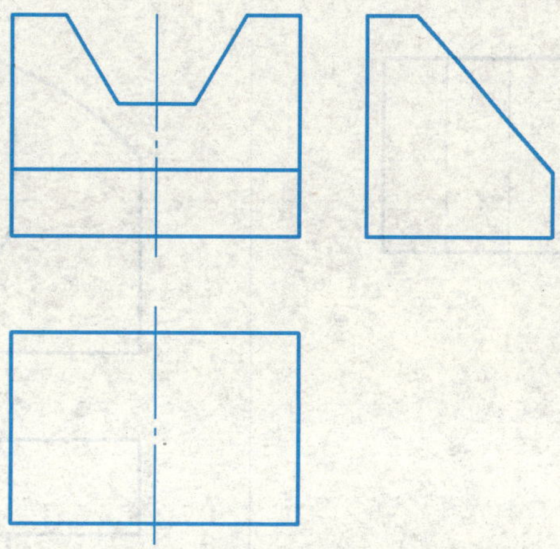

3.

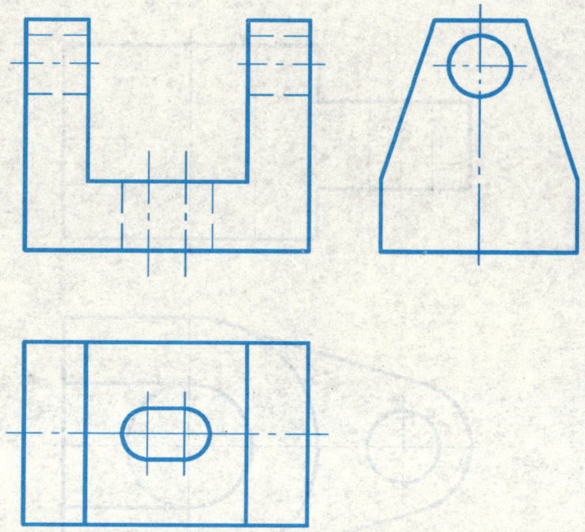

4.

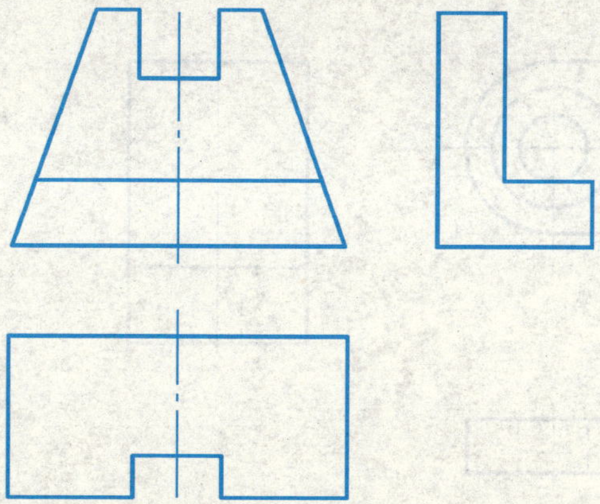

5.

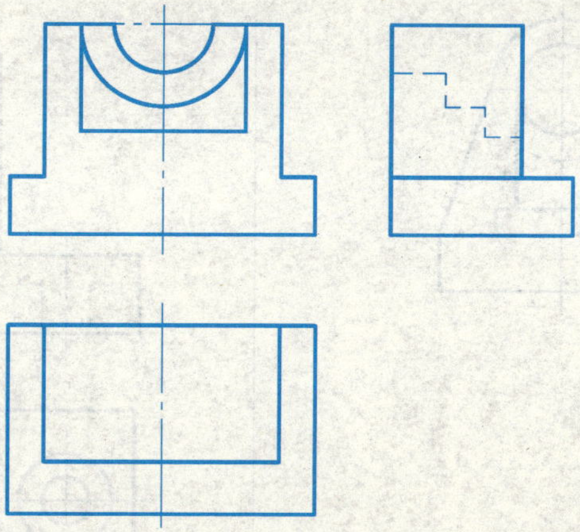

6.

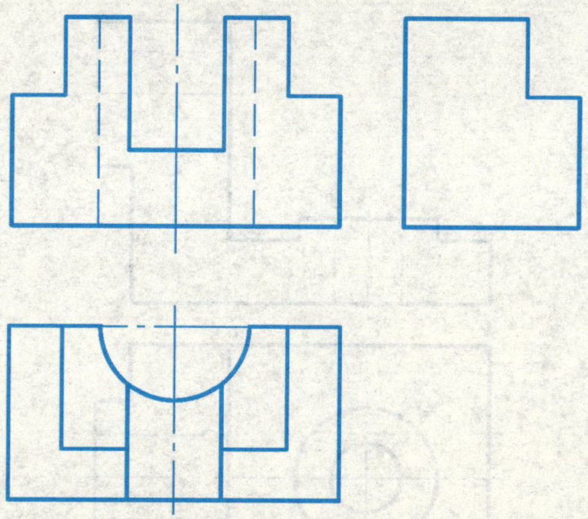

班级　　　　姓名　　　　学号

6－18　补画视图中所缺的图线（二）

1.

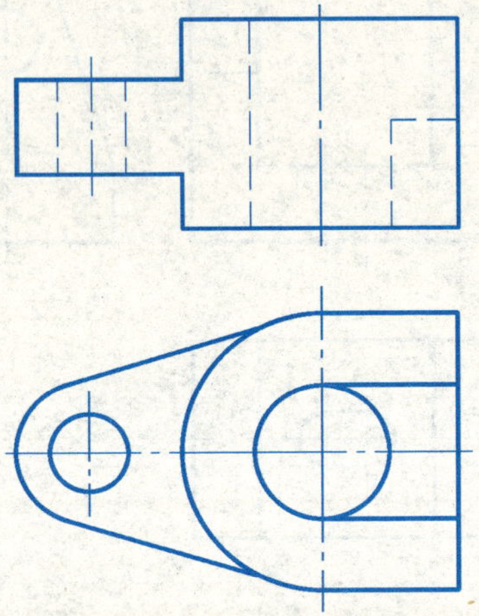

2.

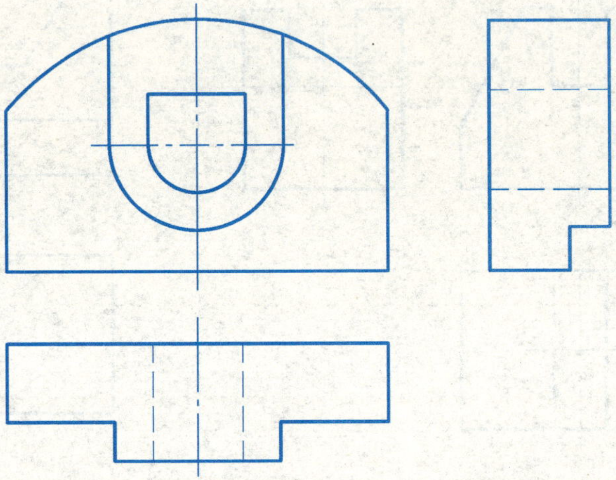

3.

4.

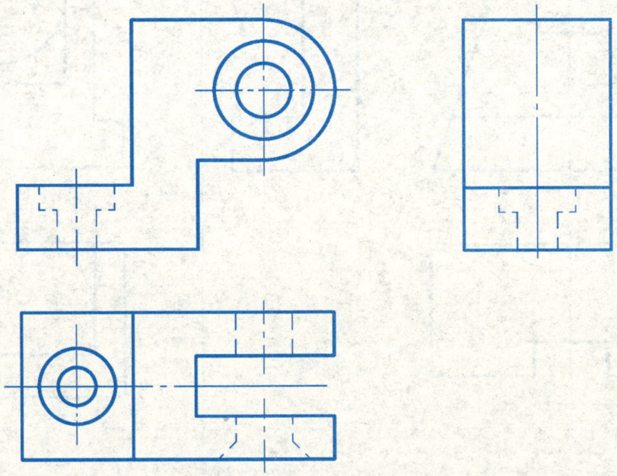

班级　　　　姓名　　　　学号

1.

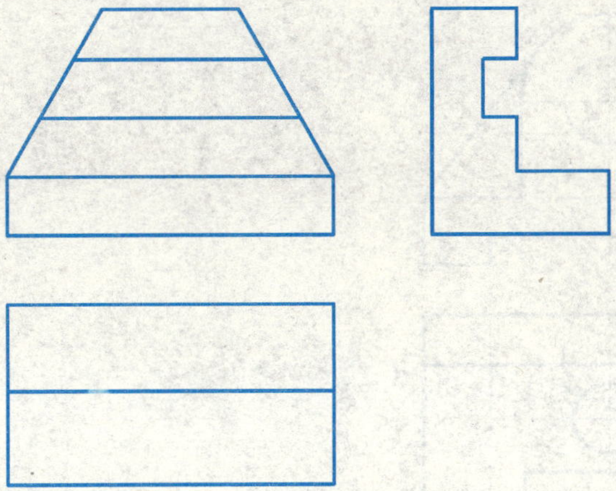

2.

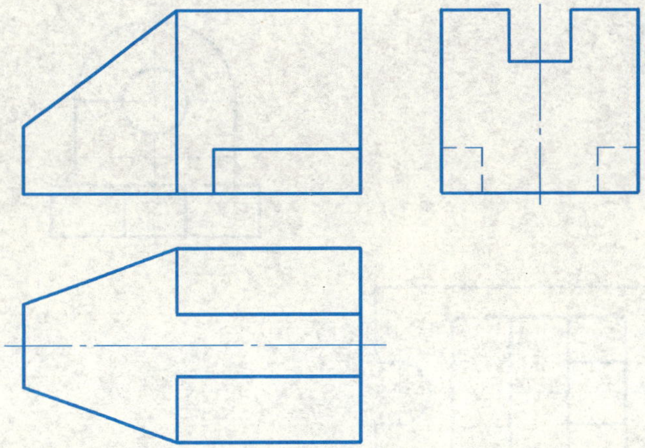

3.

4.

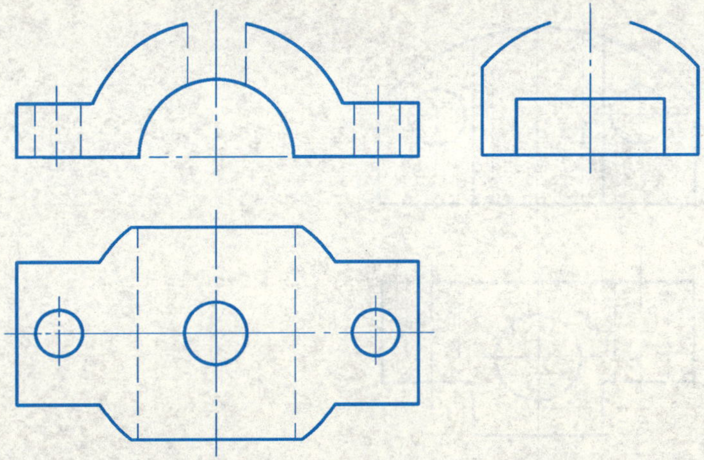

班级　　　　姓名　　　　学号

6-20 根据两视图，补画第三视图（一）

1.

2.

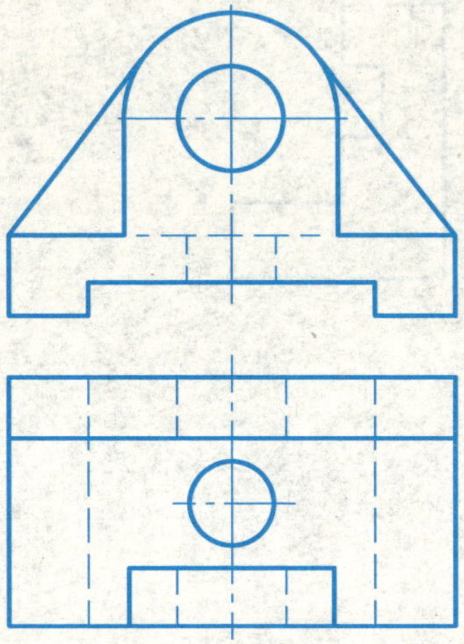

3.

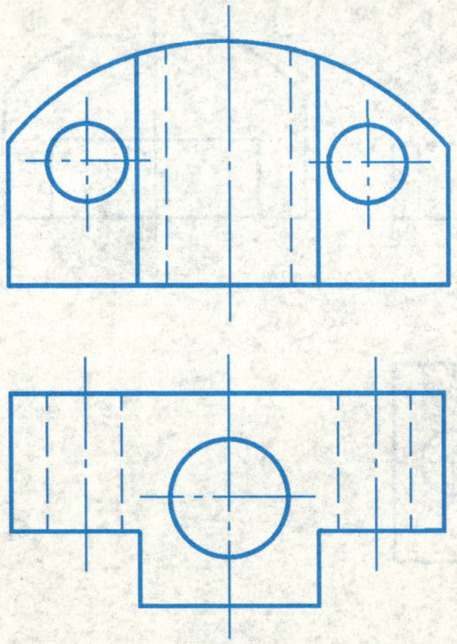

4.

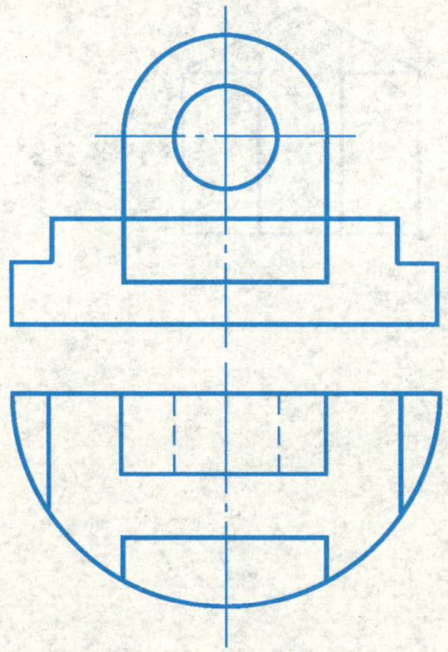

班级　　　　姓名　　　　学号

6－21　根据两视图，补画第三视图（二）

1.

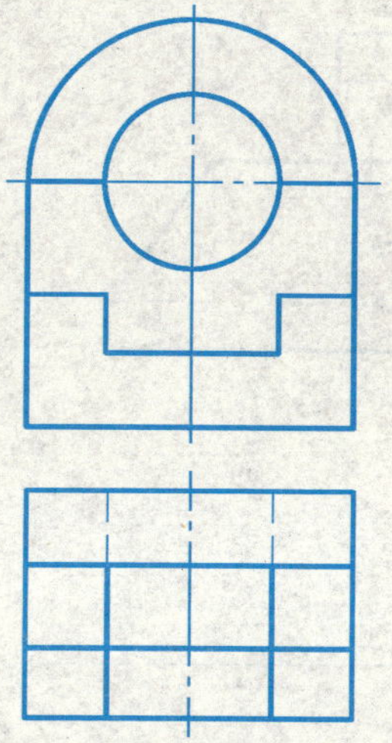

2.

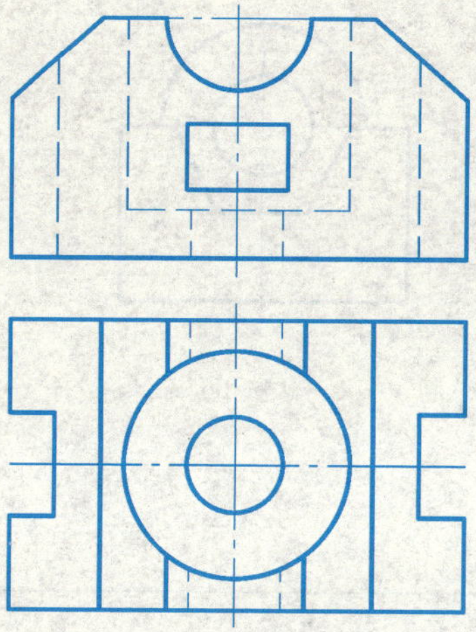

3.

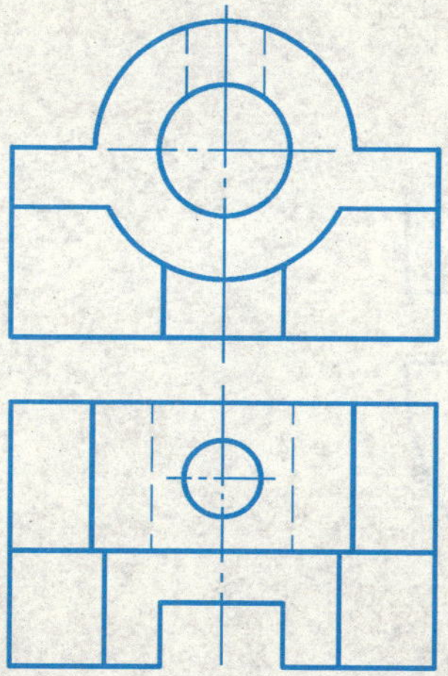

4.

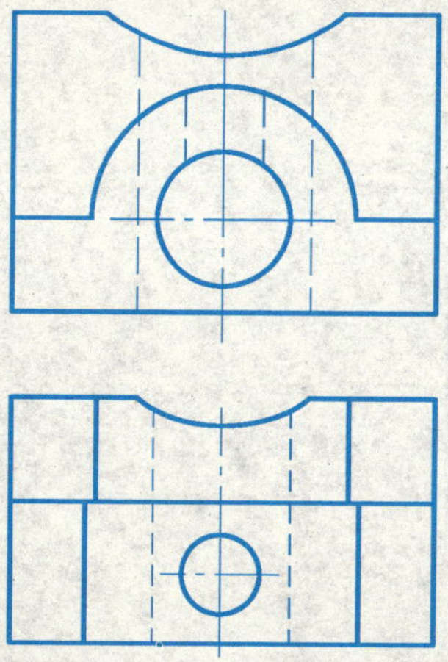

班级　　　　姓名　　　　学号

6 – 22　根据两视图，补画第三视图（三）

1.

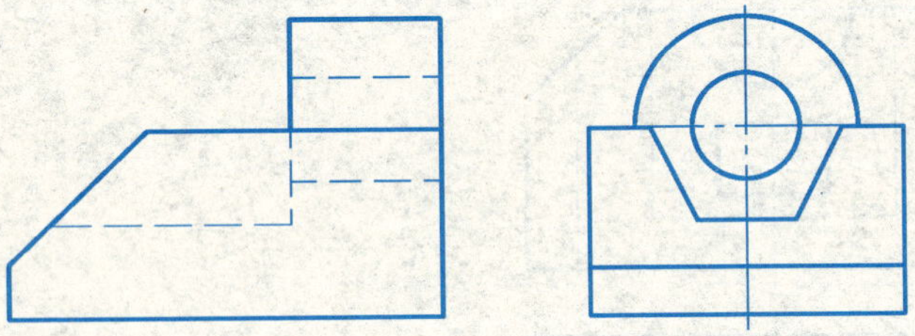

2.

3.

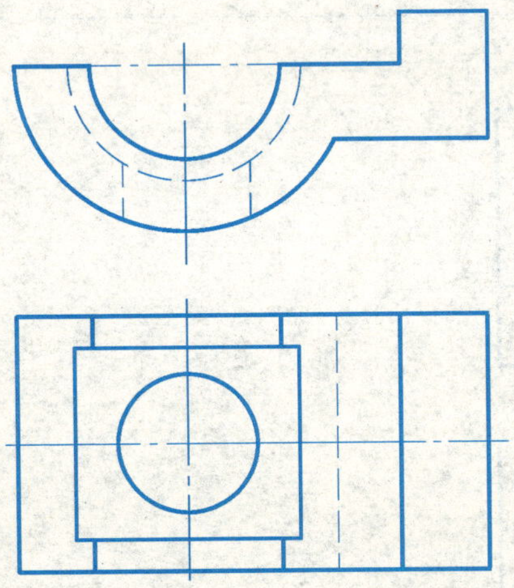

4.

班级　　　　姓名　　　　学号

6-23 根据两视图，补画第三视图（四）

1.

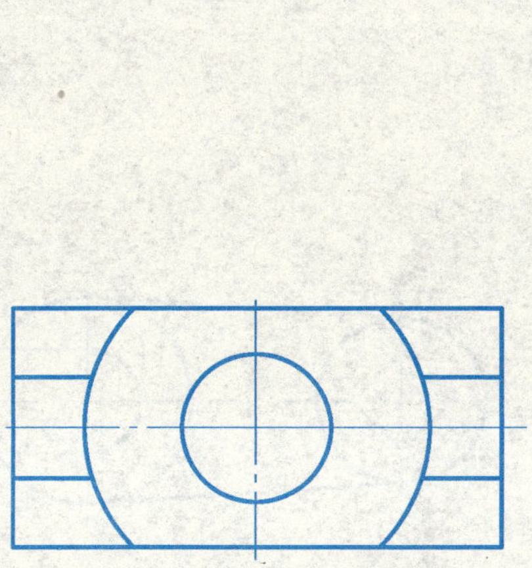

2.

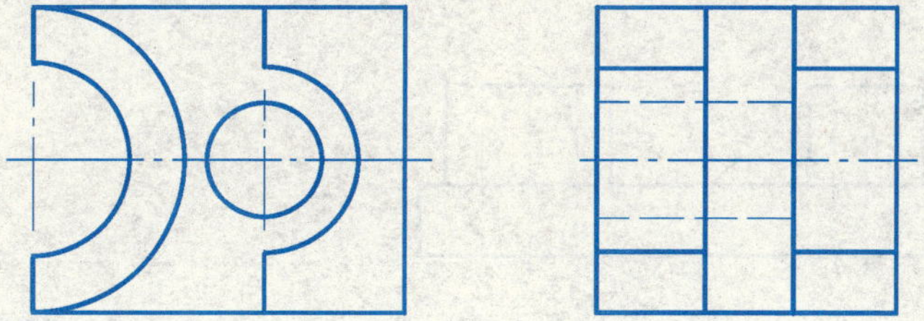

3.

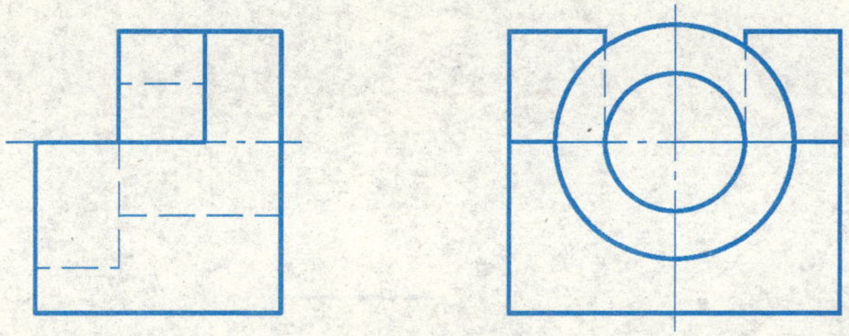

4.

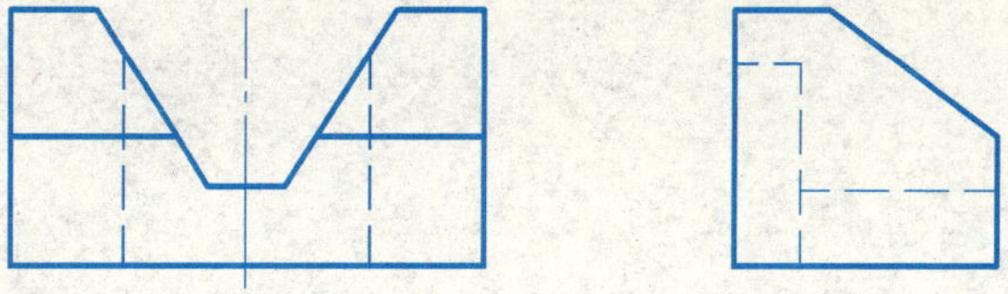

班级　　　　姓名　　　　学号

1. 看懂题（1）所示两视图，如俯视图变成题（2）、（3）所示图形，而主视图相应部分高度不变，画出它们的主视图。

（1）

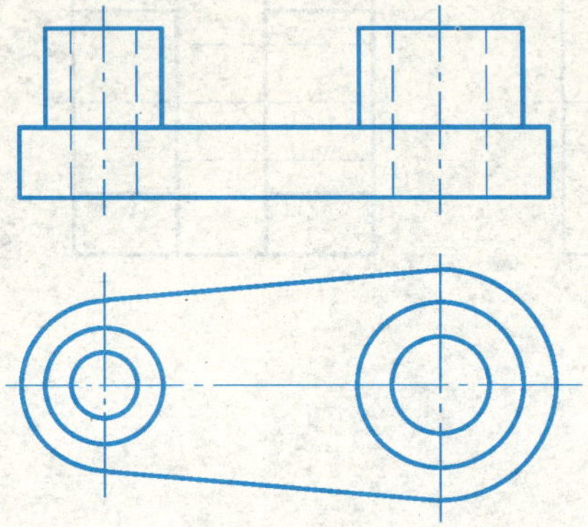

（2）

（3）

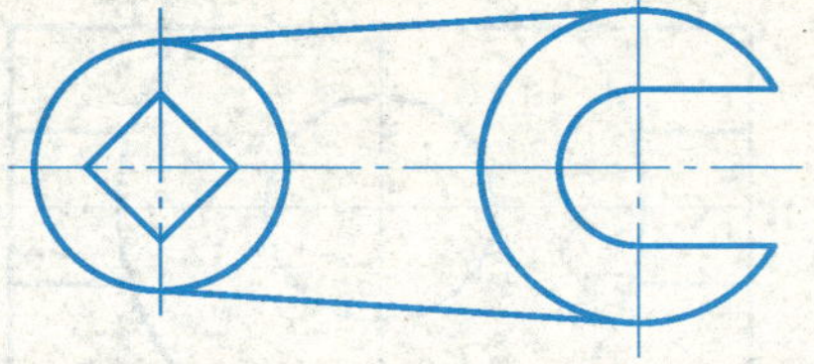

2. 根据下列主视图，分别构思出五种以上不同形状的物体，徒手画出其俯、左视图和轴测草图（自备绘图纸，宽度方向尺寸自定）。

（1）

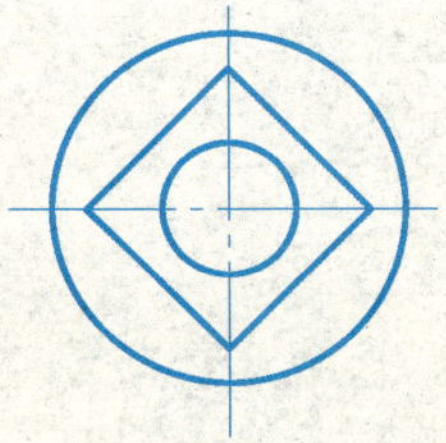

（2）

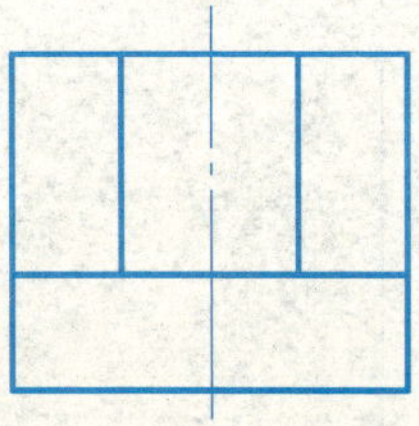

（3）

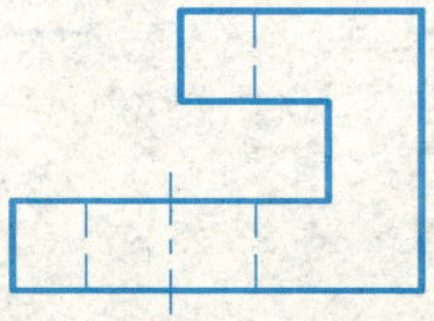

班级　　　　姓名　　　　学号

6－25　构思与表达（二）

1. 根据下列主、俯视图，分别构思出四种以上不同形状的物体，徒手画出其左视图和轴测草图（自备绘图纸，宽度方向尺寸自定）。

（1）

（2）

（3）

2. 下列图形绕 OO_1 轴旋转一周，想象其回转而成的立体形状和空间位置，画出其三视图。

（1）OO_1 垂直于 H 面

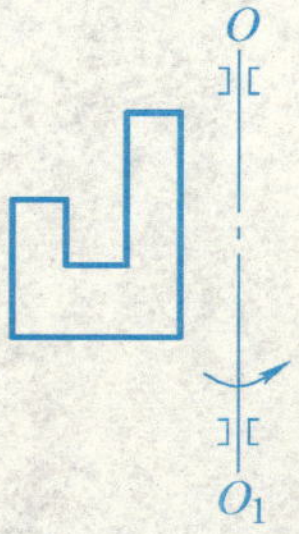

（2）OO_1 垂直于 V 面

（3）OO_1 垂直于 W 面

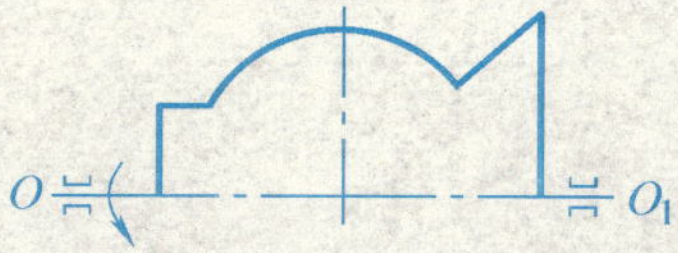

班级　　　　姓名　　　　学号

第七章　图样的基本表示法

7－1　根据主、俯、左视图，补画出右、后、仰视图

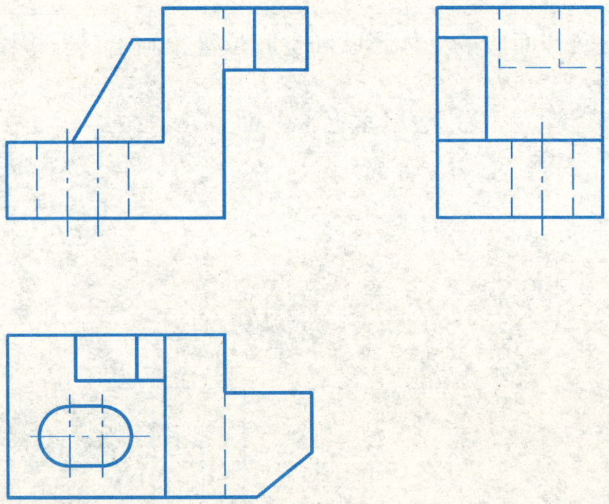

班级　　　　　　姓名　　　　　　学号

1. 在指定位置画出 *F*、*D* 向视图。

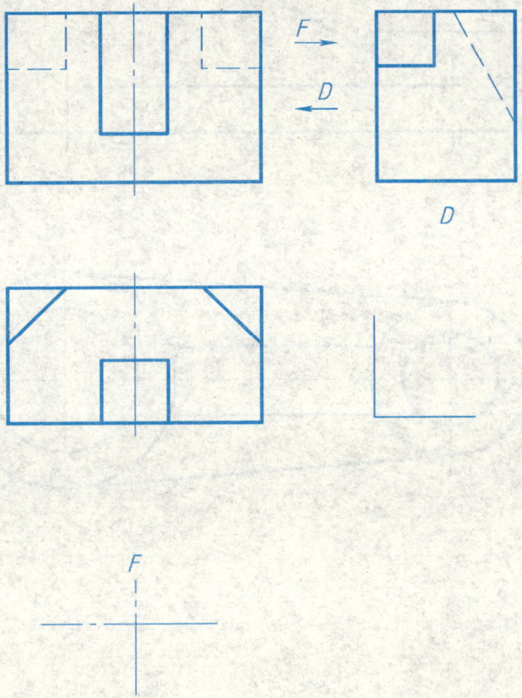

2. 画出 *A* 和 *B* 局部视图。

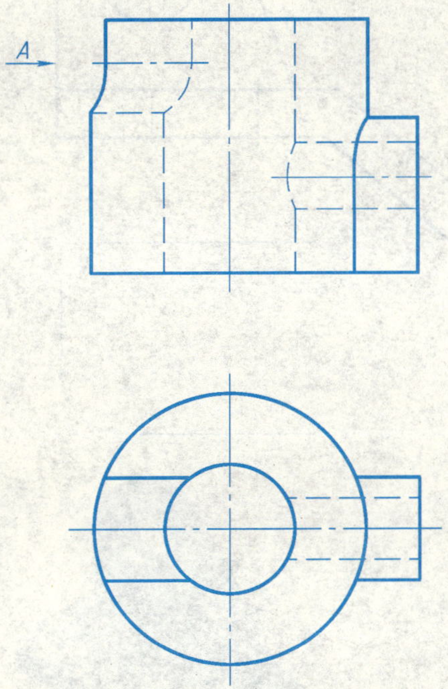

1. 根据主视图，对照轴测图，补画斜视图和局部视图。

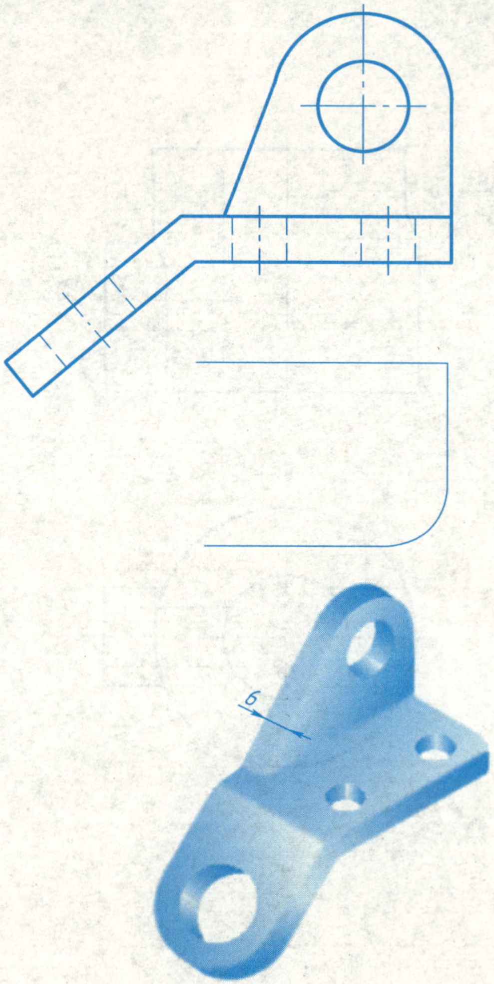

2. 补画斜视图和局部视图。

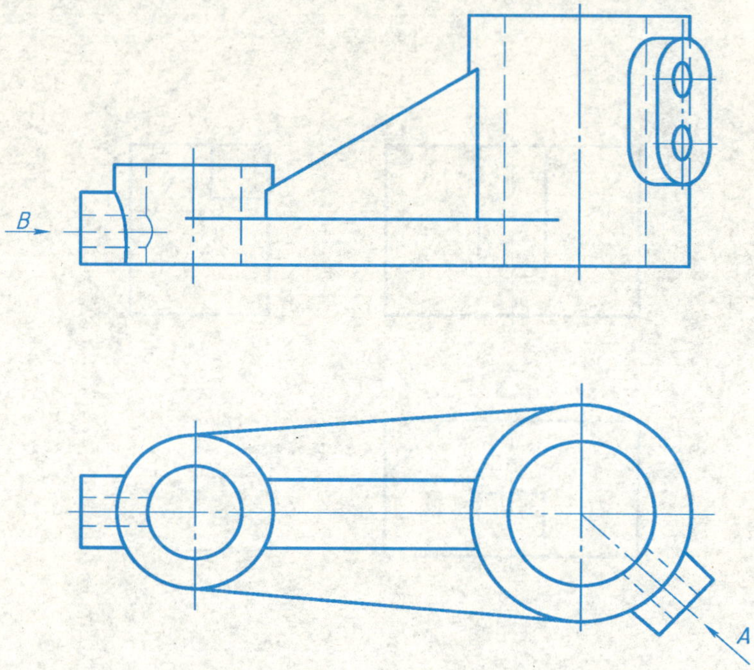

班级　　　　姓名　　　　学号

1. 画出斜视图，完成局部视图。

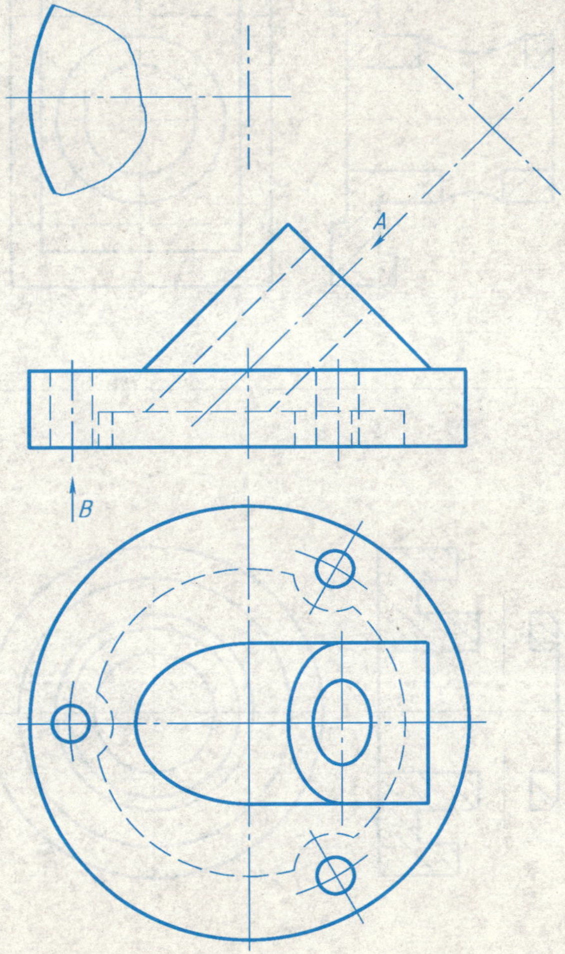

2. 根据零件的轴测图和主、俯视图，用第三角画法画出其左视图。

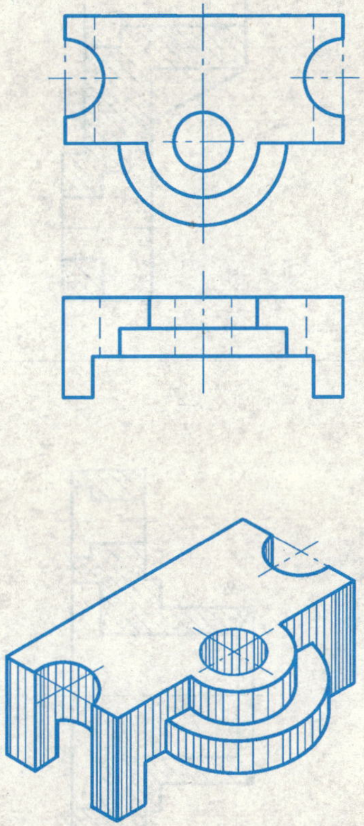

班级 姓名 学号

7—5　补画剖视图中所缺的图线

1.

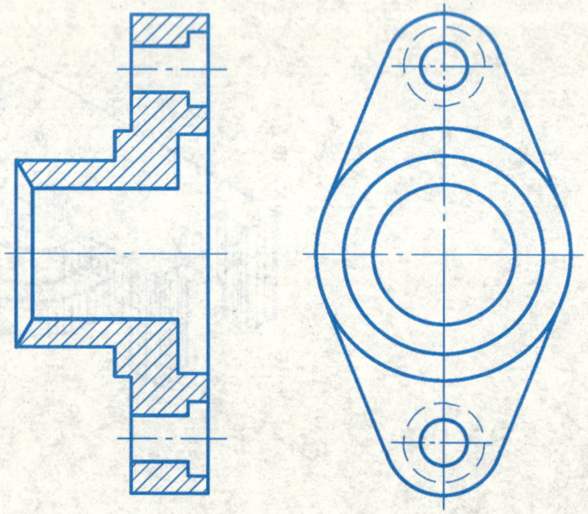

2.

3.

4.

班级　　　　姓名　　　　学号

7－6　在指定位置将主视图改画成剖视图（一）

1.

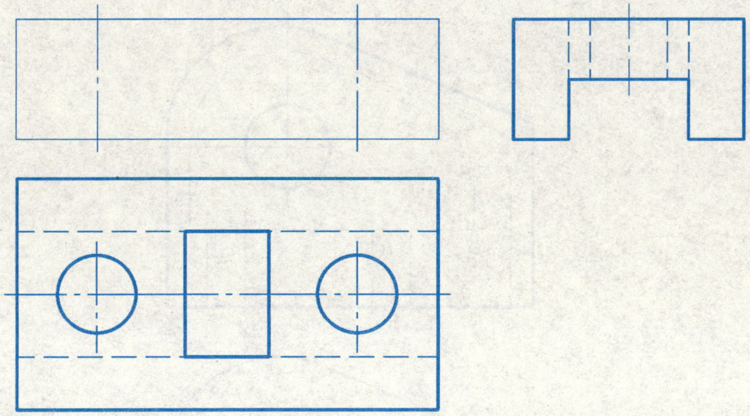

2.

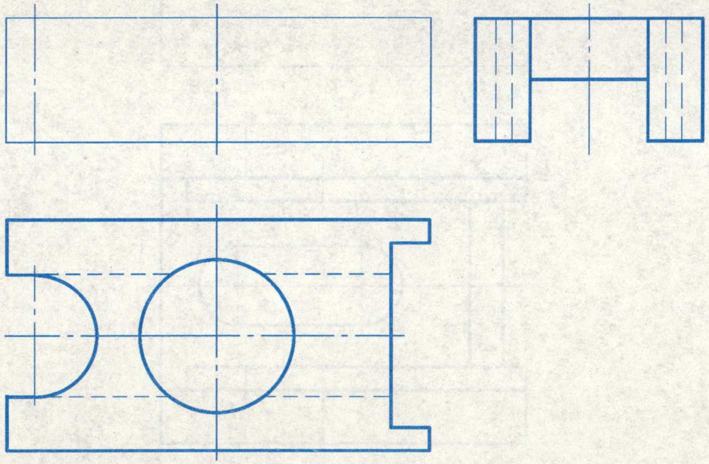

3.

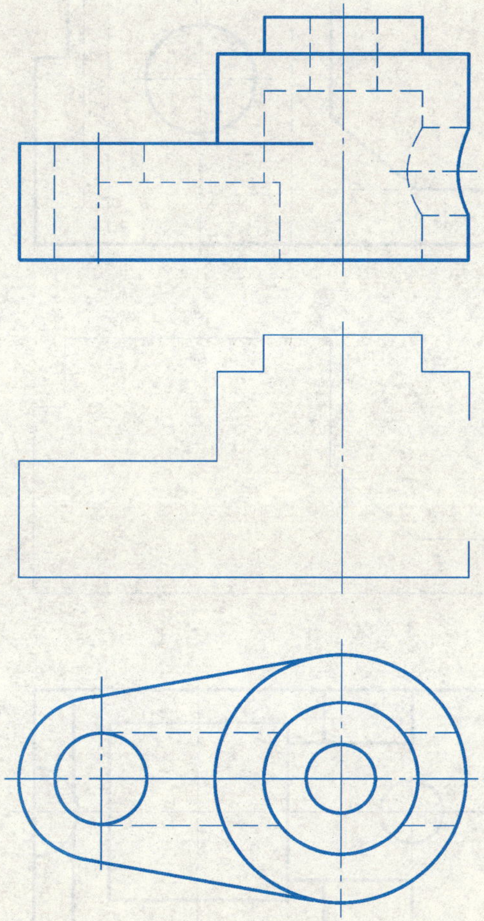

班级　　　　姓名　　　　学号

1.

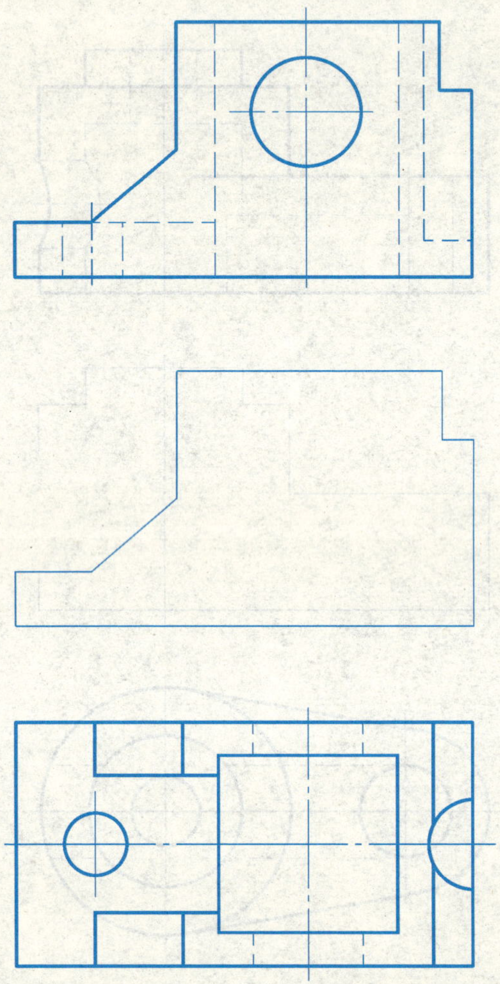

2.

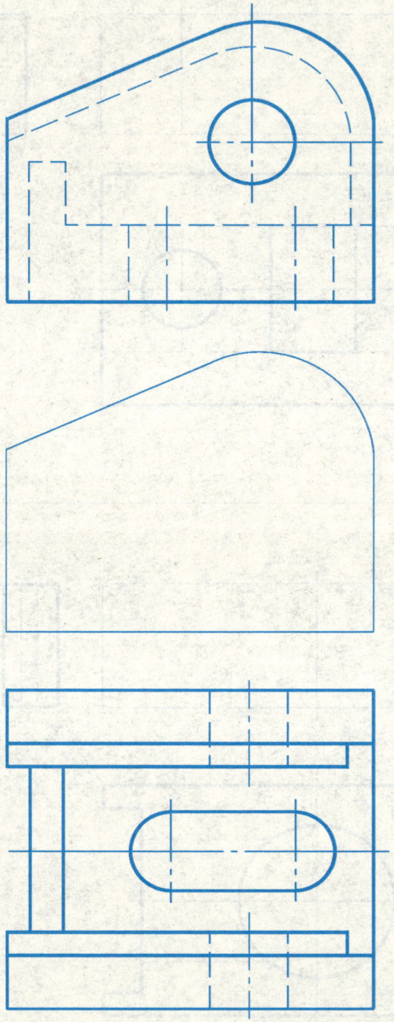

班级　　姓名　　学号

7-8 在指定位置将主视图改画成剖视图（三）

1.

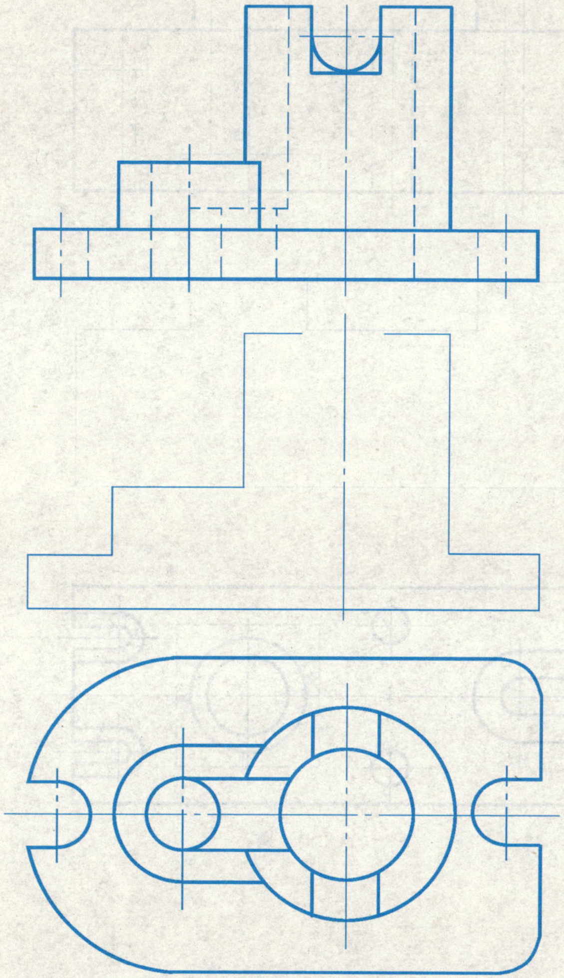

2.

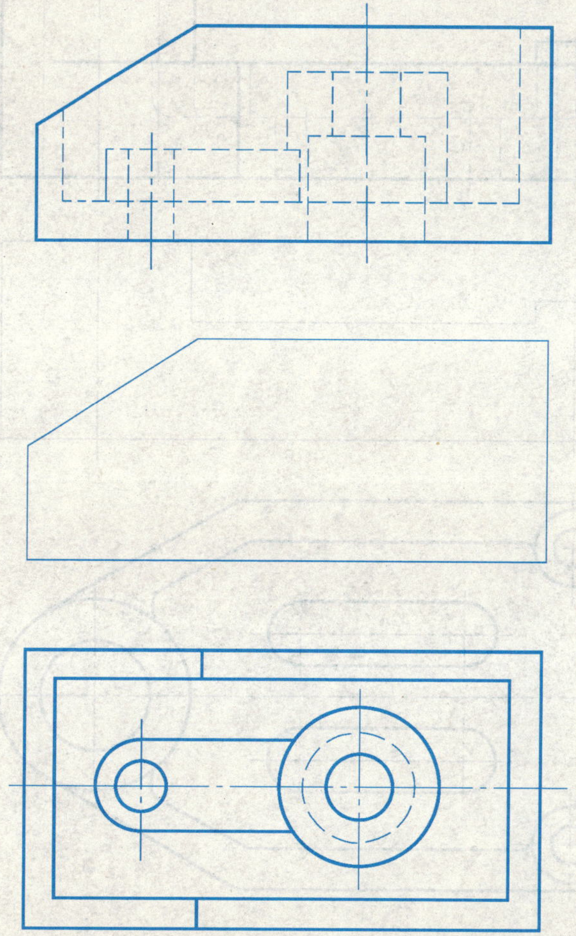

班级　　　　姓名　　　　学号

1.

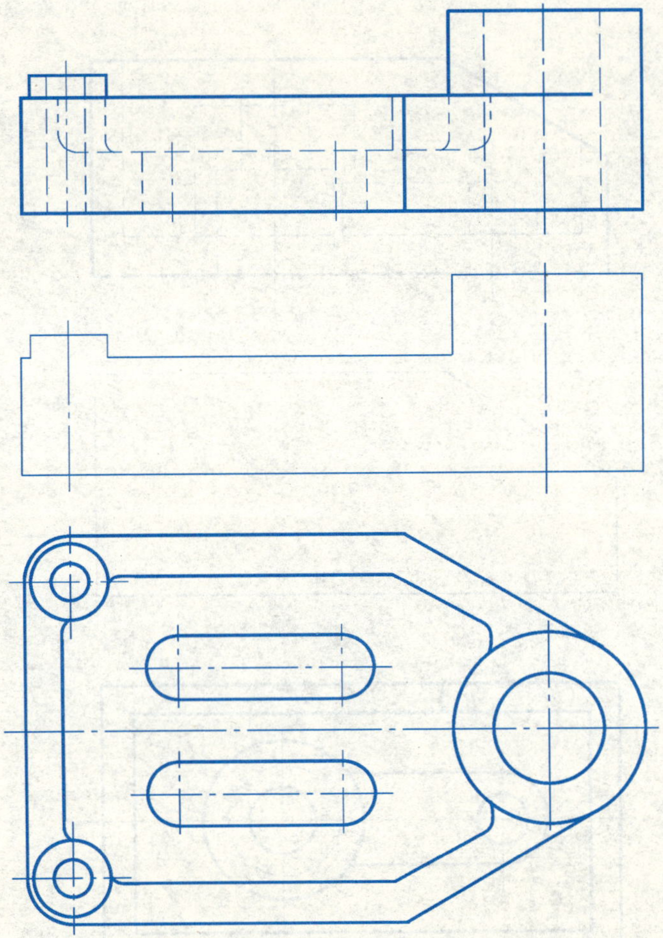

2.

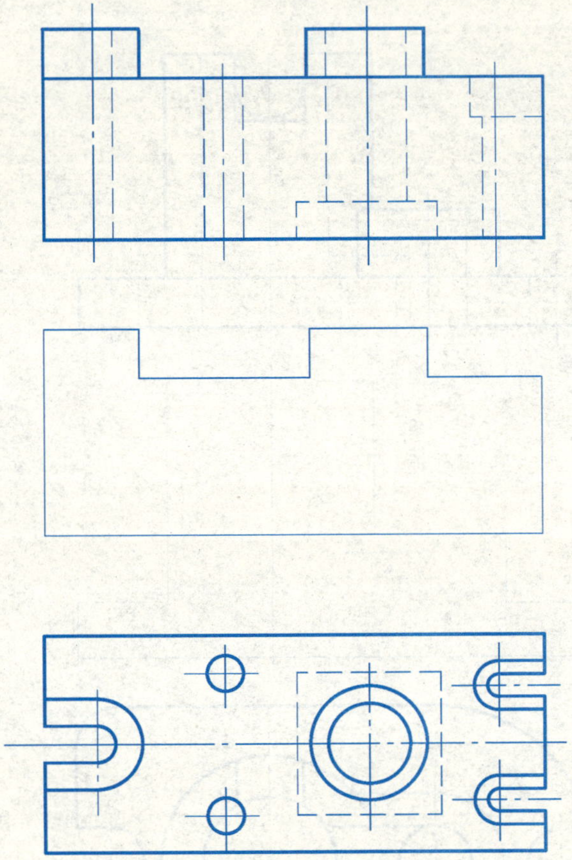

班级　　　　姓名　　　　学号

1.

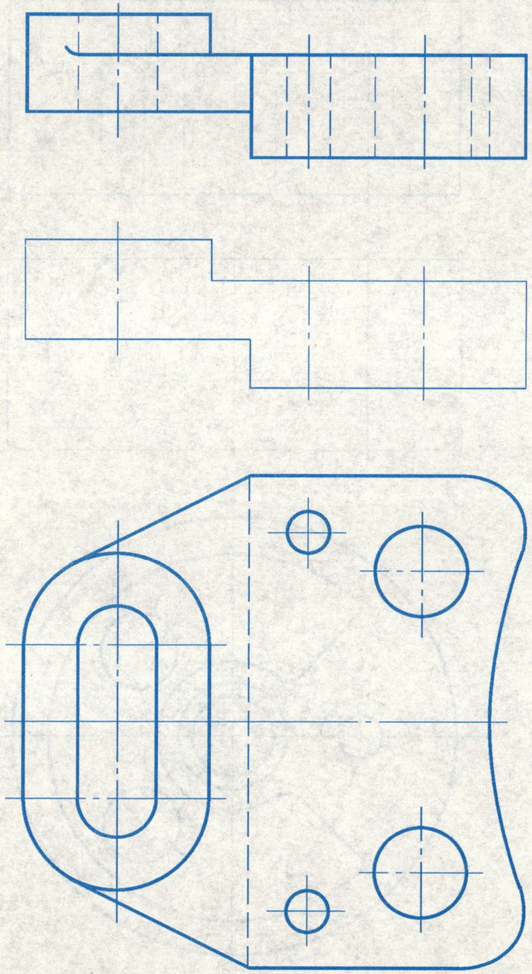

2.

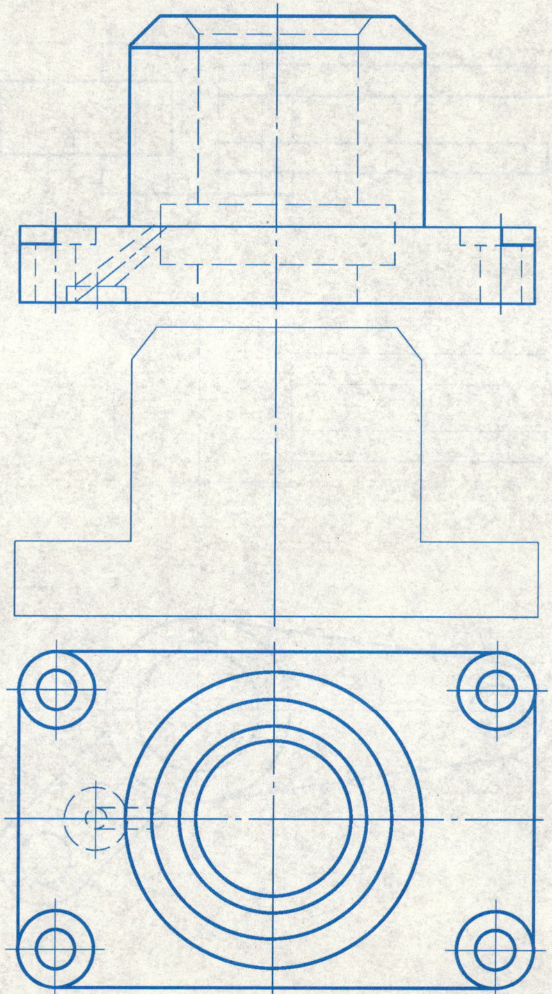

班级　　　　姓名　　　　学号

7－11　用两个相交的剖切平面将主视图改画成剖视图

1.

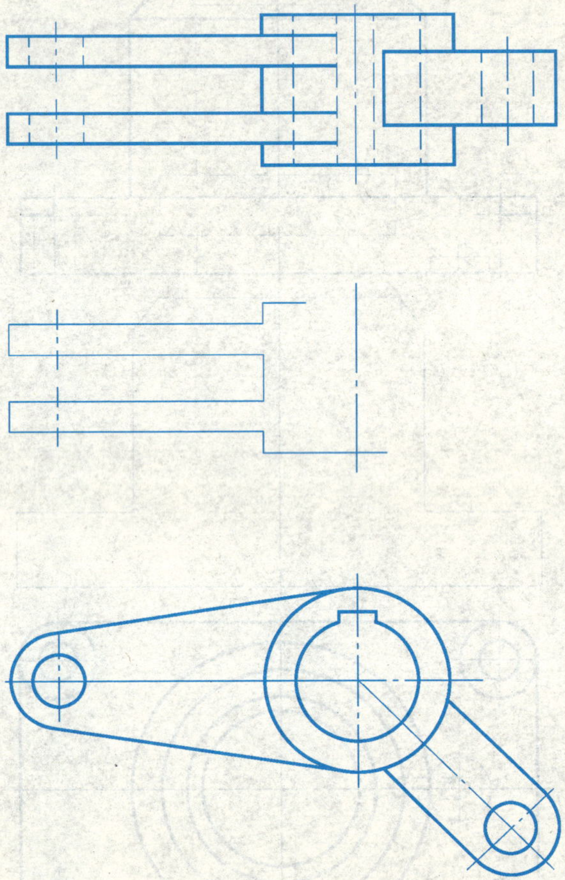

2.

班级　　　　姓名　　　　学号

7－12　用几个相交的剖切面将主视图改画成剖视图

1.

2.

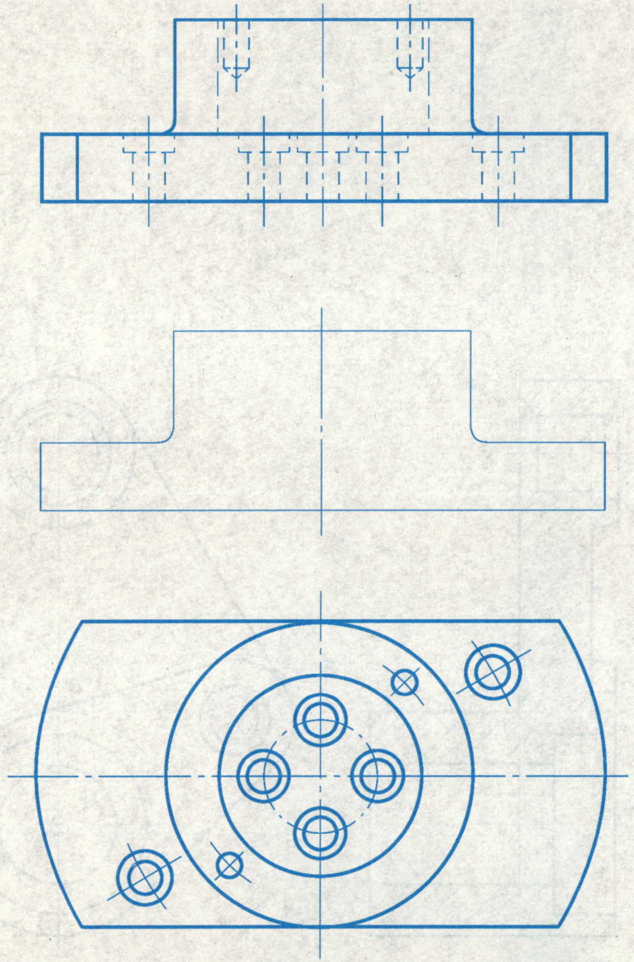

班级　　　　姓名　　　　学号

7-13　画剖视图

1. 作 *A*—*A* 全剖视图。

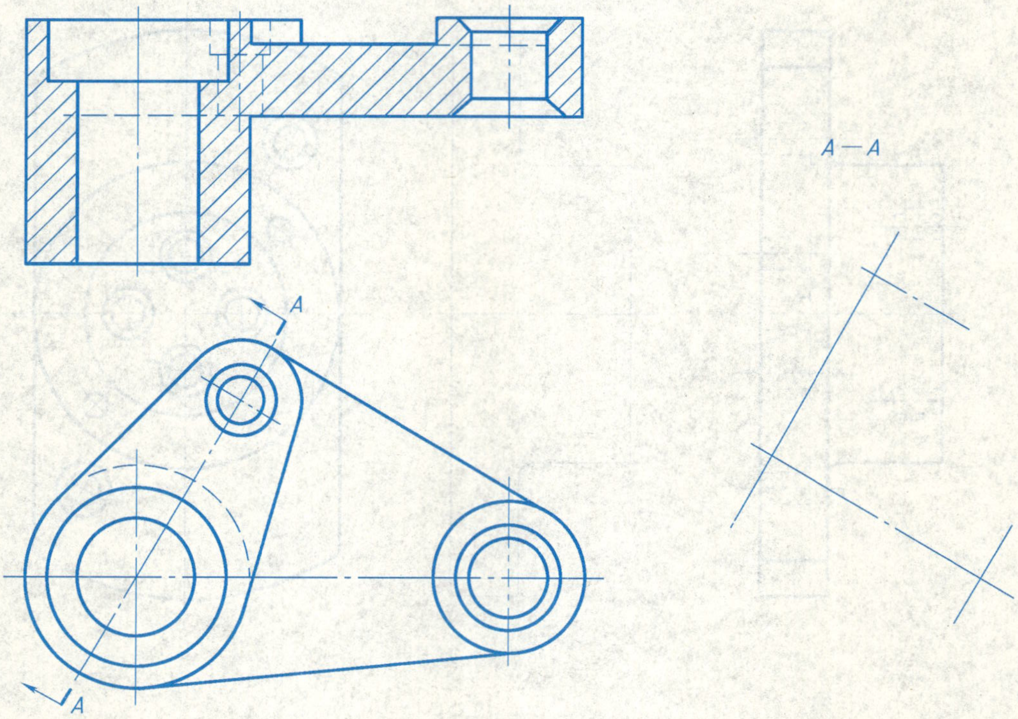

2. 作 *A*—*A* 和 *B*—*B* 全剖视图。

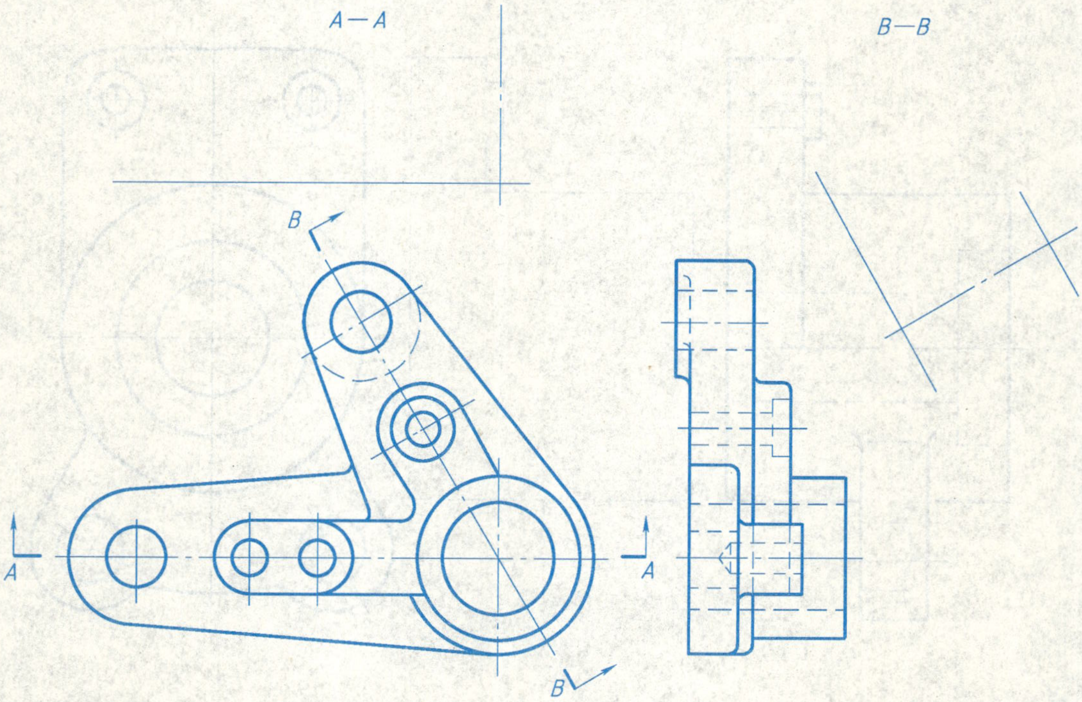

班级　　　姓名　　　学号

7-14 将主视图改画成半剖视图

1.

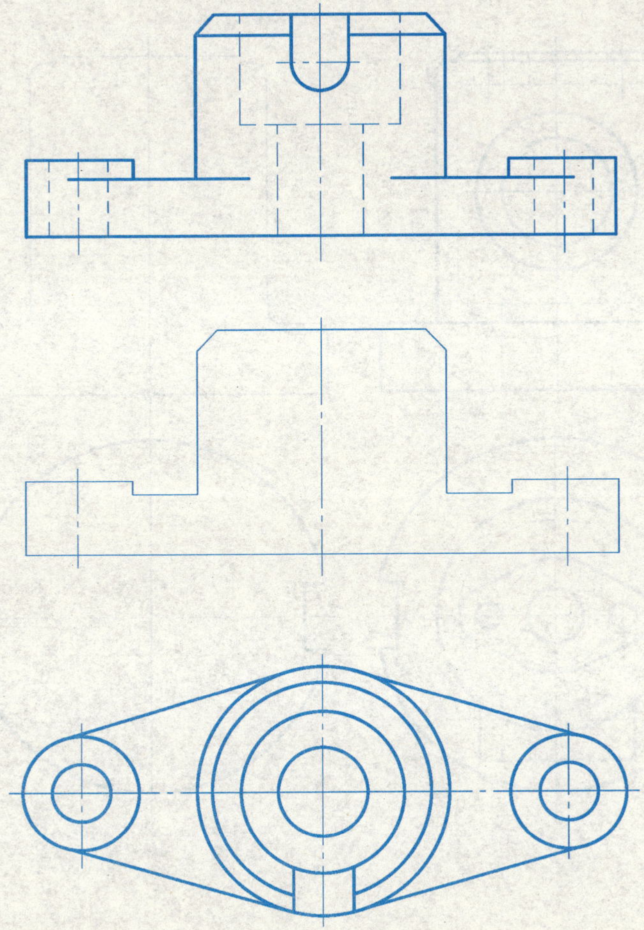

2.

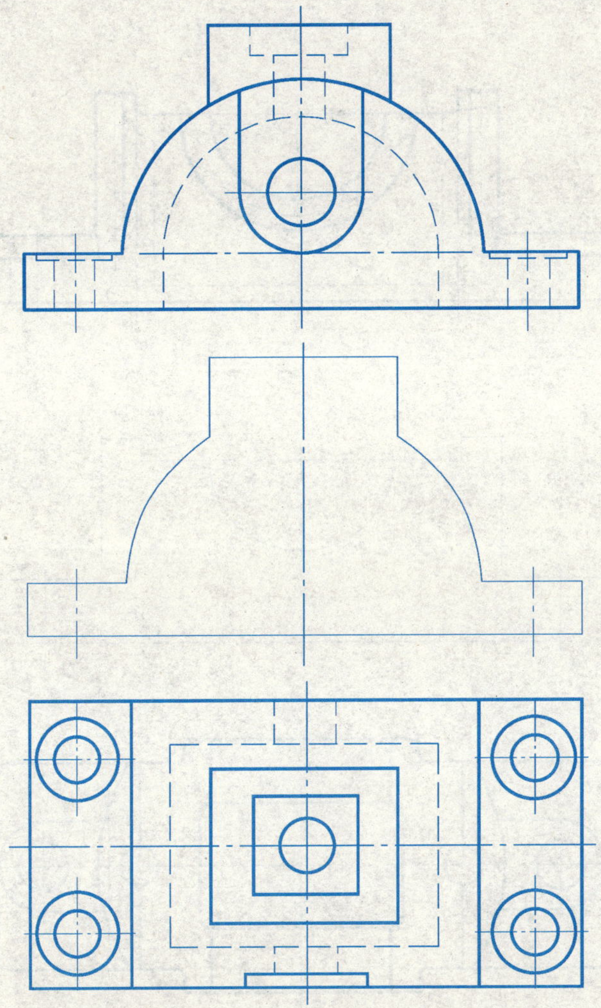

班级 姓名 学号

7-15 将1题主视图，2题的主、俯视图改画成半剖视图

1.

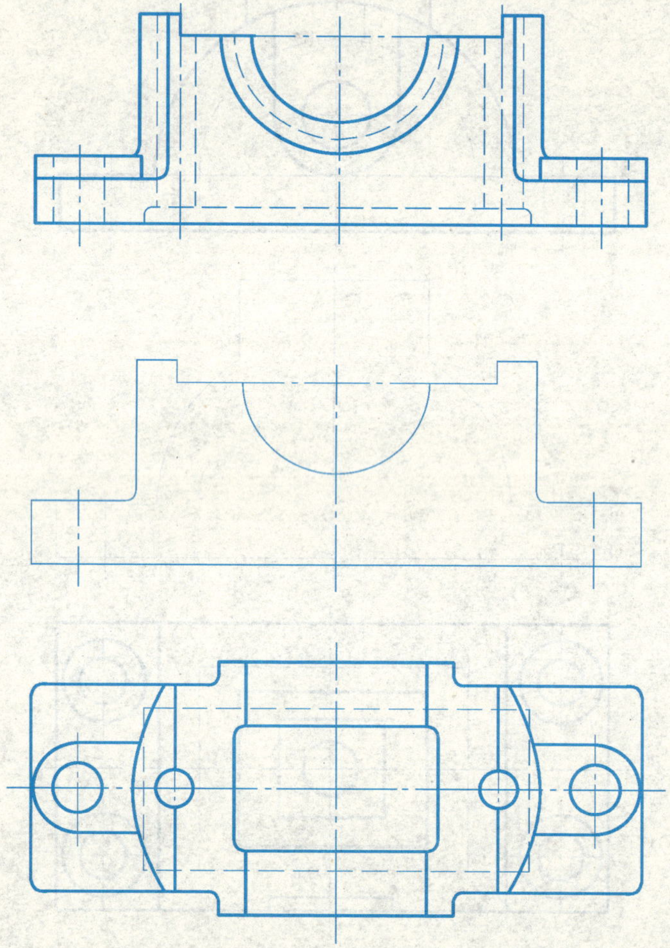

2.

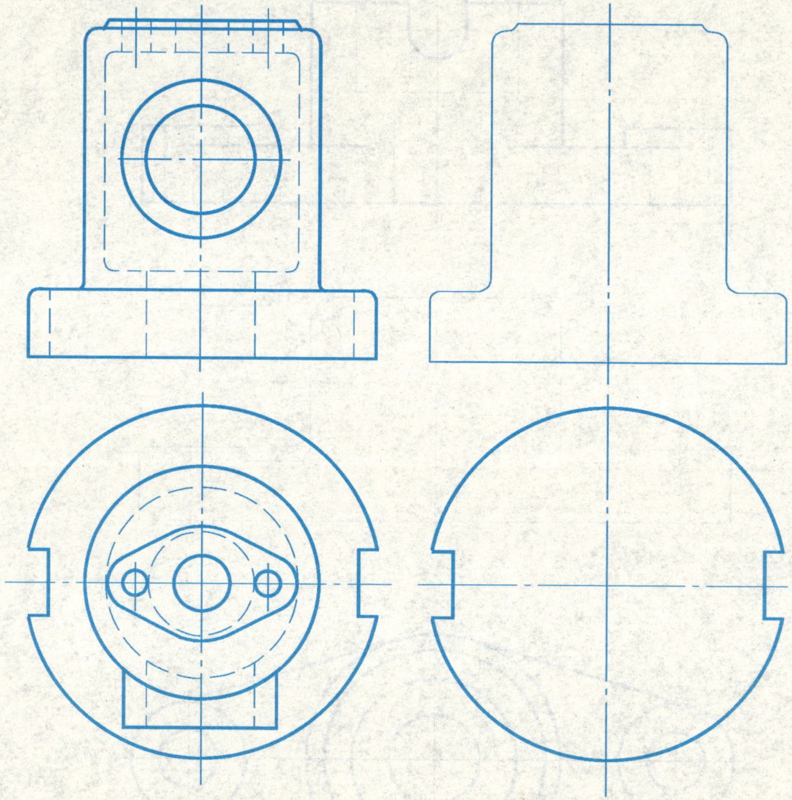

班级　　　　姓名　　　　学号

7－16 将下列物体的视图改画成局部剖视图（不要的线条打“×”）

1.

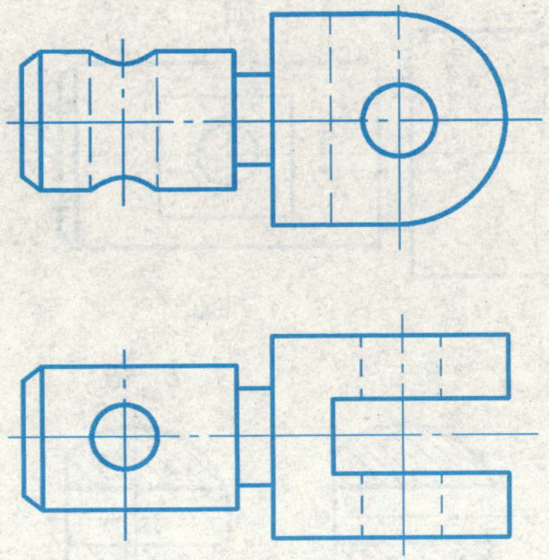

2.

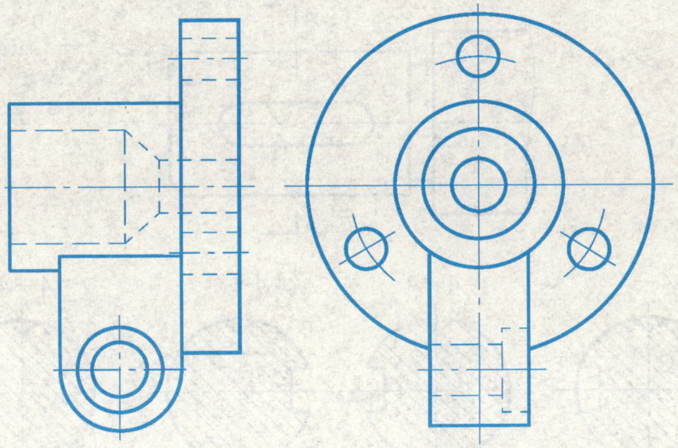

3.

4.

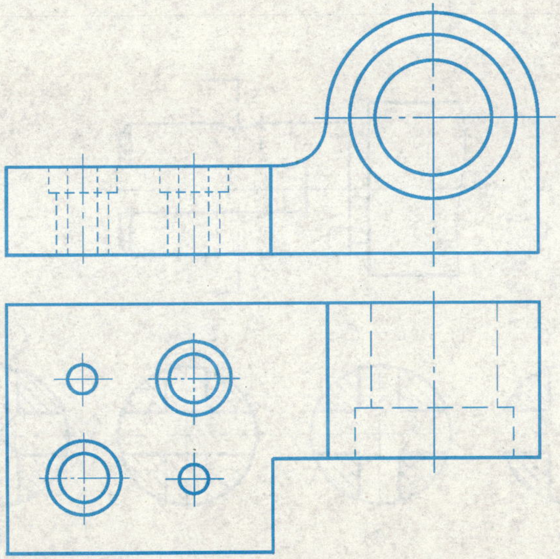

班级　　姓名　　学号

7-17　找出正确的断面图（在正确断面编号处打“√”）

1.

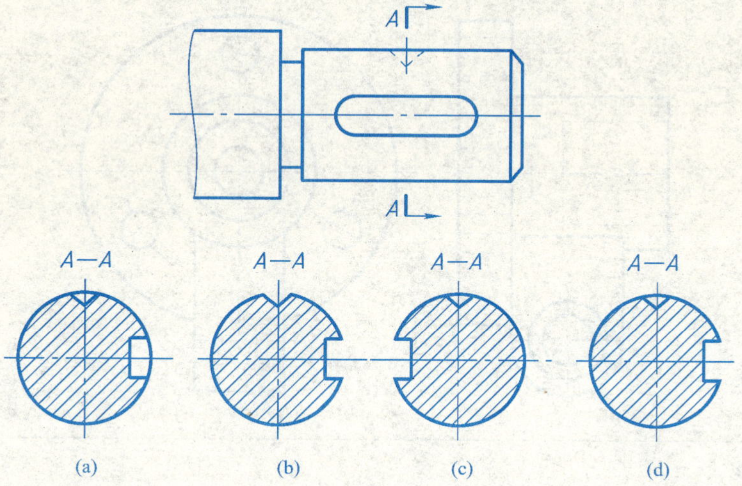

2.

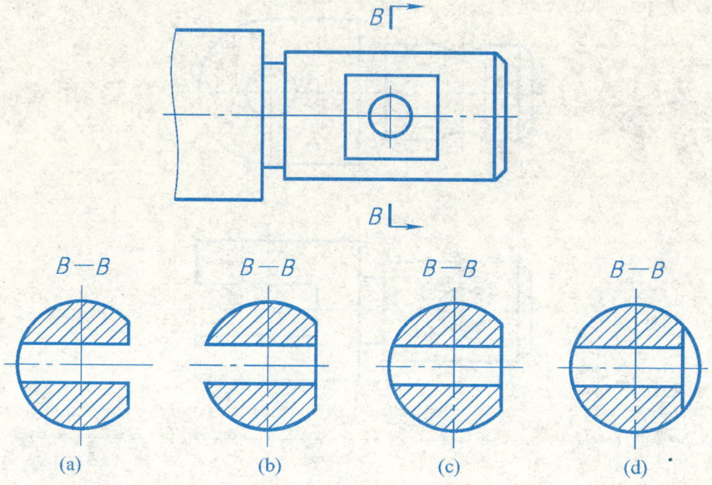

3.

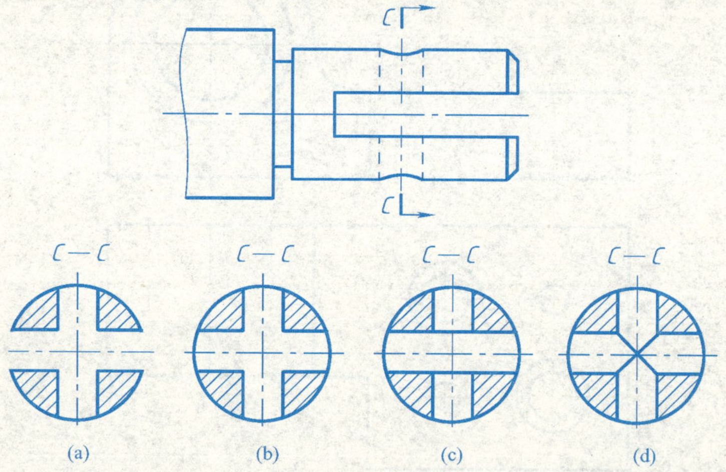

4.

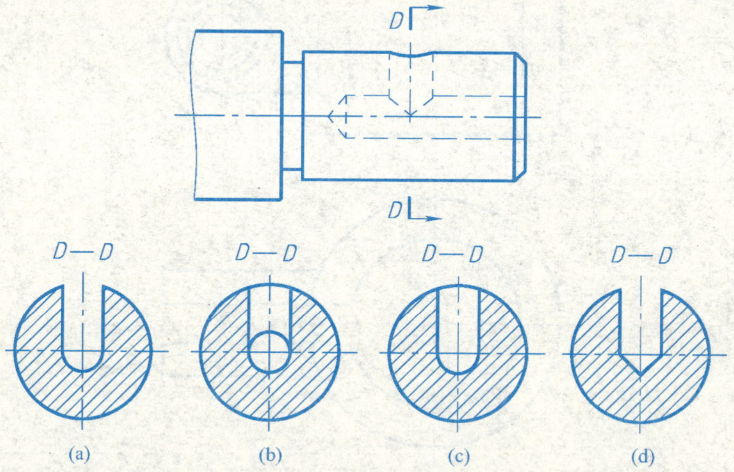

班级　　　　姓名　　　　学号

7-18 画出指定位置的移出断面图

1. 左面键槽深 4mm，右面键槽深 3mm。

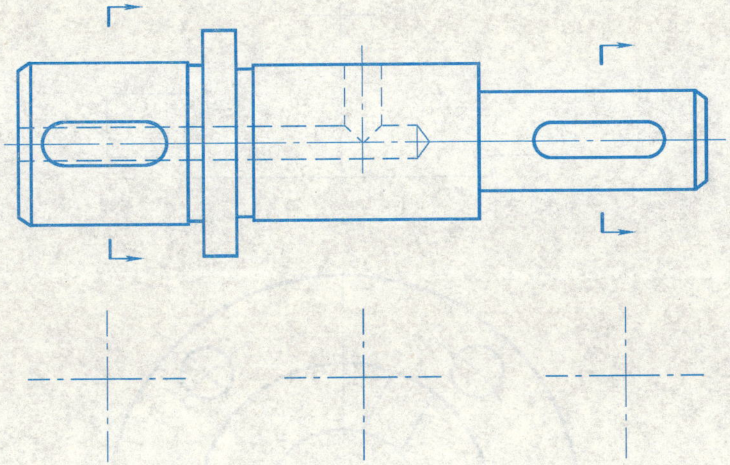

2.

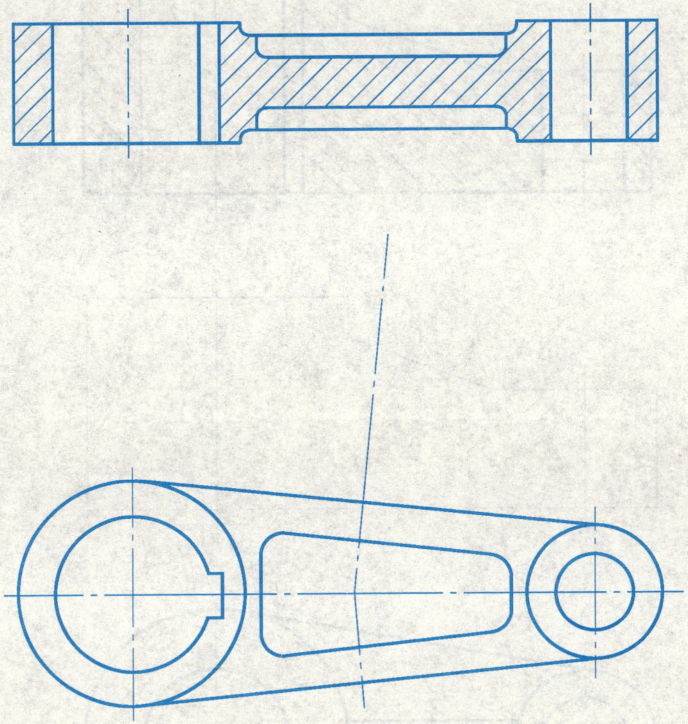

班级　　　　姓名　　　　学号

7－19　分析剖视图中画法的错误，在指定位置画出正确的剖视图

1.

2.

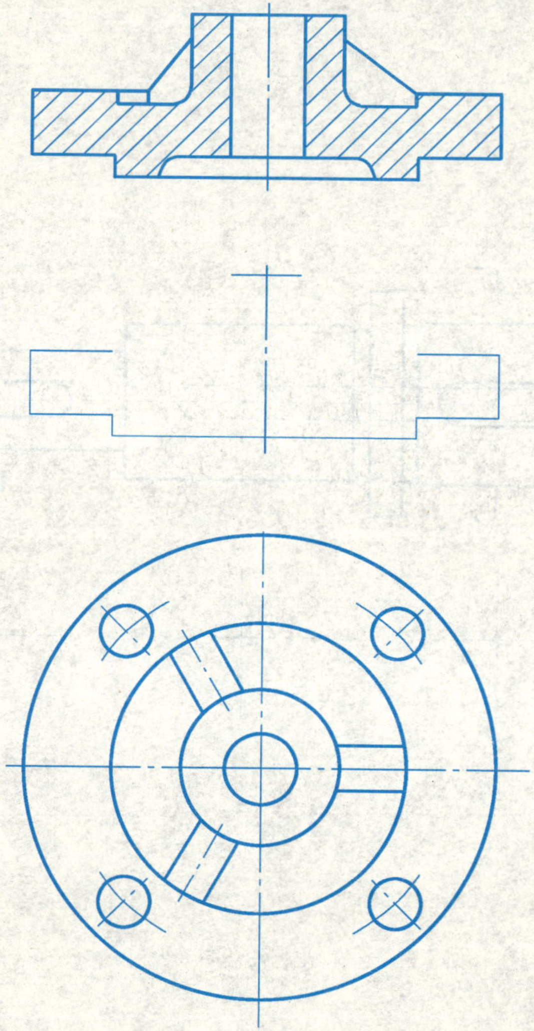

班级　　　　姓名　　　　学号

1. 补画剖视图中缺漏的图线（主视图半剖，左视图全剖）。

2. 补画半剖视图中缺漏的图线。

3. 完成半剖的主视图，求作全剖的左视图。

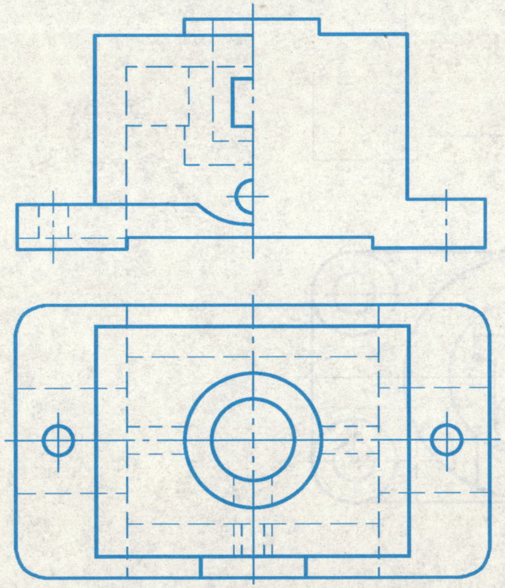

4. 完成半剖的主视图，求作半剖的左视图。

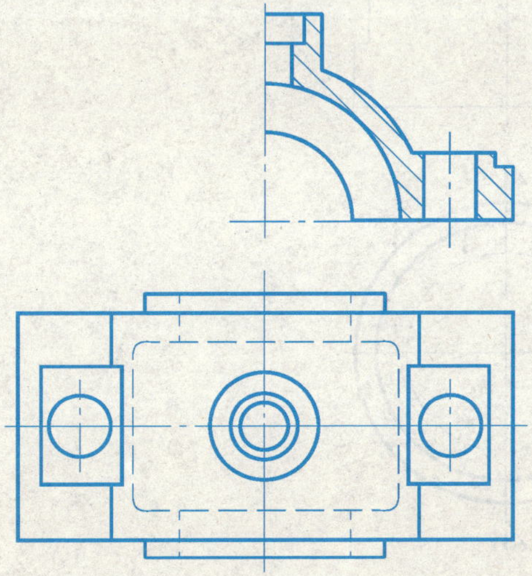

班级　　　　　　姓名　　　　　　学号

7－21 读图练习（二）

1. 将主视图改画成全剖视图，并求作 *A—A* 半剖的左视图。

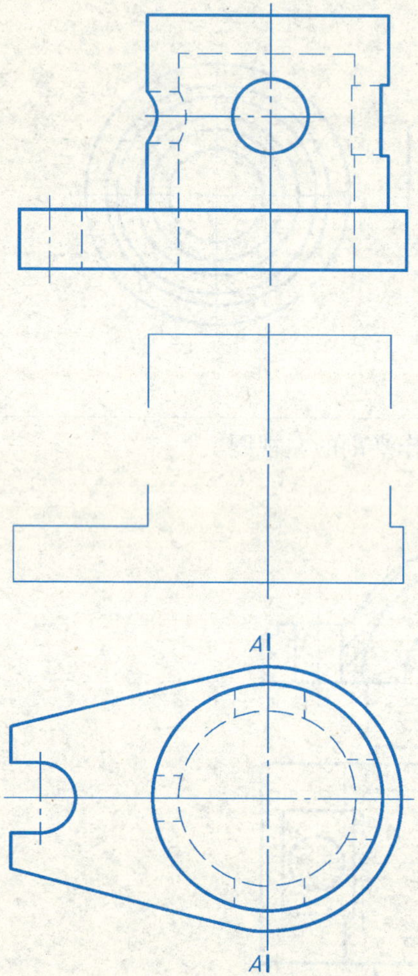

2. 将主视图改画成半剖和局部剖视图，并求作全剖的左视图。

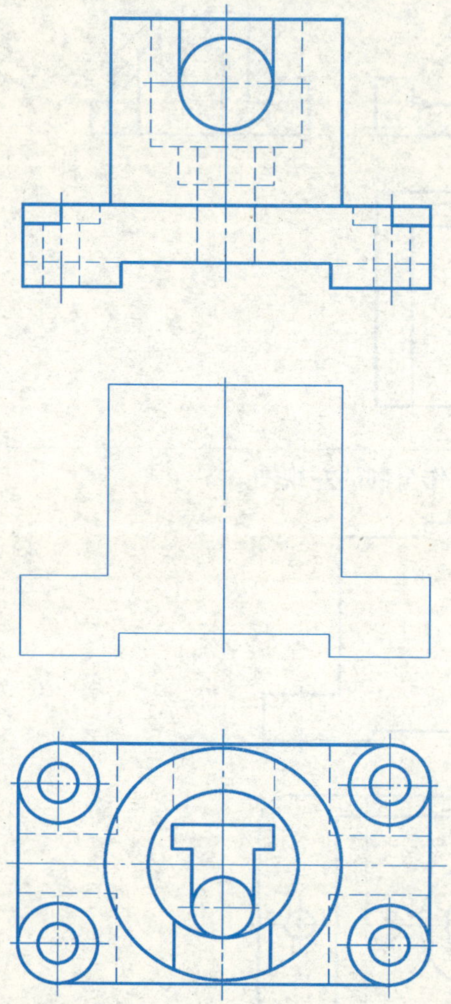

班级　　　　姓名　　　　学号

作 业 指 导

一、目的

1. 训练选择机件图样表示法的能力。
2. 进一步熟悉剖视图、断面图等的画法和尺寸注法。
3. 提高绘图技巧。

二、内容和要求

1. 根据所给机件的视图、轴测图或模型（图例附后），按教师指定的题号和要求，综合运用图样的各种表示法，选择合适的图样表示方案，表达该机件。
2. 完整标注尺寸。

三、注意点

1. 选择表示方案时，应多考虑几种方案，进行比较，然后从中选出最佳的表示方案。
2. 图形表达和尺寸标注均要正确、完整、清晰、合理。
3. 图形布置均匀，图线粗细分明，字体端正，图面整洁。
4. 选择合适的比例和图幅。

根据模型或轴测图，选择适当的图样表示法，按1∶1的比例徒手画出物体视图的草图，并标注尺寸。然后根据草图，选取适当比例和图幅，画正规图。

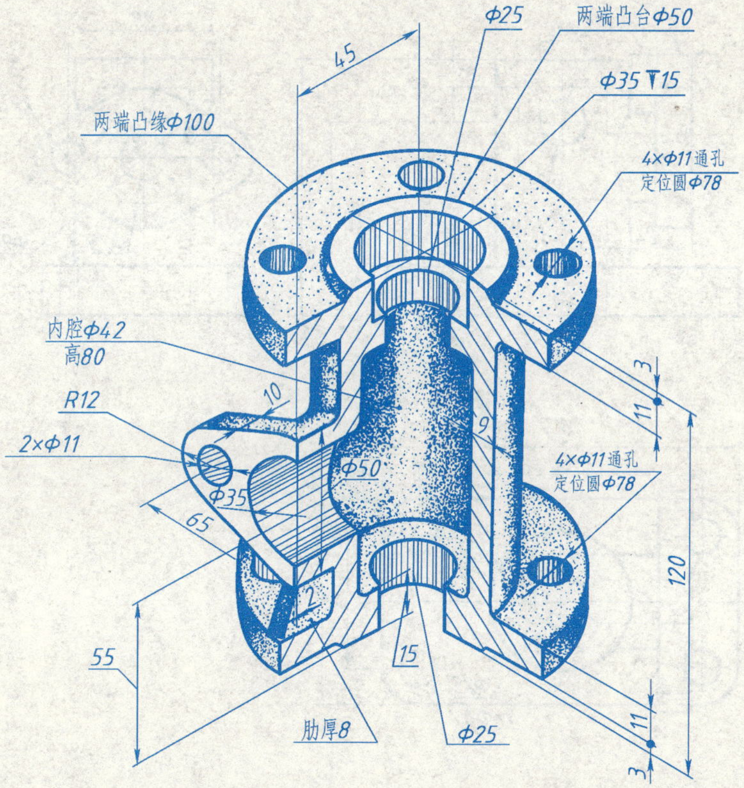

班级　　　　姓名　　　　学号

选择合适的图样表示方案，重新表达下列机件。

1.

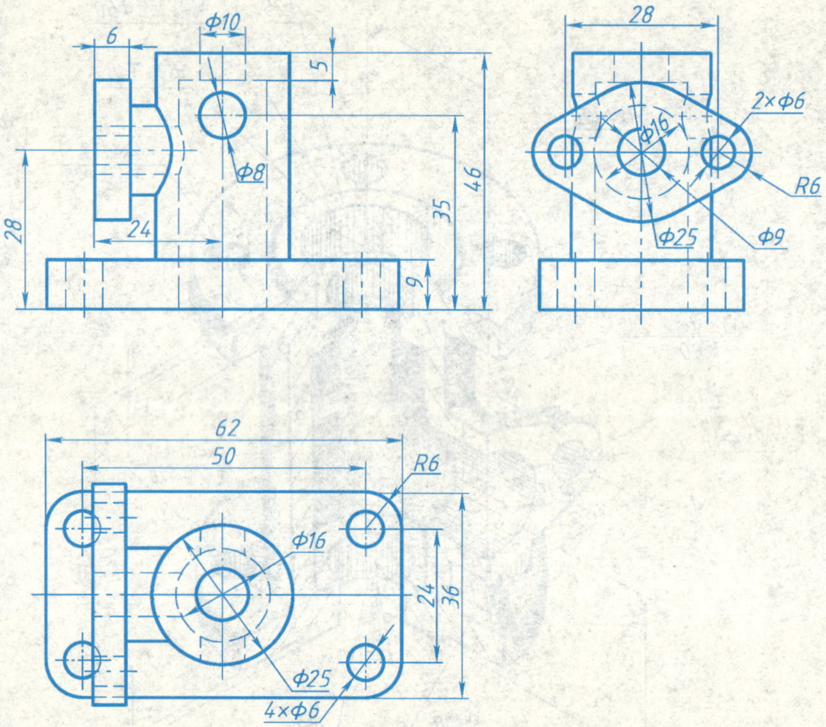

2.

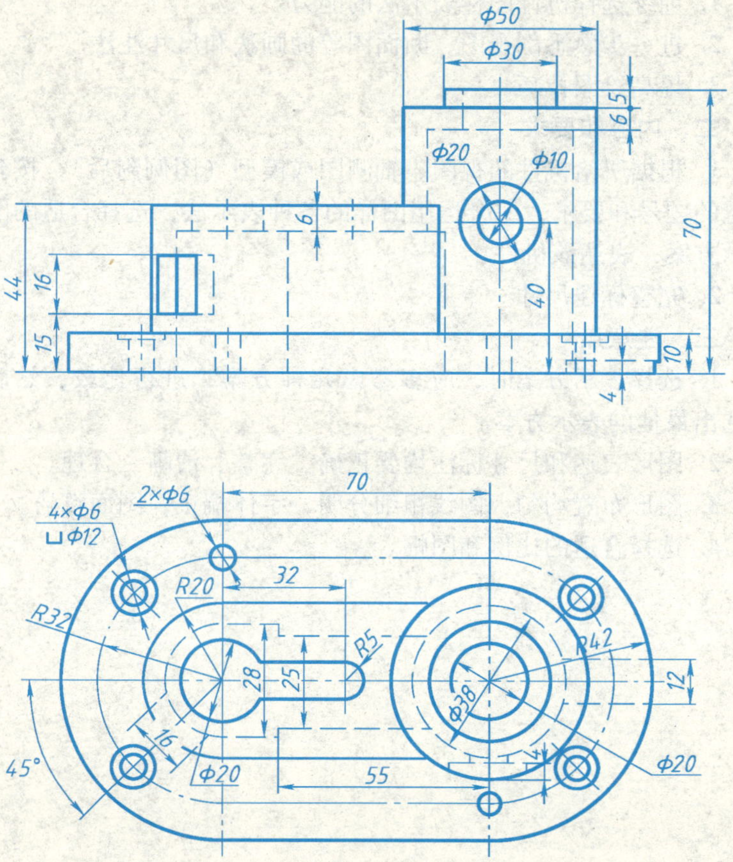

班级　　　　姓名　　　　学号

第八章　图样的特殊表示法

8-1　螺纹的规定画法

1. 已知螺杆上螺纹大径为 20mm，长度为 25mm，左端倒角 C1.5，试按 1∶1 的比例完成下列两视图。

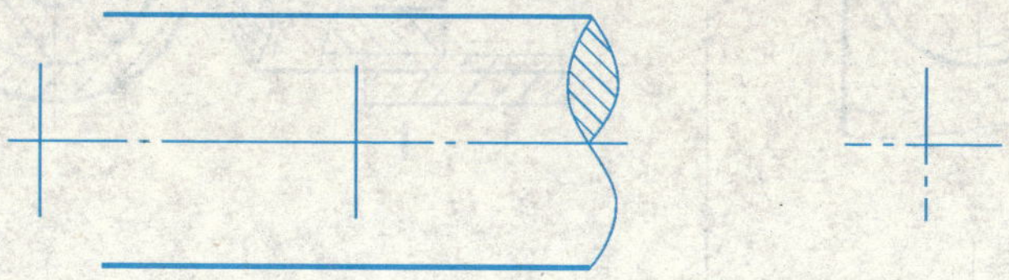

2. 已知机件上螺纹通孔，大径为 20mm，两端倒角均为 C1.5，试按 1∶1 的比例完成下列两视图。

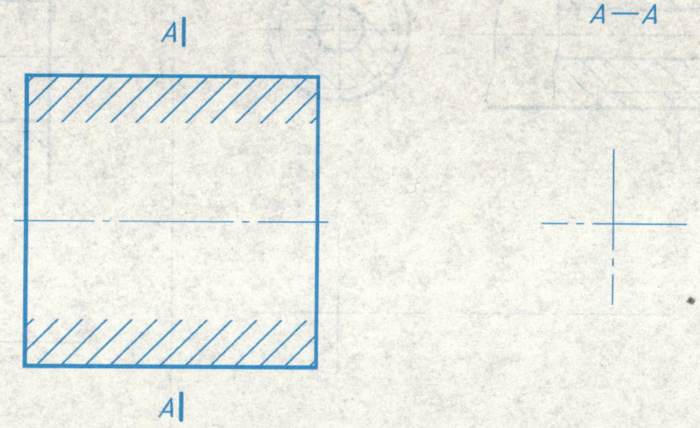

3. 将上述题 1 的外螺纹旋入题 2 的螺孔，旋入长度为 20mm，作全剖的主、左视图（剖切平面位置自选）。

班级　　　　姓名　　　　学号

8－2 螺纹的规定画法和标记

1. 识别下列螺纹的错误画法，把正确图形画在其下方。

(1)

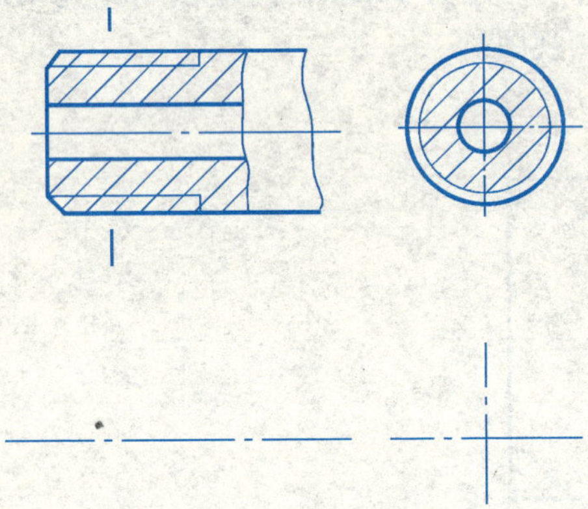

(2)

(3)

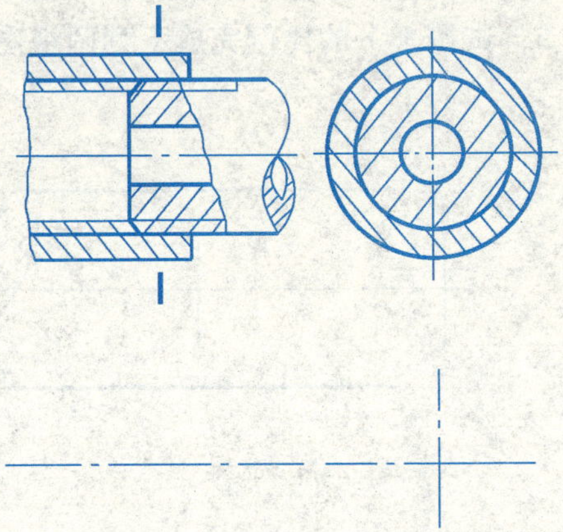

2. 根据螺纹的标记，识别其意义并填表。

项目 代号	螺纹种类	内、外螺纹	大径	小径	导程	螺距	线数	旋向	公差带		旋合长度
									中径	顶径	
M24－7H											
M20×2－5g6g－S											
B32×6－7e											
G3/4LH											
Tr52×16(P8)－8H											

班级　　　　姓名　　　　学号

1. 粗牙普通螺纹，大径 30mm，螺距 3.5mm，右旋，中径、顶径公差带代号 6g，中等旋合长度。

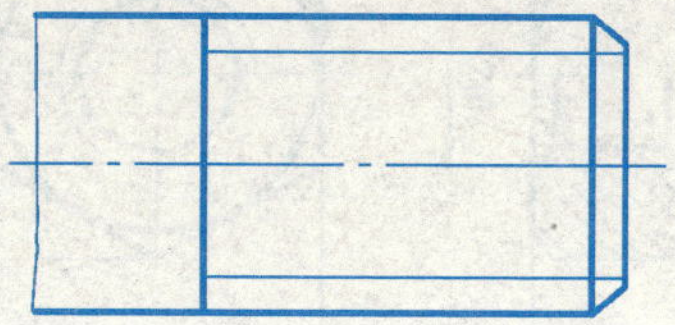

2. 细牙普通螺纹，大径 30mm，螺距 1.5mm，左旋，中径、顶径公差带代号 7H，长旋合长度。

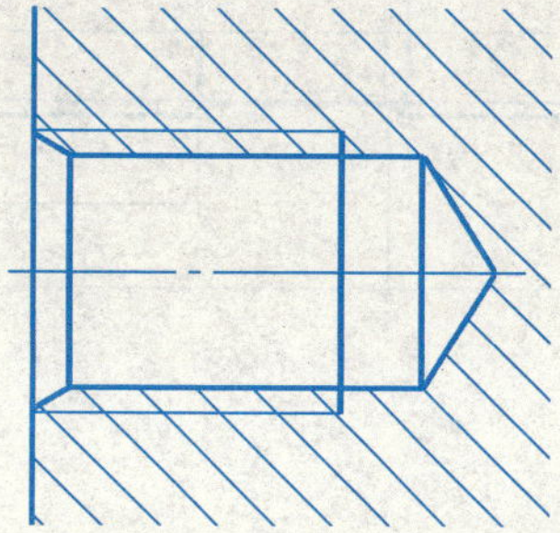

3. 梯形螺纹，大径 32mm，导程 12mm，双线，左旋。

4. 锯齿形螺纹，大径 25mm，螺距 5mm，右旋。

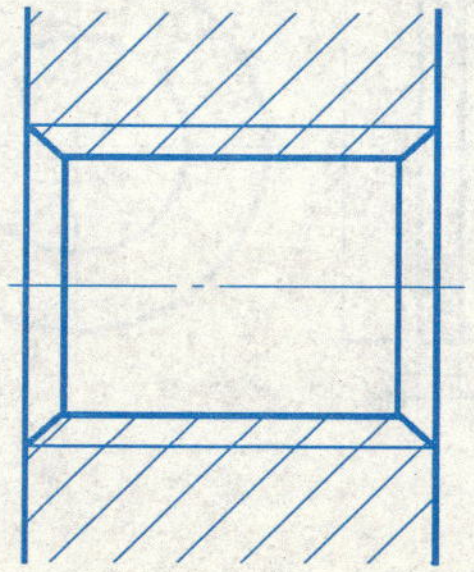

5. 55°非密封管螺纹，尺寸代号 1，左旋。

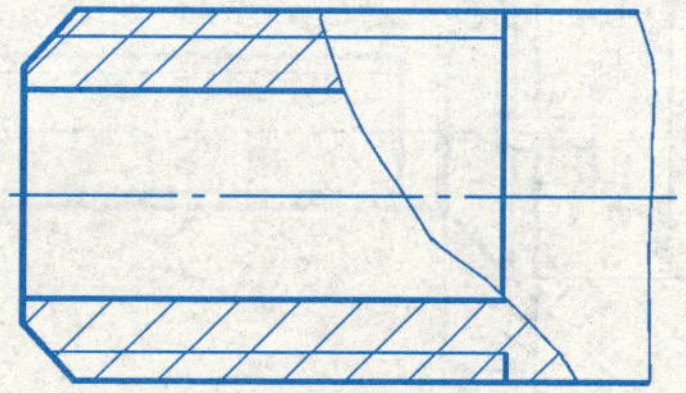

6. 55°密封管螺纹，尺寸代号 1/2，右旋。

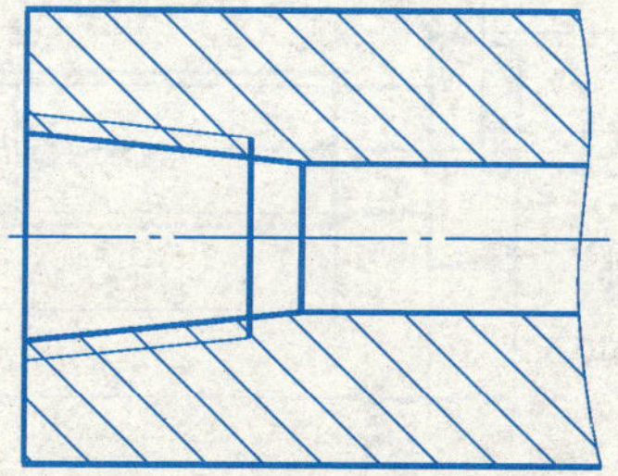

班级　　　　姓名　　　　学号

8-4　查表确定下列各紧固件的尺寸，并写出规定标记

1. 六角头螺栓—A 级。

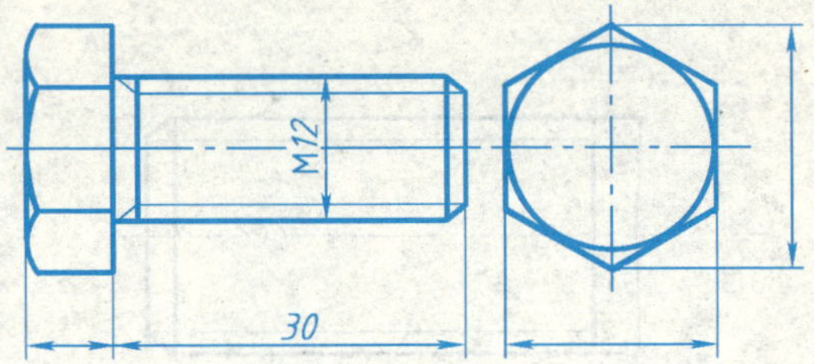

规定标记________________

2. 双头螺柱（B 型，$b_m = 1.25d$）。

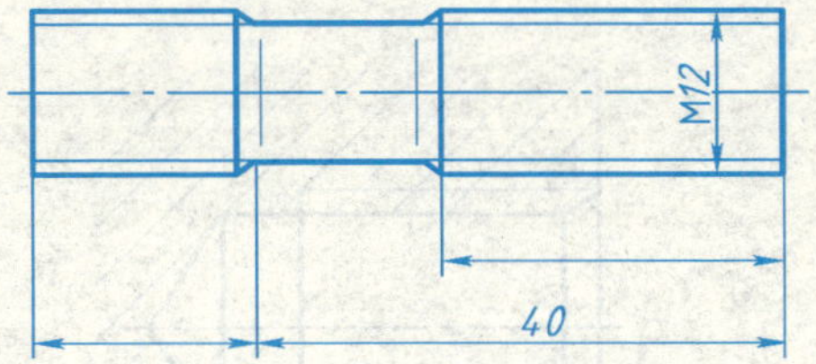

规定标记________________

3. Ⅰ型六角螺母—A 级。

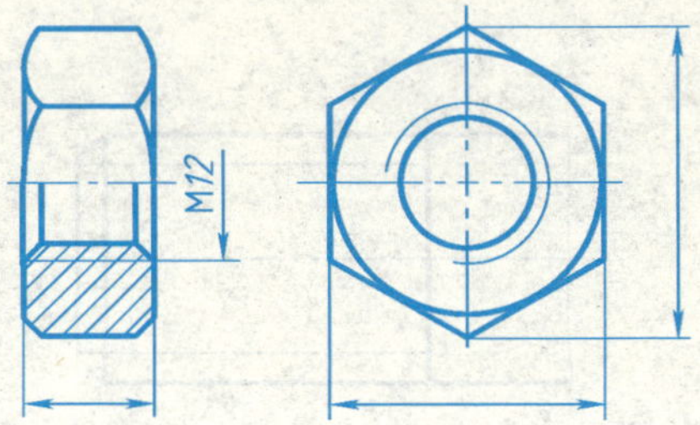

规定标记________________

4. 开槽圆柱头螺钉。

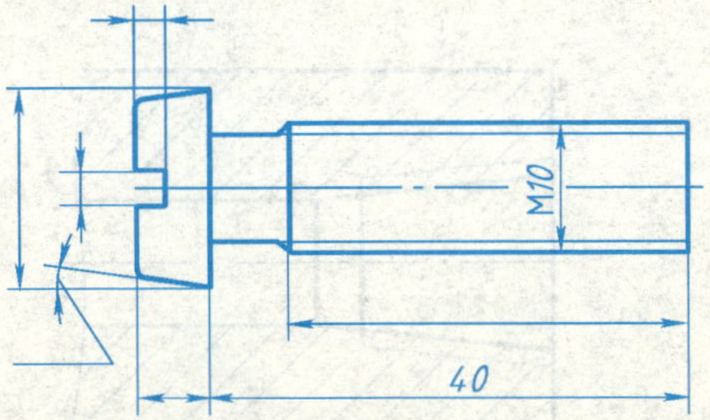

规定标记________________

5. 开槽沉头螺钉。

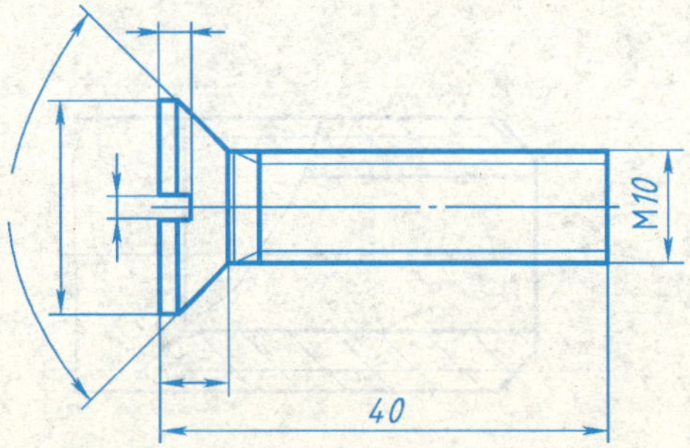

规定标记________________

6. 垫圈。

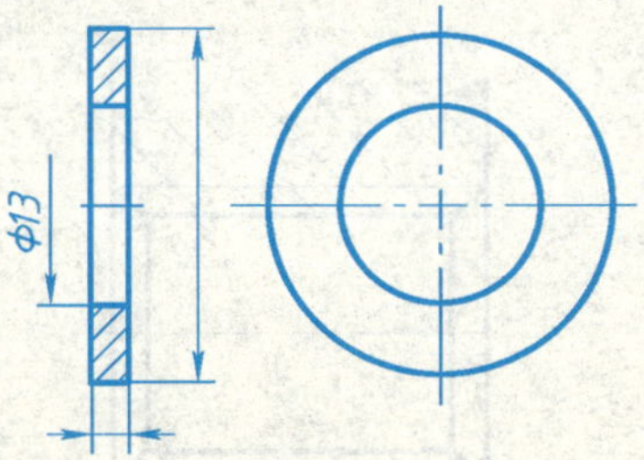

规定标记________________

班级　　　　姓名　　　　学号

8－5　分析下列螺纹连接图画法中的错误，并将正确图形画在其右边

1.

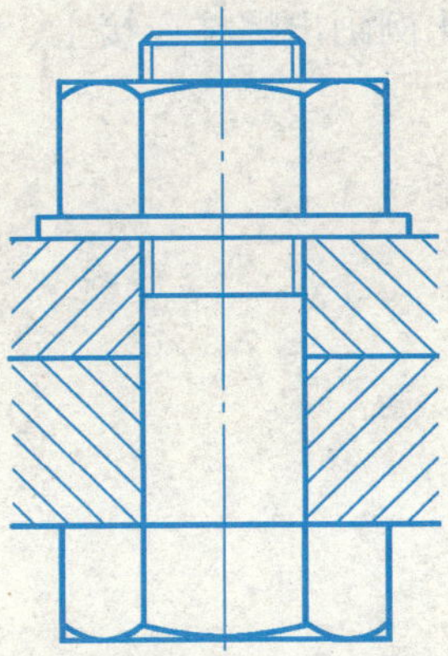

2.

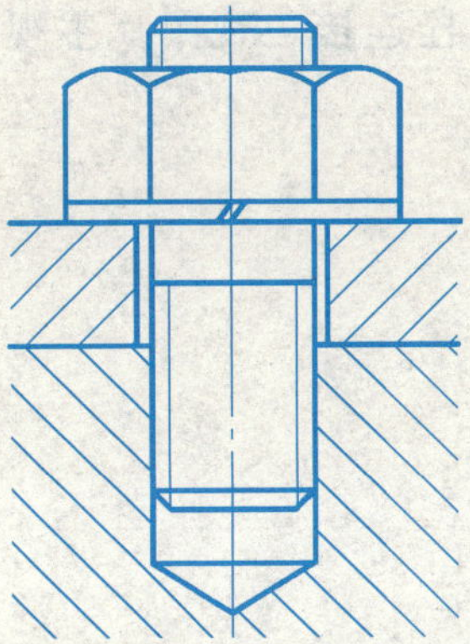

3.

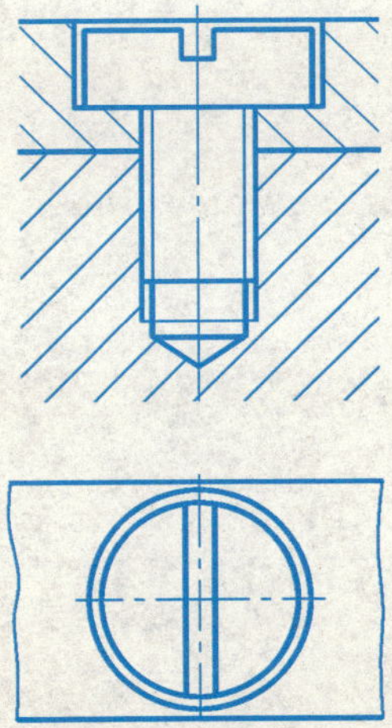

4.

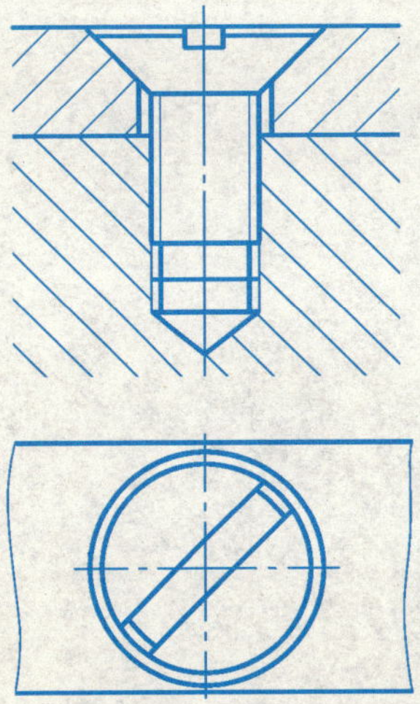

班级　　　　姓名　　　　学号

1. 已知螺栓 GB/T 5782 M16 × L（计算后取标准值），螺母 GB/T 41 M16，垫圈 GB/T 97.1 16，被连接件厚 $t_1 = t_2 = 16$，用比例画法按 1∶1 的比例画出螺栓连接三视图（主视图全剖）。

2. 已知双头螺柱 GB/T 899 M16 × L（计算后取标准值），螺母 GB/T 41 M16，垫圈 GB/T 93 16，被连接件上板厚 $t = 18$，下件材料为铸铁，用比例画法按 1∶1 的比例画出螺柱连接主、俯视图（主视图全剖）。

班级　　　　姓名　　　　学号

8－7　键连接

已知齿轮和轴，用普通 A 型平键连接，轴孔直径为 40mm，键的长度为 40mm。查表确定键和键槽的尺寸。

1. 写出键的规定标记：________________________。

2. 用 1∶2 的比例画全下列各视图和断面图，并标注出图（1）和图（2）中键槽的尺寸。

（1）轴

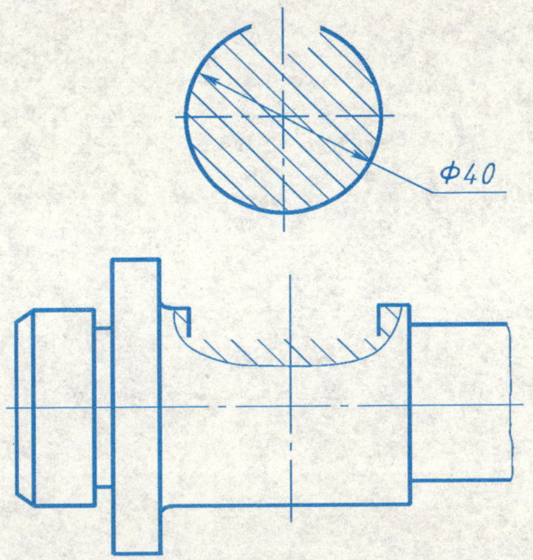

（2）齿轮

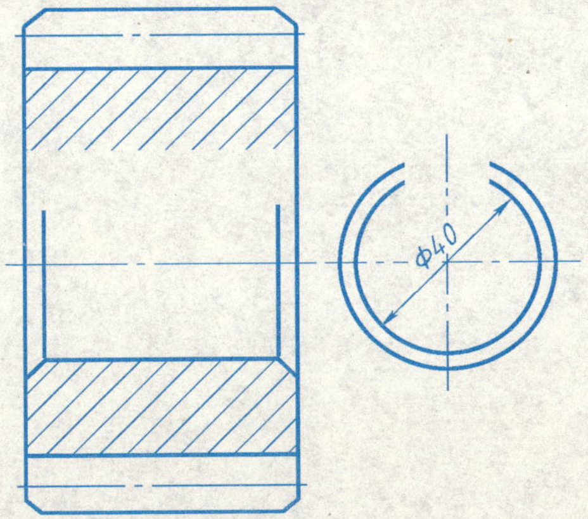

（3）用键连接轴和齿轮

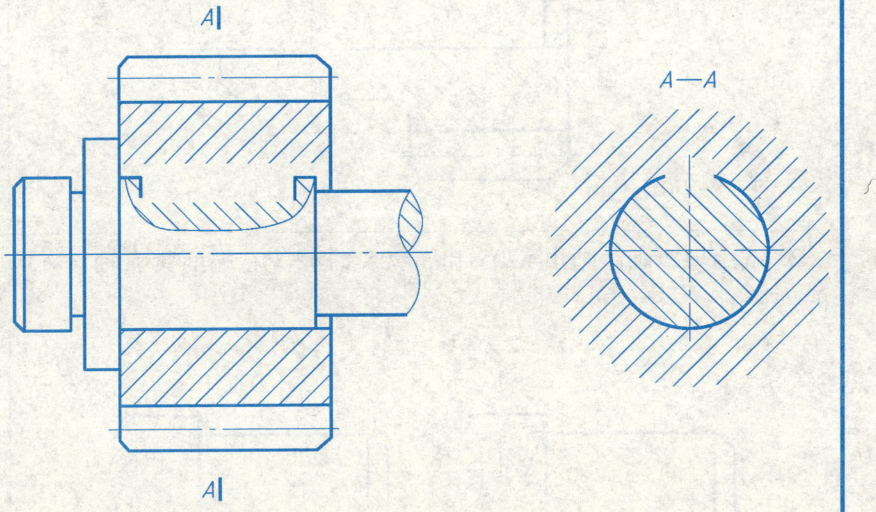

班级　　　　姓名　　　　学号

1. 齿轮与轴用直径为 6mm 的圆柱销连接，用 1∶1 的比例补画完整圆柱销连接的剖视图。

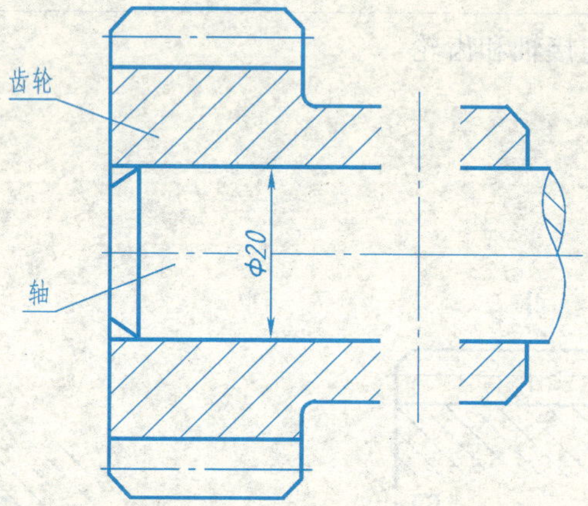

2. 试用规定画法画出 6205 和 30205 轴承（右端面紧靠轴肩 A）的剖视图。

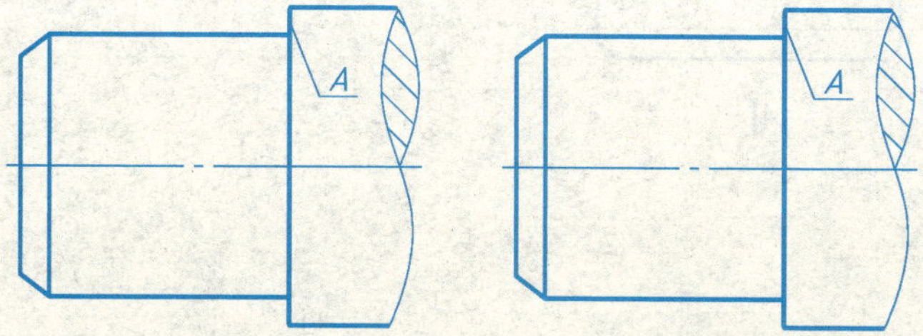

3. 已知圆柱螺旋压缩弹簧簧丝直径 $d=6\text{mm}$，弹簧外径 $D_2=40\text{mm}$，节距 $t=10\text{mm}$，有效圈数 $n=7$，支承圈数 $n_2=2.5$，右旋。试用 1∶1 的比例画出弹簧的主视图（轴线铅垂，全剖）。

班级　　　　姓名　　　　学号

8-9 已知直齿圆柱齿轮 $m=3\text{mm}$，$z=30$，计算齿轮主要尺寸，用 1∶1 的比例画全两视图，并标注尺寸（齿形外其他尺寸在图上量取）

班级　　　　姓名　　　　学号

8-10 已知大齿轮 $m=4\text{mm}$，$z=40$，两轮中心距 $A=120\text{mm}$，试计算大、小齿轮的 d、d_a、d_f，并用 1:2 的比例完成啮合图

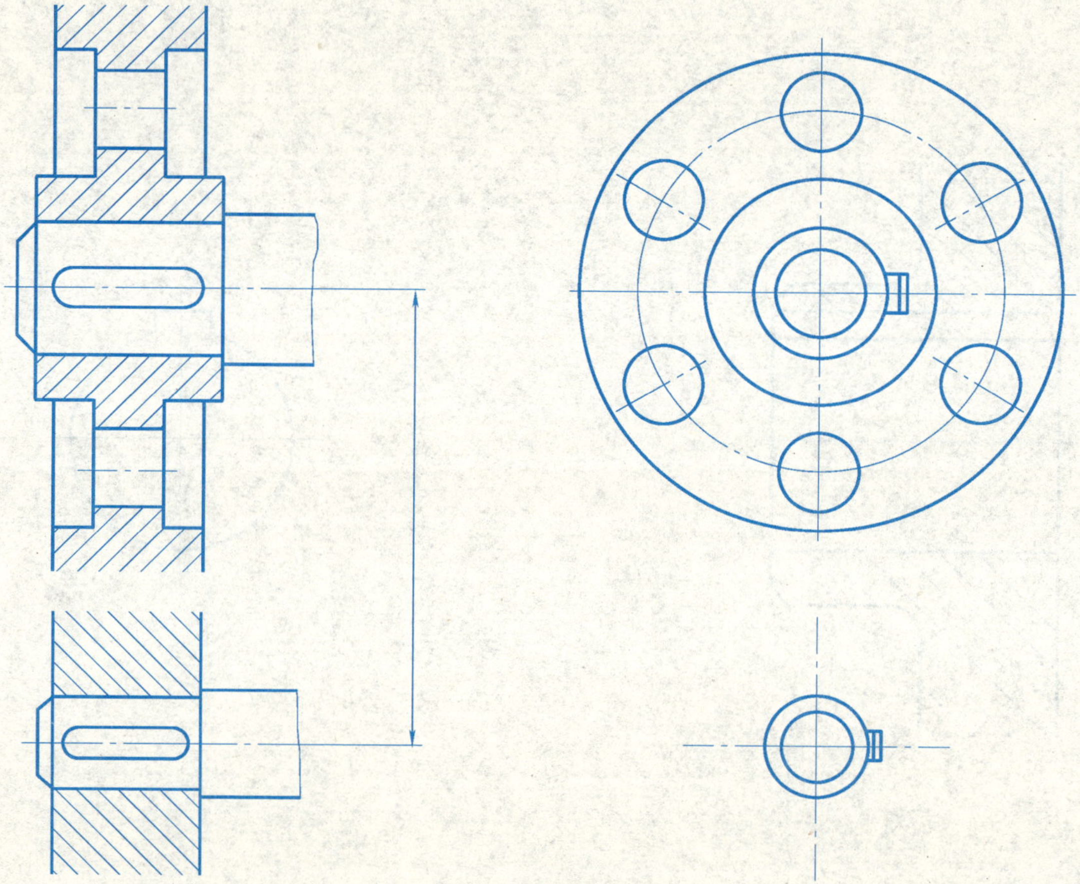

班级　　　　姓名　　　　学号

*8-11 标准件连接综合练习

已知 d = M8 的螺栓（GB/T 5782）、螺母（GB/T 6170）、垫圈（GB/T 97.1），d = M5 的锥端紧定螺钉（GB/T 71），6×6×22 的 A 型普通平键（GB/T 1096），d = 5 的圆锥销（GB/T 117）。根据给出的连接件，按 1:1 的比例画出图上指定的各种连接的主、左视图。

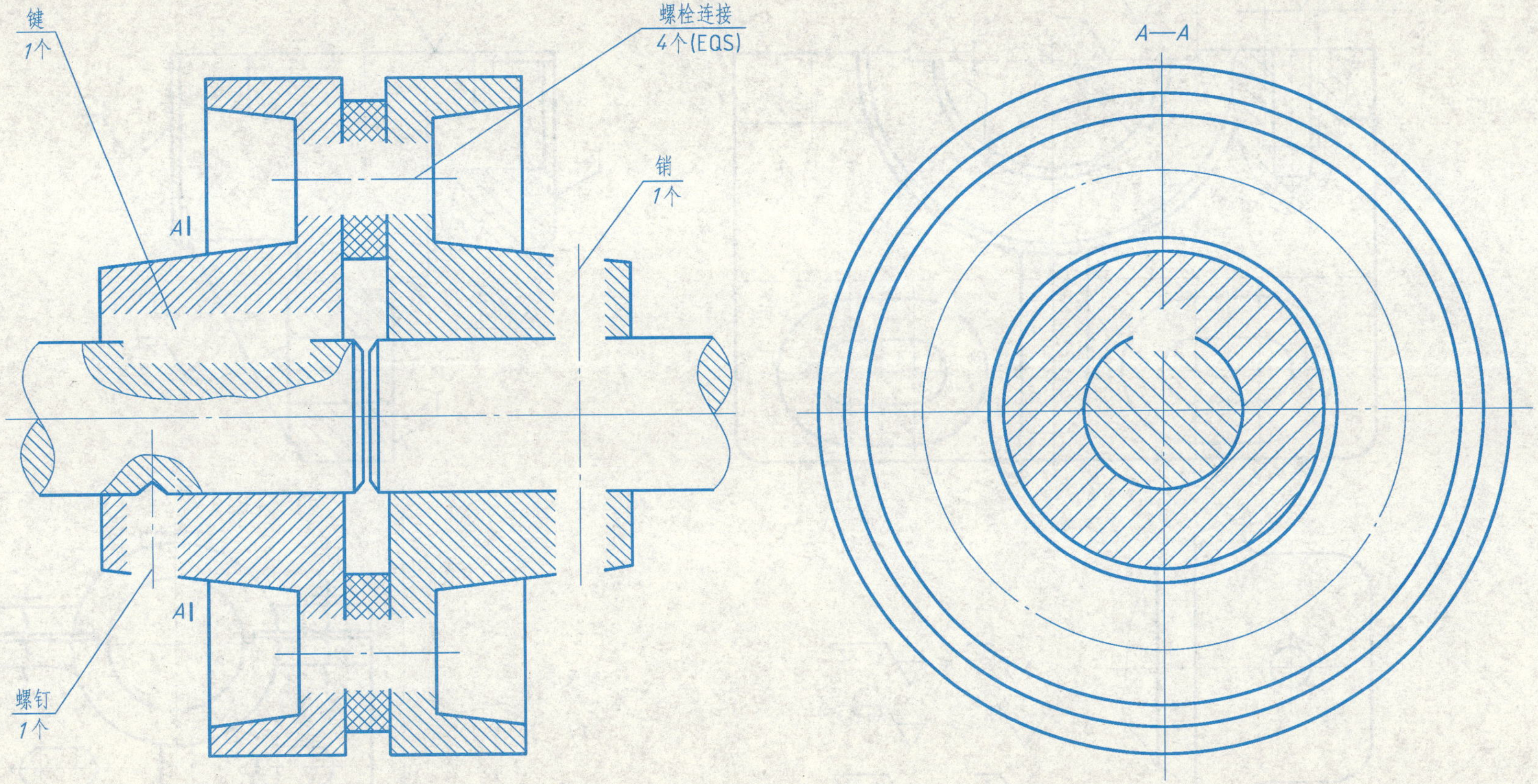

班级　　　　姓名　　　　学号

9－1　轴承盖与轴承座配合，选择恰当的尺寸基准，完整标注轴承座的尺寸（尺寸数值按 1:1 的比例在图中量取整数）

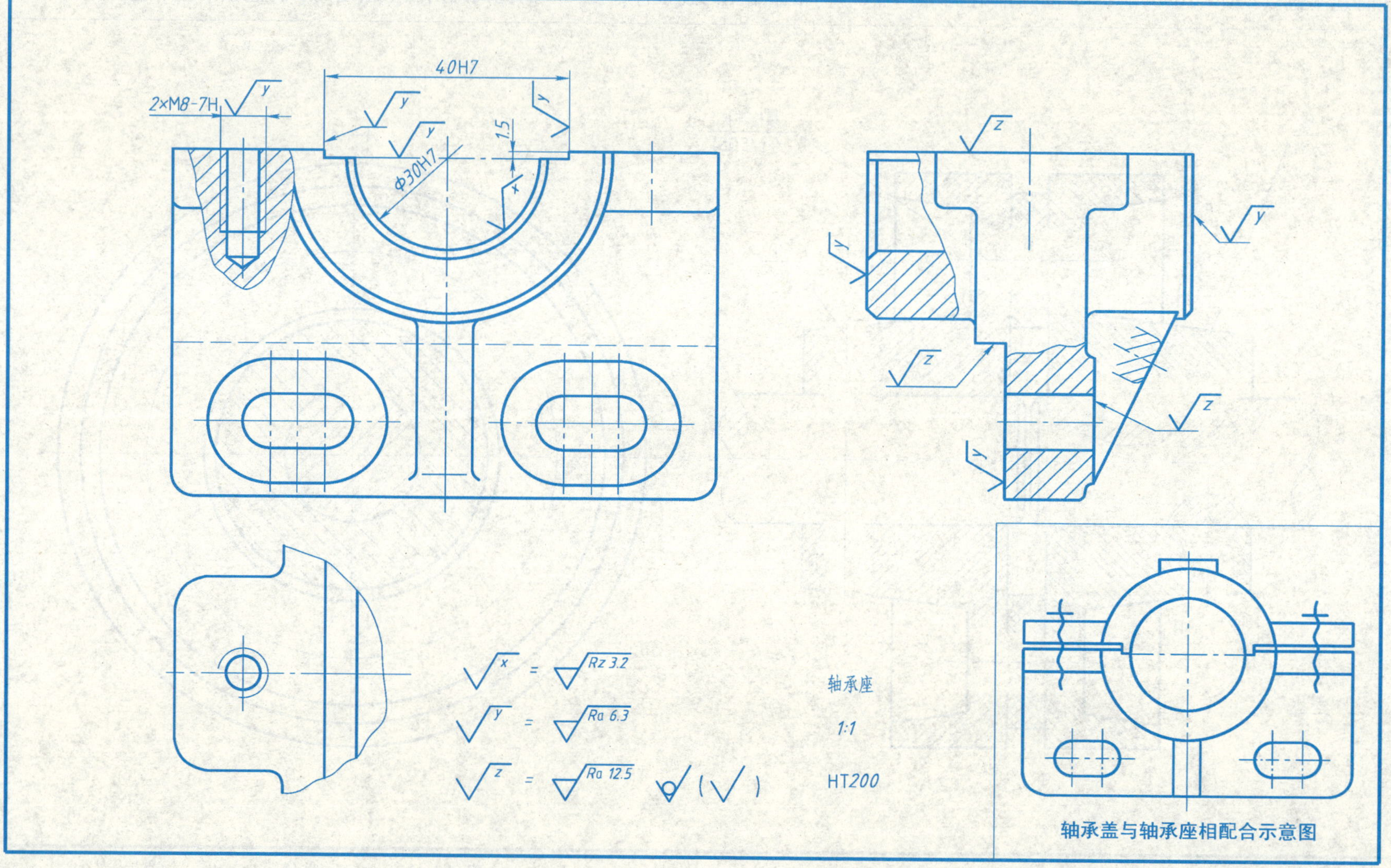

班级　　姓名　　学号

9-2 补画视图中所缺漏的过渡线

1.

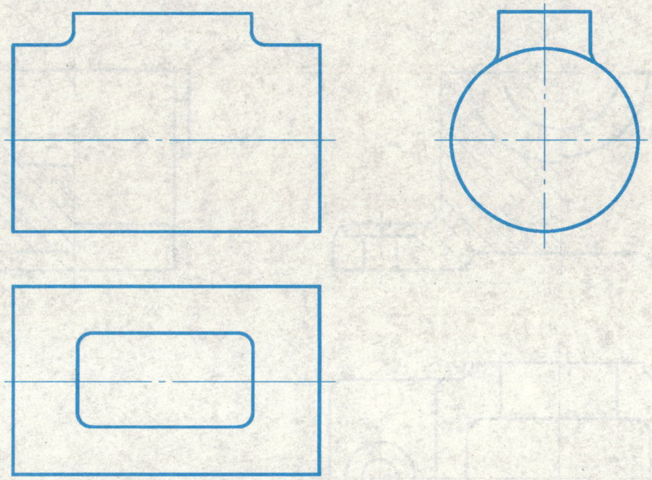

2.

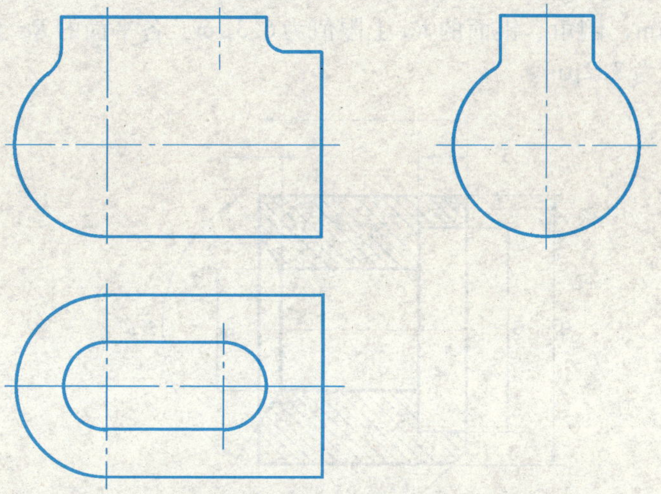

3.

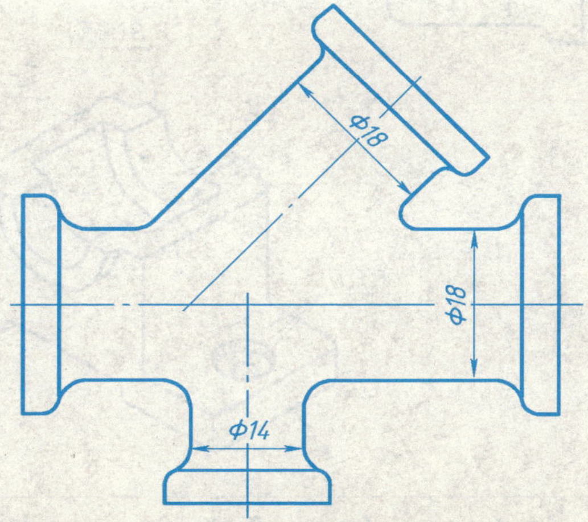

4.

班级　　　　姓名　　　　学号

9-3 将给定的表面粗糙度 *Ra* 值，分别用代号标注在图形上

1. 用去除材料方法获得，各圆柱面的 *Ra* 上限值为 1.6μm，倒角、锥面的 *Ra* 上限值为 6.3μm，各平面的 *Ra* 上限值为 3.2μm。

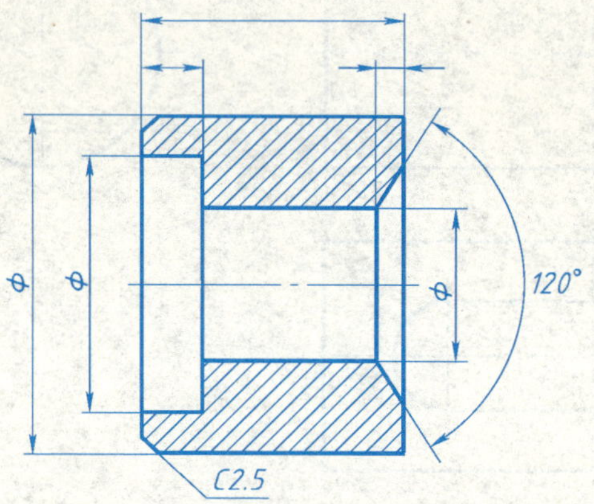

2. 用去除材料方法获得，轮齿齿侧（工作面）的 *Ra* 上限值为 0.8μm，轴孔和键槽双侧的 *Ra* 上限值为 3.2μm，槽底的 *Ra* 上限值为 6.3μm，其余 *Ra* 上限值为 12.5μm。

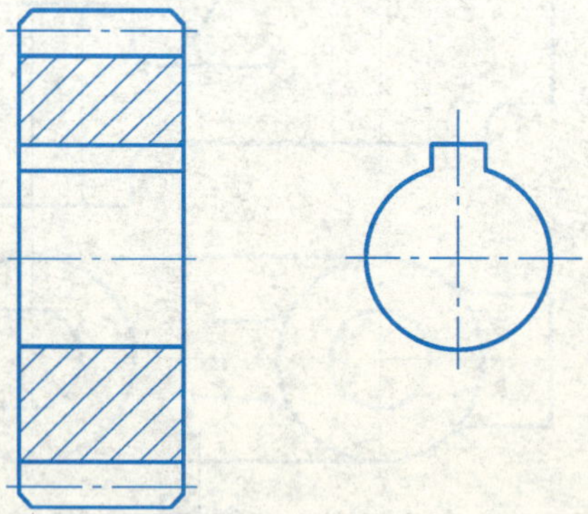

3.

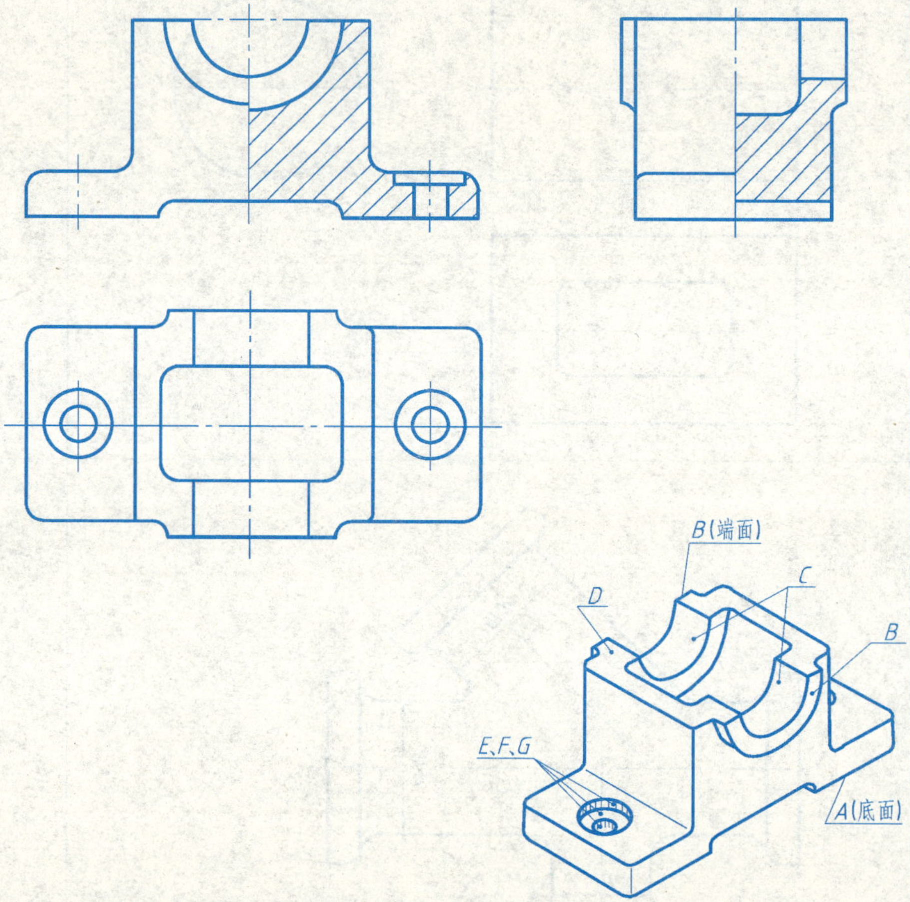

表面	A、B	C	D	E、F、G	其余
Ra 值/μm	12.5	3.2	6.3	25	毛坯面

班级　　　　姓名　　　　学号

1. 已知孔和轴的基本尺寸为25mm，采用基轴制配合，轴的公差等级为IT7，孔的基本偏差代号为F，公差等级为IT8。

（1）在相应的零件图上注出基本尺寸、公差带代号和极限偏差数值。

（2）在装配图中注出基本尺寸和配合代号。

（3）画出孔和轴的公差带图。

2. 根据孔和轴的极限偏差值，分别注出配合代号。

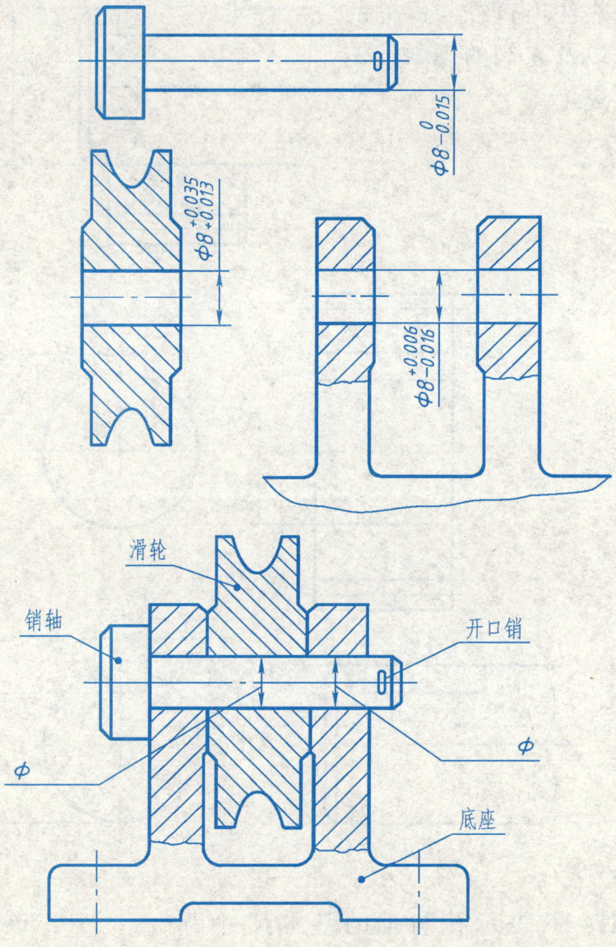

班级　　　　姓名　　　　学号

9－5 极限与配合练习（二）

1. 根据装配图上所注的尺寸及配合代号，在孔与轴的零件图上，查表注出直径与键槽的断面尺寸以及它们的极限偏差值，并填空。

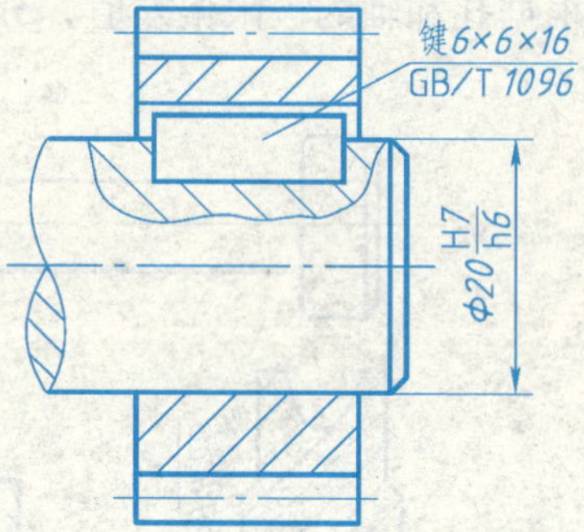

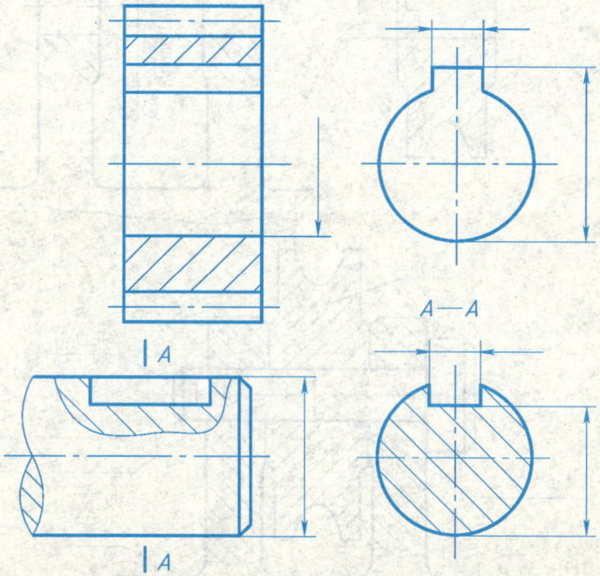

ϕ20H7/h6 表示孔与轴的基本尺寸为________，该配合为________制，________配合；轴的公差等级为________，基本偏差代号为________，公差值为________。

2. 标注轴和孔的基本尺寸及上、下偏差值，并填空。

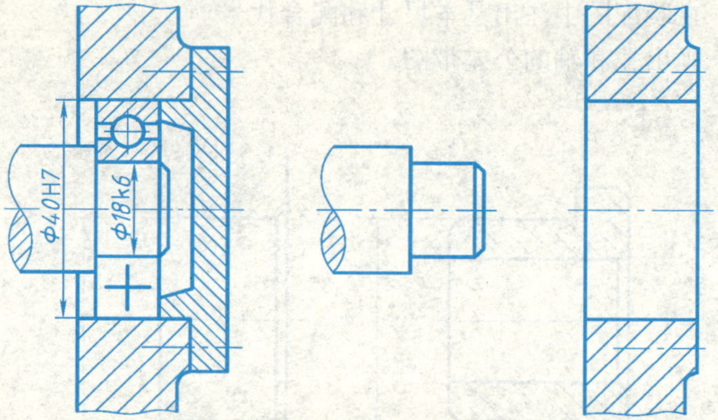

滚动轴承与座孔的配合为________制，座孔的基本偏差代号是________，公差等级为________。

滚动轴承与轴的配合为________制，轴的基本偏差代号是________，公差等级为________。

班级　　　　姓名　　　　学号

9-6 根据 a）图给定的配合代号，将基本尺寸、公差带代号及极限偏差数值分别标注在各图中

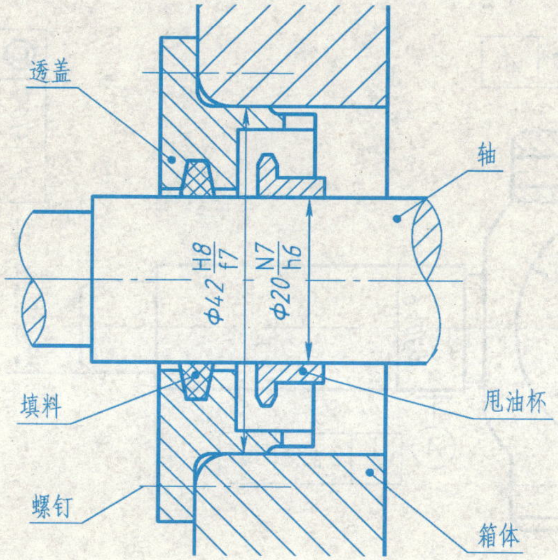

a)

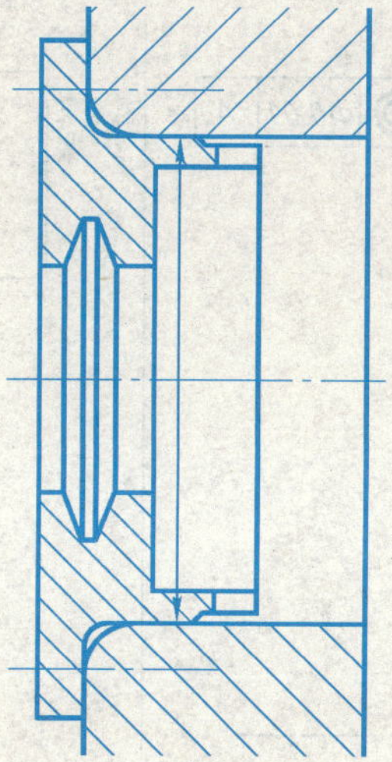

b)

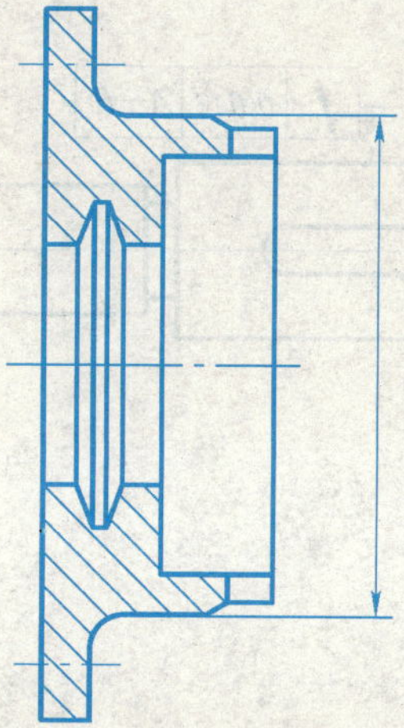

c)

d)

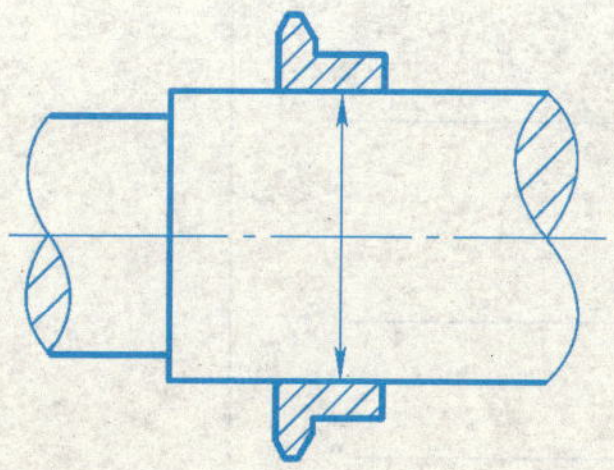

e)

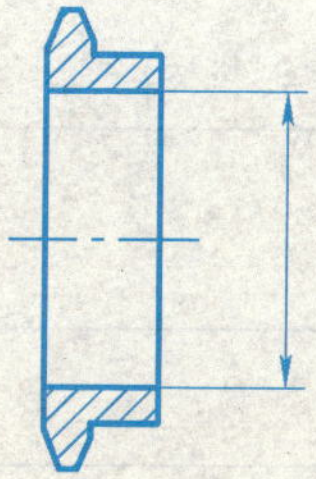

f)

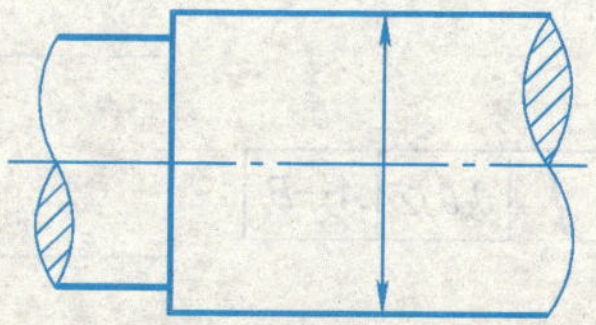

g)

班级　　姓名　　学号

1. 用文字说明图中形位公差代号的含义。

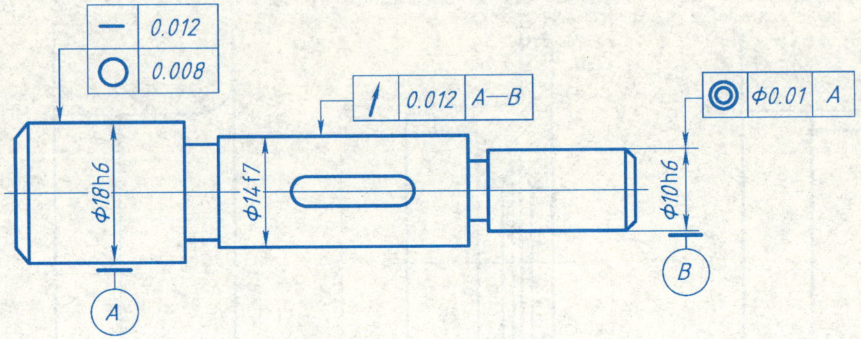

— 0.012 ：________________________________。

○ 0.008 ：________________________________。

◎ Φ0.01 A ：________________________________

________________________________。

↗ 0.012 A—B ：________________________________

________________________________。

2. 分析上图形位公差标注的错误，并在下图重新正确注出。

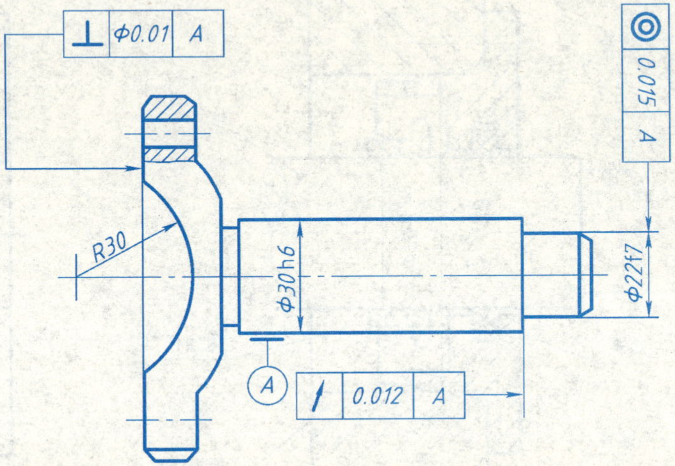

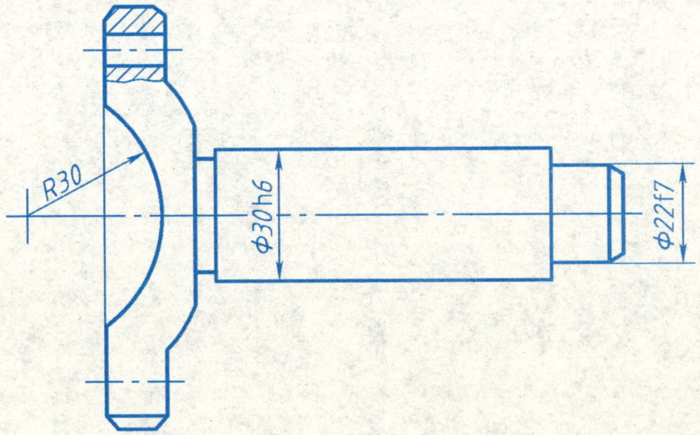

班级　　　　姓名　　　　学号

9－8　将文字所注的形位公差以框格的形式标注在相应图形上

1.（1）两 ϕ48h6 轴线的同轴度公差为 ϕ0.02mm。

（2）18P9 键槽对 ϕ64 轴线的对称度公差为 0.01mm。

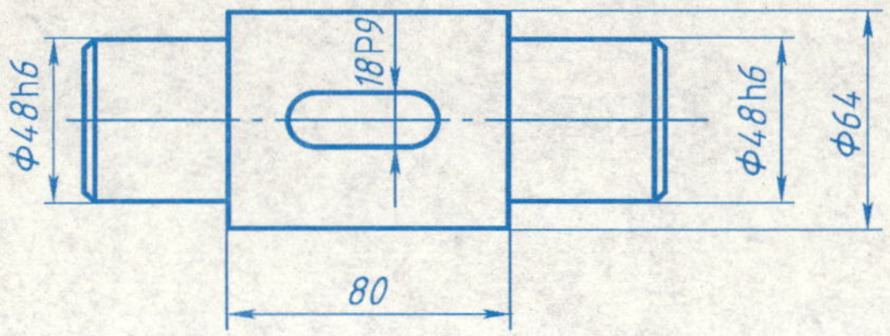

2.（1）机件顶面的平面度公差为 0.05mm。

（2）V 形槽的对称中心面对长度为 130mm 的机件的对称中心面对称度公差为 0.01mm。

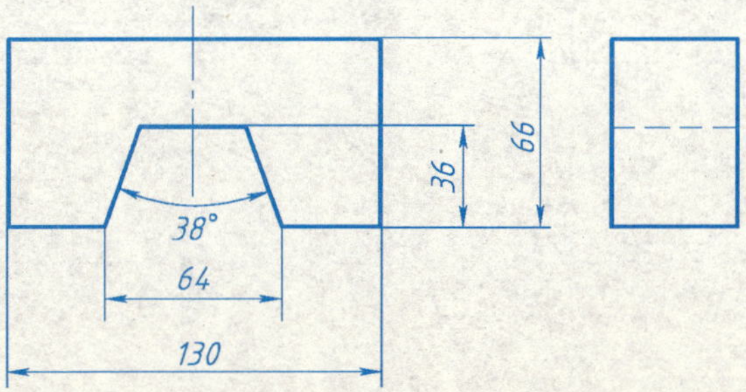

3.（1）机件上、下两端面的平行度公差为 0.04mm。

（2）两处 M40×1.5 螺孔轴线对机件下端面的垂直度公差为 0.02mm。

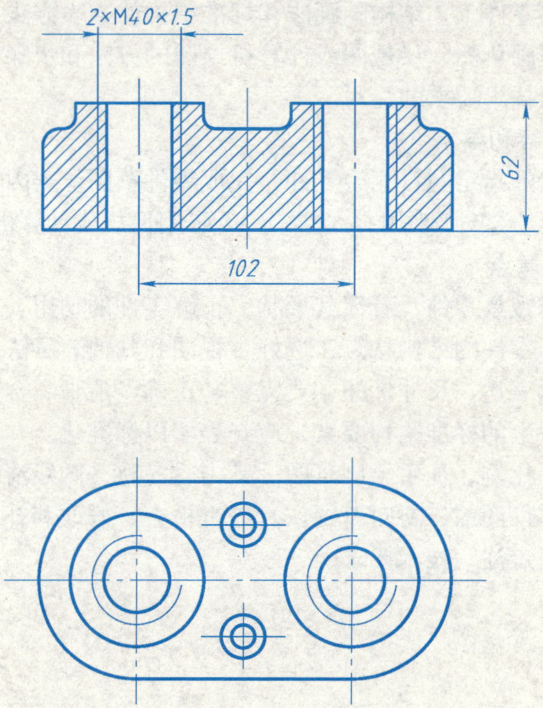

作业指导

一、目的

1. 学习零件测绘的方法和步骤。
2. 学习零件表达方案的选取和尺寸标注。
3. 学习零件工艺结构的画法和标准结构的查表方法。
4. 掌握画草图、尺规图或计算机绘图的方法和步骤。
5. 熟悉技术要求的注写。

二、内容和要求

1. 按教师指定题目测绘零件，完成零件草图。若因条件限制，可将零件轴测图作为零件测绘的补充题目。
2. 在所绘零件草图中，选择 1 ~2 张用尺规或计算机绘成零件图。

三、注意点

1. 认真观察零件，看懂其形状，了解零件的功用。
2. 分析零件的结构特点，选好主视图和其他表示法。
3. 图形表达、尺寸标注，要完整、正确、清晰、合理。
4. 零件上的标准结构要素，应查表予以标准化。
5. 目测比例，徒手绘制草图。其内容完整，图线清晰，字体工整。
6. 画零件图前，要对草图认真进行检查、修改和补充。
7. 按规定注写技术要求。

班级　　　　姓名　　　　学号

1.

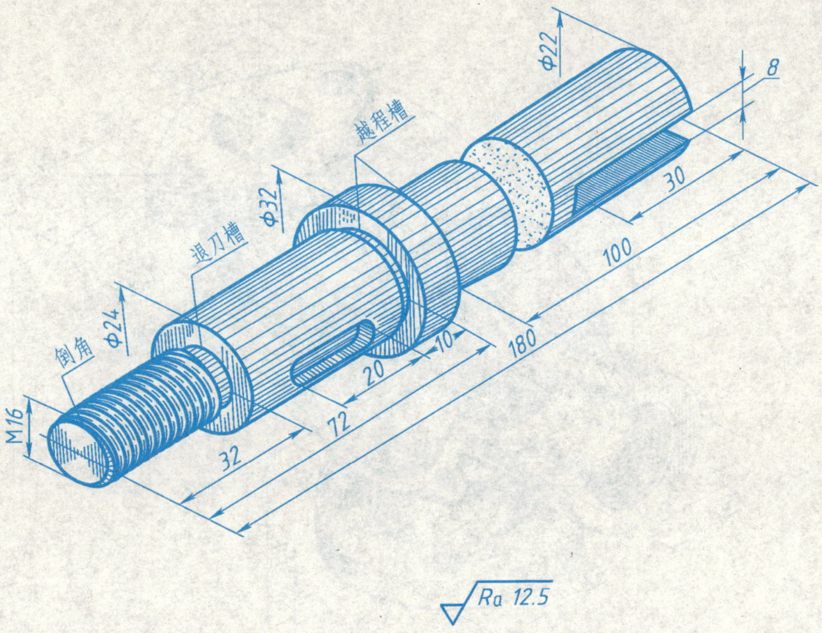

名称：轴
材料：45钢

2.

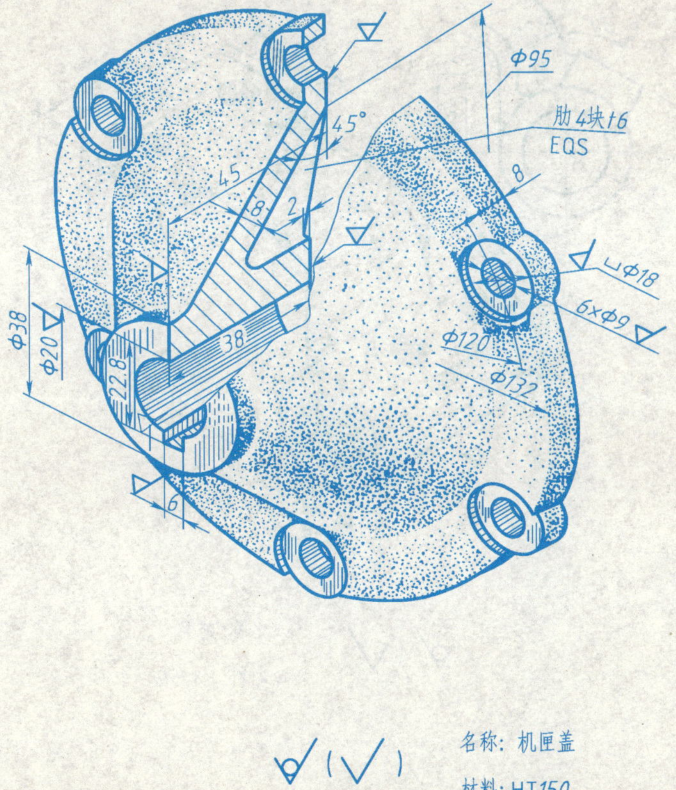

名称：机匣盖
材料：HT150

班级　　姓名　　学号

3.

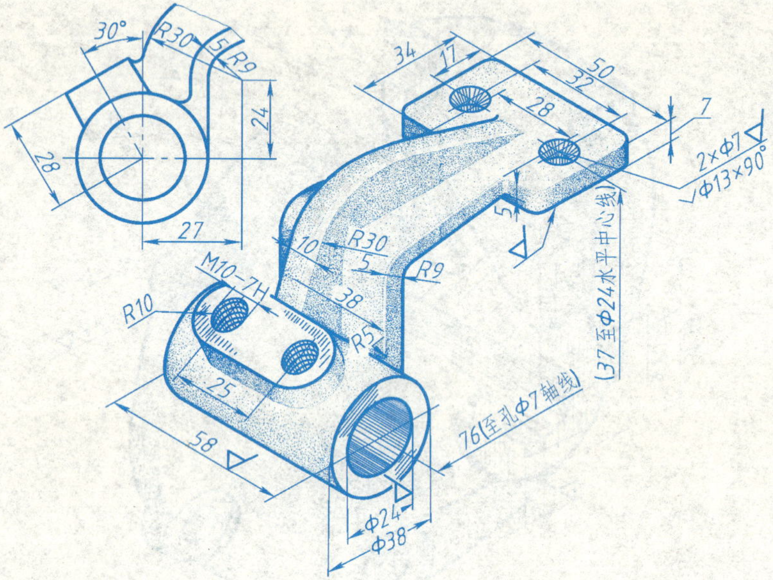

(√)

名称: 踏架

材料: HT150

4.

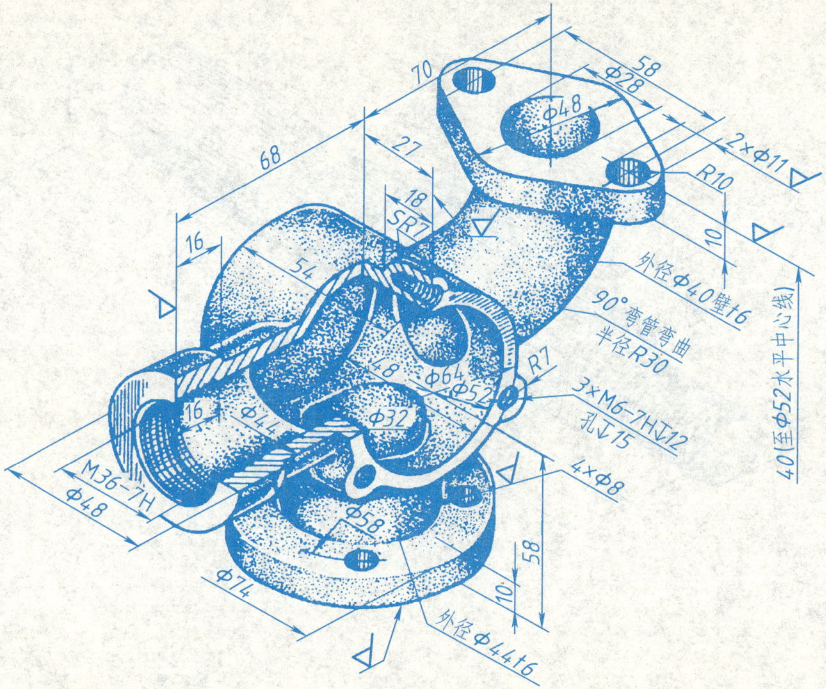

(√)

名称: 阀体

材料: HT200

班级　　　姓名　　　学号

9－10　读主轴零件图，画出 *C—C* 断面图，并回答问题

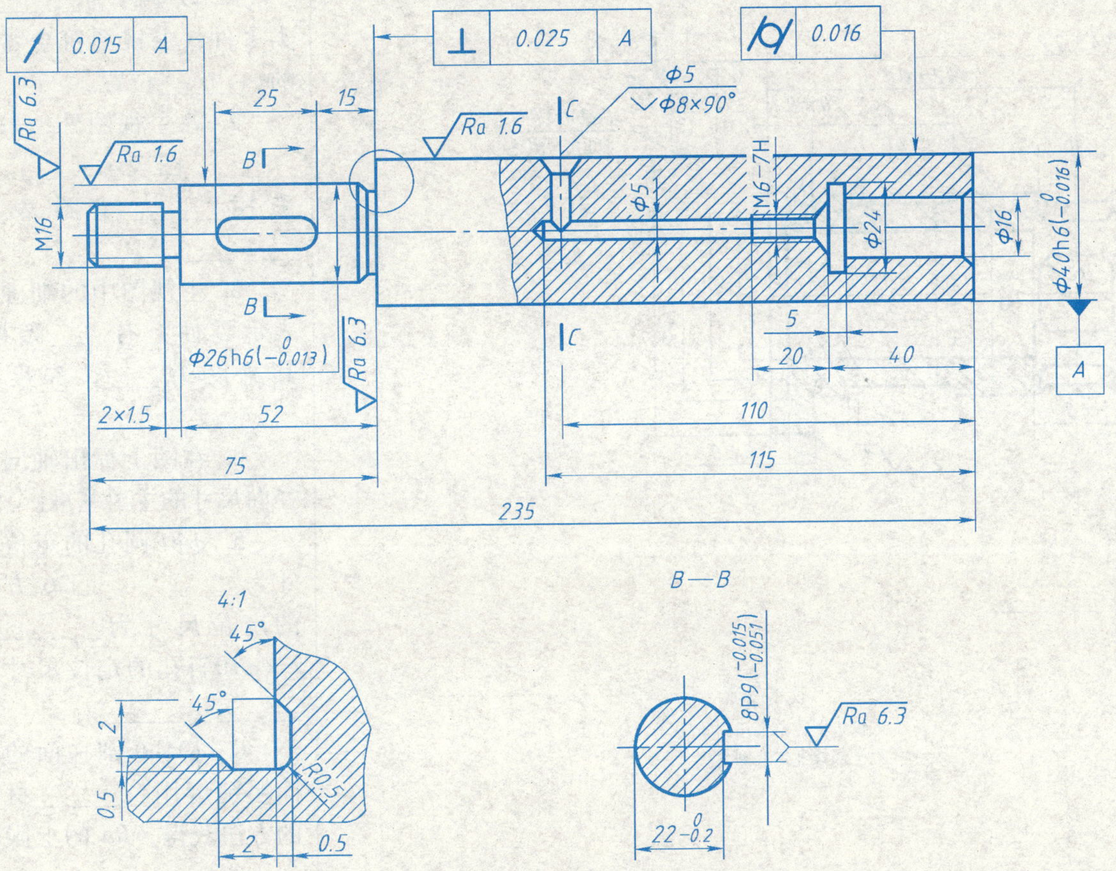

主　轴			比例	数量	材料	
			1:2	1	45	
制图						
审核						

1. 表达该零件用的一组图形分别是______，______，______。

2. 零件中 ϕ40h6 的长度为____，表面粗糙度代号是________。

3. 轴上键槽的长度为________，宽度为________，深度为________，定位尺寸为________。

4. 用文字在图上标出轴向和径向尺寸的主要基准。

5. ϕ26h6 的基本尺寸是________，公差等级是______，基本偏差代号是________，最大极限尺寸是________，最小极限尺寸是________。

6. M16 螺纹与 ϕ26h6 轴之间有一尺寸为 2×1.5 的退刀槽，其宽度是________，深度是________。

7. [/ 0.015 A] 的基准要素是__________，被测要素是__________，公差项目为________，________，公差值为________。

8. 表面粗糙度 *Ra* 值要求最高的表面是__________________。

9-11　读轴套零件图，画出左视图和移出断面图，并回答问题

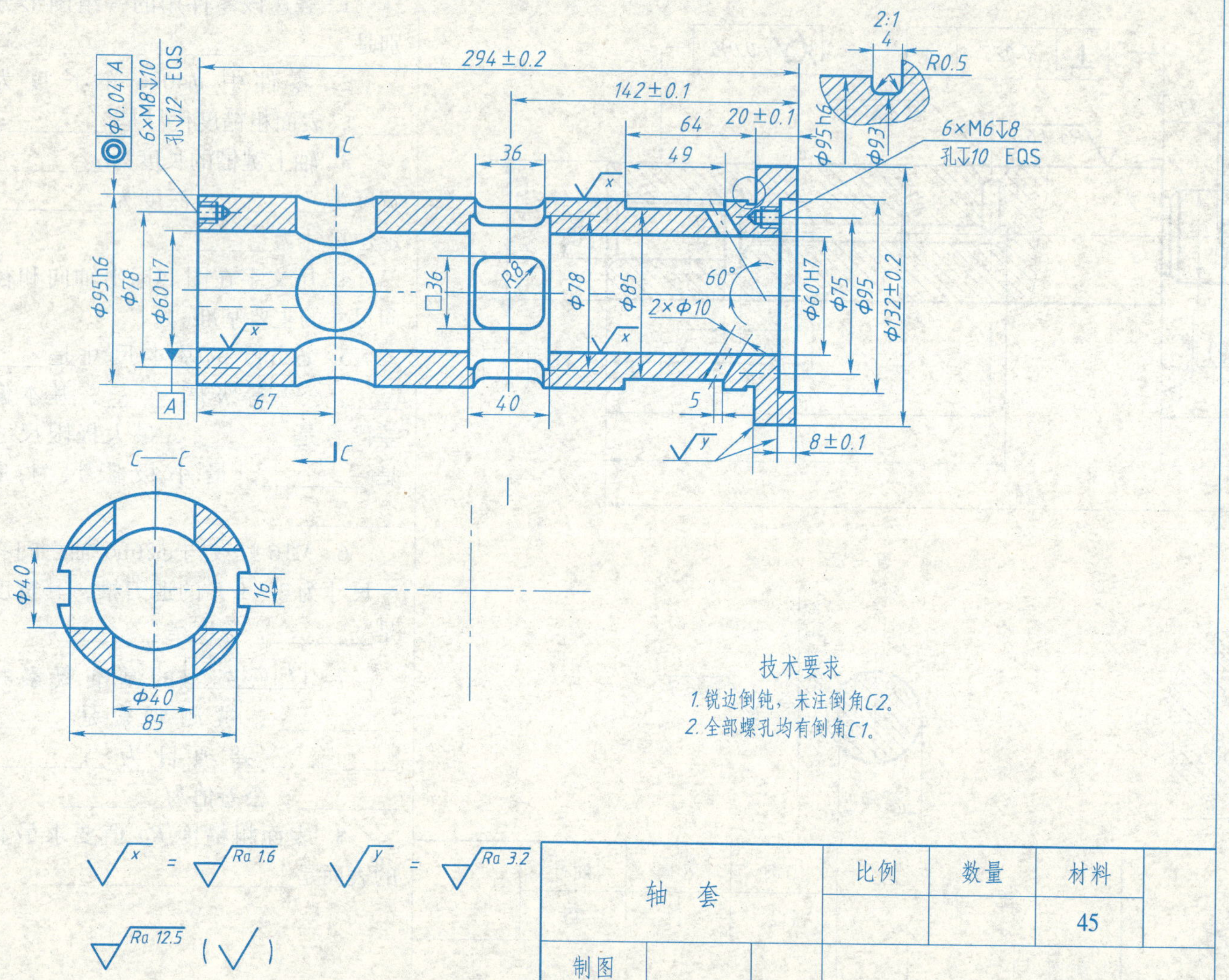

轴　套	比例	数量	材料
			45
制图			
审核			

1. 该零件为________类零件，主视图符合零件的________位置。

2. 除主视图外，采用________图表示________；采用________图表示________。

3. 主视图中的细虚线表示零件上有____条槽，其宽度为____，深度为________。

4. 在图上标出轴向和径向尺寸的主要基准。

5. φ40 圆孔的定位尺寸为________，□36 方孔的定位尺寸为________，2×φ10斜孔的定位尺寸为____________。

6. φ95h6 圆柱面的表面粗糙度用________材料的方法获得，Ra 的上限值为________。

班级　　　　姓名　　　　学号

9－12　读端盖零件图，补画右视图（仅画出其可见部分，画在自备作业纸上），并回答问题

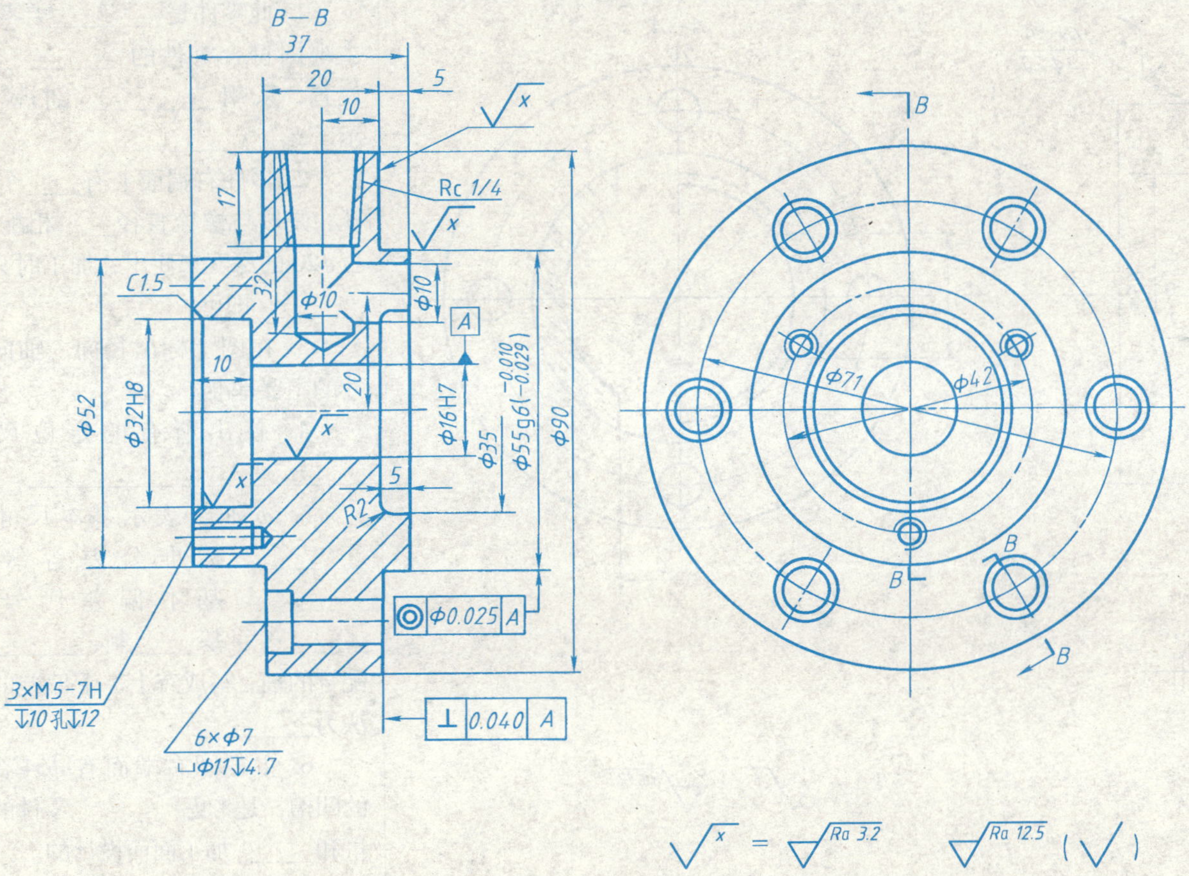

技术要求

1. 铸件不得有砂眼、裂纹等缺陷。
2. 铸件应经时效处理。
3. 未注倒角C1。

端　盖		比例	数量	材料
				HT150
制图				
审核				

1. 该零件的主视图是______剖视图，采用的剖切面为______________。

2. 零件长度方向尺寸的主要基准是 $\phi90$ 圆柱的________端面，其径向尺寸的主要基准为________。

3. 解释图中 Rc1/4 的含义：______________________，其定位尺寸为________。

4. 解释 $\phi55g6$ 的含义：$\phi55$ 为________，g6 为________代号，其中 g 为________代号，6 为________代号，上偏差为________，下偏差为________，公差为________，该圆柱面的表面粗糙度代号为________。

5. 零件上有两处形位公差要求，它们的特征项目名称为________和________，其基准部位为________。

6. $\phi90$ 左端面上有____个沉孔，其定位尺寸是____，定形尺寸为________。

7. 3 × M5 螺纹孔的公称尺寸是________，数量是____，螺孔深度是____，7H 是____________代号。

班级　　　　姓名　　　　学号

9－13　读轴承盖零件图，在指定位置画出 *B*—*B* 剖视图（采用对称画法，画出下一半，即前方的一半），**并回答问题**

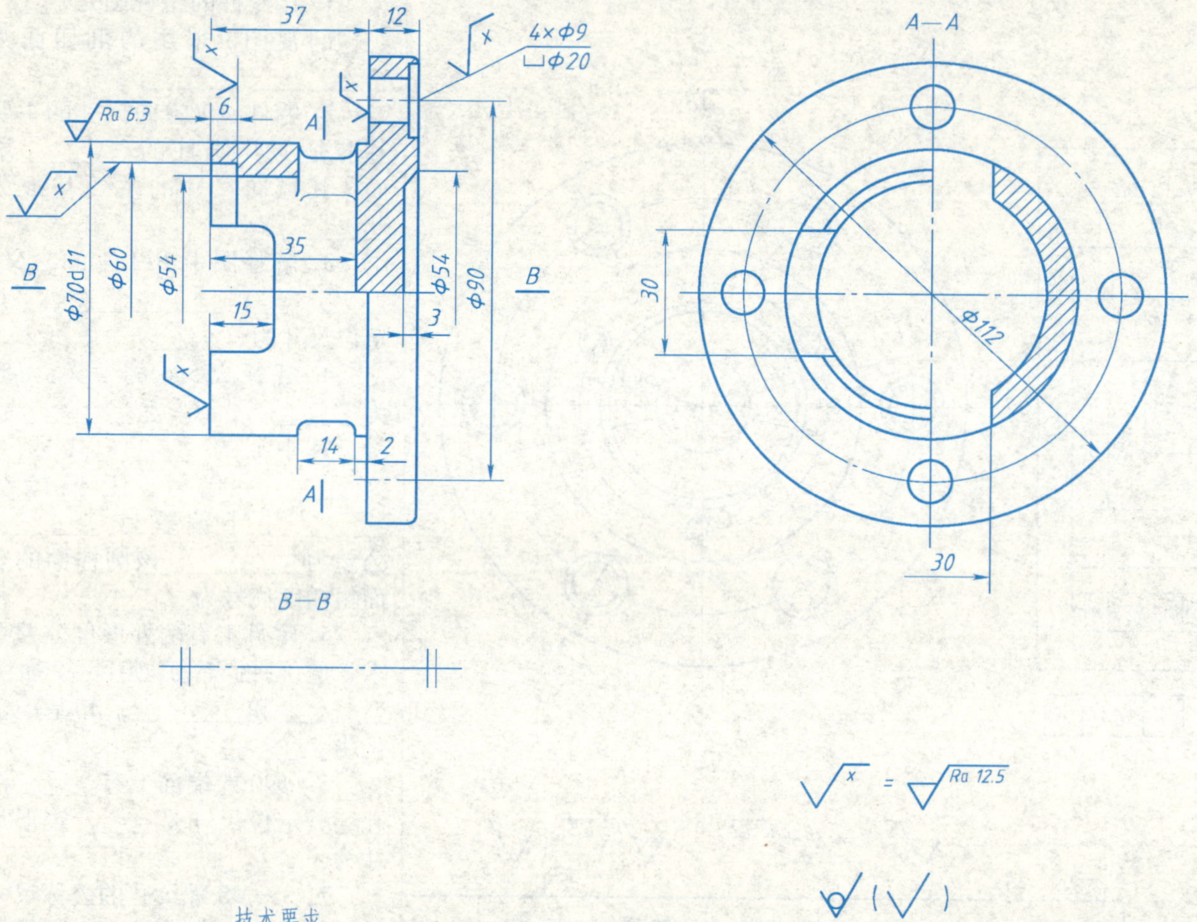

技术要求

1. 铸件不得有气孔、裂纹等缺陷。
2. 未注圆角R3。

轴 承 盖	比例	数量	材料
			HT200
制图			
审核			

1. 此零件是________类零件。主视图符合零件的__________位置，采用__________剖视，表示____________。

2. 零件右端面上有____个 $\phi9$ 孔，是按与螺栓直径____相配的。⌴ $\phi20$ 的深度未注出，加工时只要________即可。

3. 在图上标出径向、轴向尺寸的主要基准。

4. 找出所有的定位尺寸________________________。

5. $\phi70d11$ 表示基本尺寸为________、标准公差等级为________、基本偏差代号为________、基____制、________配合的轴。写成有上、下偏差的注法为________。

6. 主视图右端面有 $\phi54$ 深 3 的凹槽，是考虑________零件的质量和______加工面而设计的。

班级　　　　姓名　　　　学号

9-14 读弯臂零件图，画出 *B—B* 剖视图（画在自备作业纸上），并回答问题

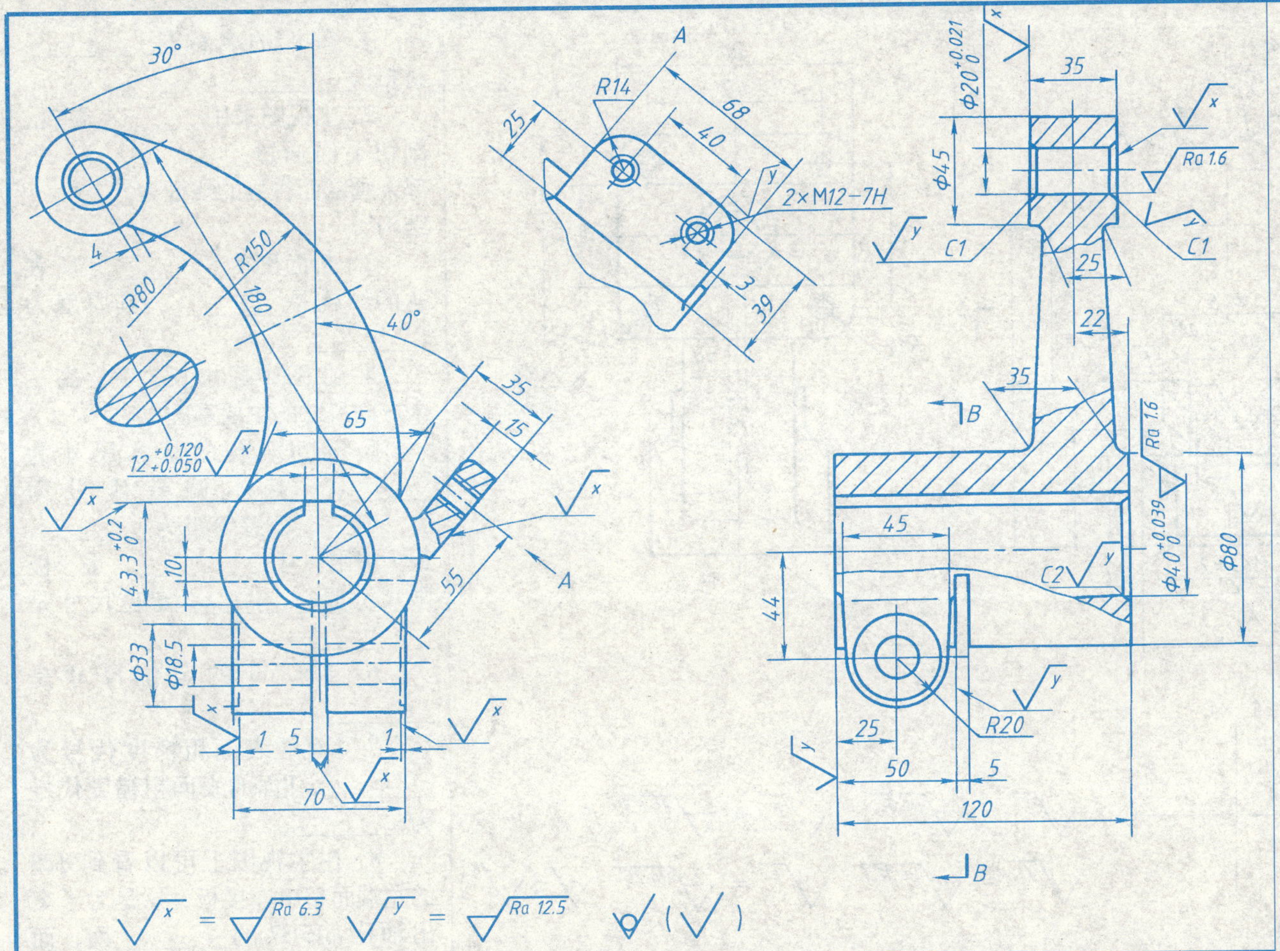

技术要求

1. 铸件不得有砂眼、气孔。
2. 未注圆角 R2～R4。

弯 臂			比例	数量	材料
			1:3		HT150
制图					
审核					

1. 分析弯臂的结构特点＿＿＿＿＿＿＿＿＿＿＿＿＿＿＿＿。

2. 表达该零件共用了＿＿＿个图形，它们分别是＿＿＿＿＿＿＿＿＿＿＿＿＿＿＿＿＿＿＿＿。

3. 在图中标出长、宽、高三个方向尺寸的主要基准。

4. ϕ18.5、$\phi20^{+0.021}_{0}$ 孔的定位尺寸分别是＿＿＿、＿＿＿、＿＿＿、＿＿＿；2×M12-7H 螺孔的定位尺寸为＿＿＿＿＿＿＿＿。

5. ϕ80 圆筒后端面与 ϕ45 圆筒前端面的距离为＿＿＿＿＿＿。

6. 在左视图中画出 2×M12-7H 螺孔的中心线。

班级　　　　姓名　　　　学号

9-15 读支架零件图，在指定位置画出 *A—A* 剖视图，并回答问题

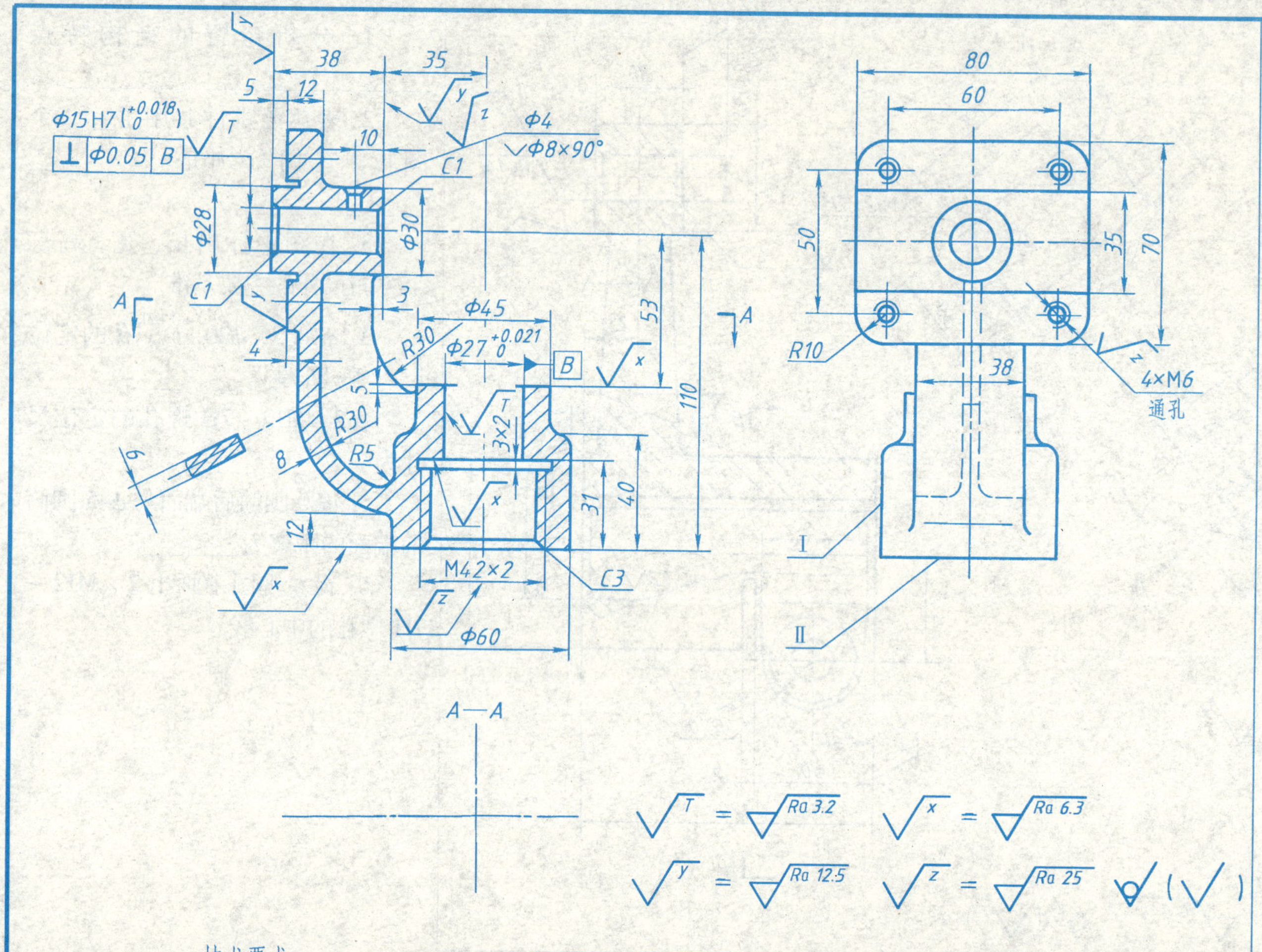

技术要求

1. 铸件不允许有砂眼、缩孔、裂纹等缺陷。
2. 未注圆角 *R*3～*R*5。

支　架		比例	数量	材料
		1:2.5		HT200
制图				
审核				

1. 零件的名称是________，材料为________。

2. 主视图采用________剖视，剖切平面通过____________，中部未画剖面符号的线框为________结构。

3. 断面图为________，所表达的结构是________，其厚度为________。

4. 在图中标出长、宽、高三个方向尺寸的主要基准。

5. ϕ15H7 孔的基本尺寸为________，基本偏差代号为________，公差等级为________，最大极限尺寸是________，最小极限尺寸是________，定位尺寸是________。

6. 4 × M6 的定位尺寸是________。

7. Ⅰ面的表面粗糙度代号为________，Ⅱ面的表面粗糙度代号为________。

8. 在主视图上可以看到 ϕ28 的左端面超出连接板，这是为了突出轴孔 ϕ15H7 的________面，而 70 × 80 连接板的中部做成凹槽是为了减少________面。

9. 解释 *C*3 的含义____________________。

班级　　　　姓名　　　　学号

9-16 读缸体零件图，画出主视图的外形图（画在自备作业纸上）并回答问题

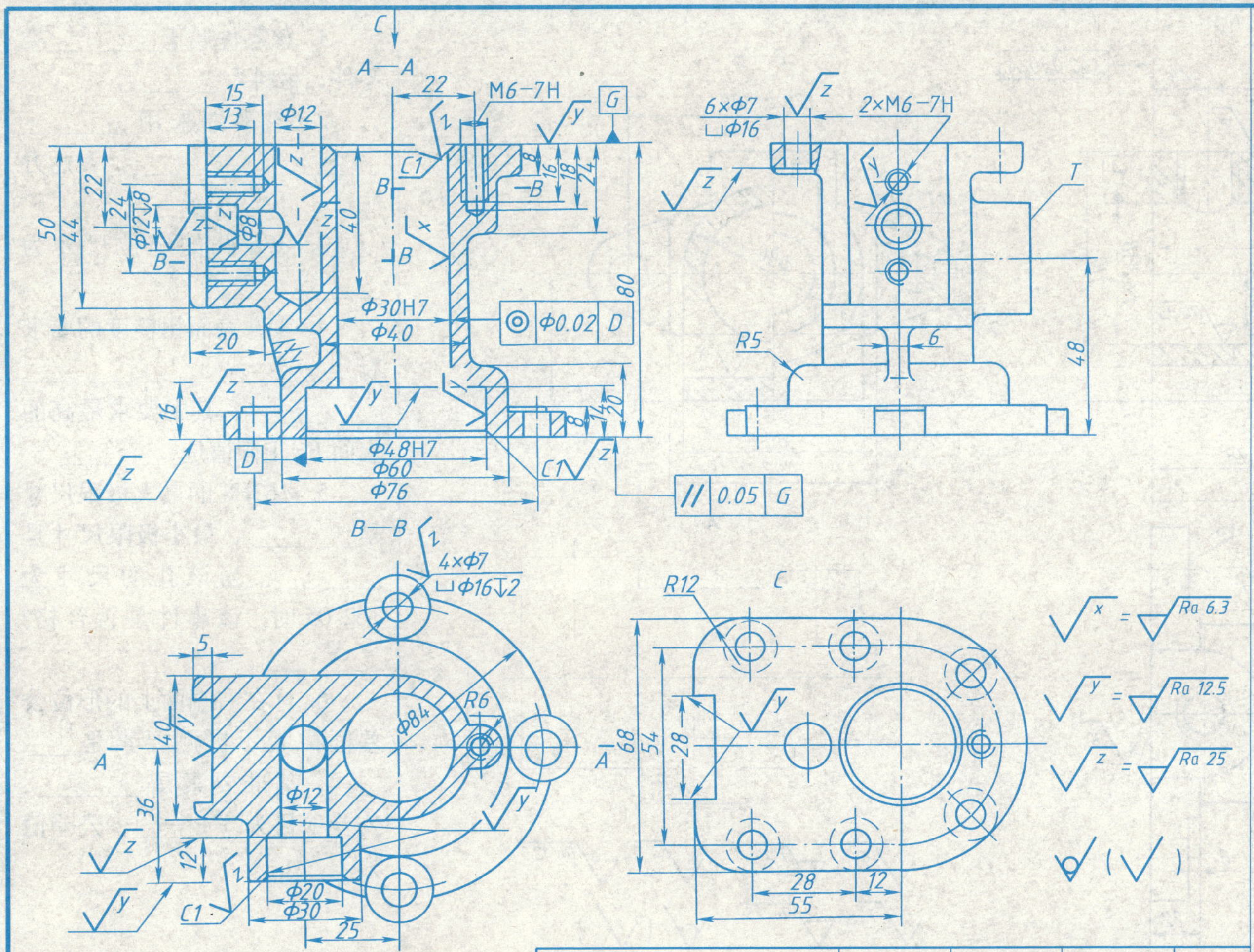

缸　体		比例	数量	材料	
		1:2		HT200	
制图					
审核					

技术要求

1. 铸件应经时效处理，消除内应力。
2. 未注圆角R1～R3。

1. 该零件属于________类零件。

2. 零件主视图采用了________剖的方法表示，俯视图采用了________剖的方法表示，左视图采用了________剖的方法表示。

3. 在图中标出长、宽、高三个方向尺寸的主要基准。

4. 零件中共有____个尺寸为M6的螺纹孔，其定位尺寸分别是__________，__________。

5. ◎ Φ0.02 D 的含义是______________________________。

6. // 0.05 G 的被测要素是________，基准要素是________，公差项目为________，公差值为________。

7. 左视图中凸台“T”的形体是____________。

班级　　　　姓名　　　　学号

9－17 读壳体零件图，在指定位置画出 *A* 向视图（即主视图的外形图），并回答问题

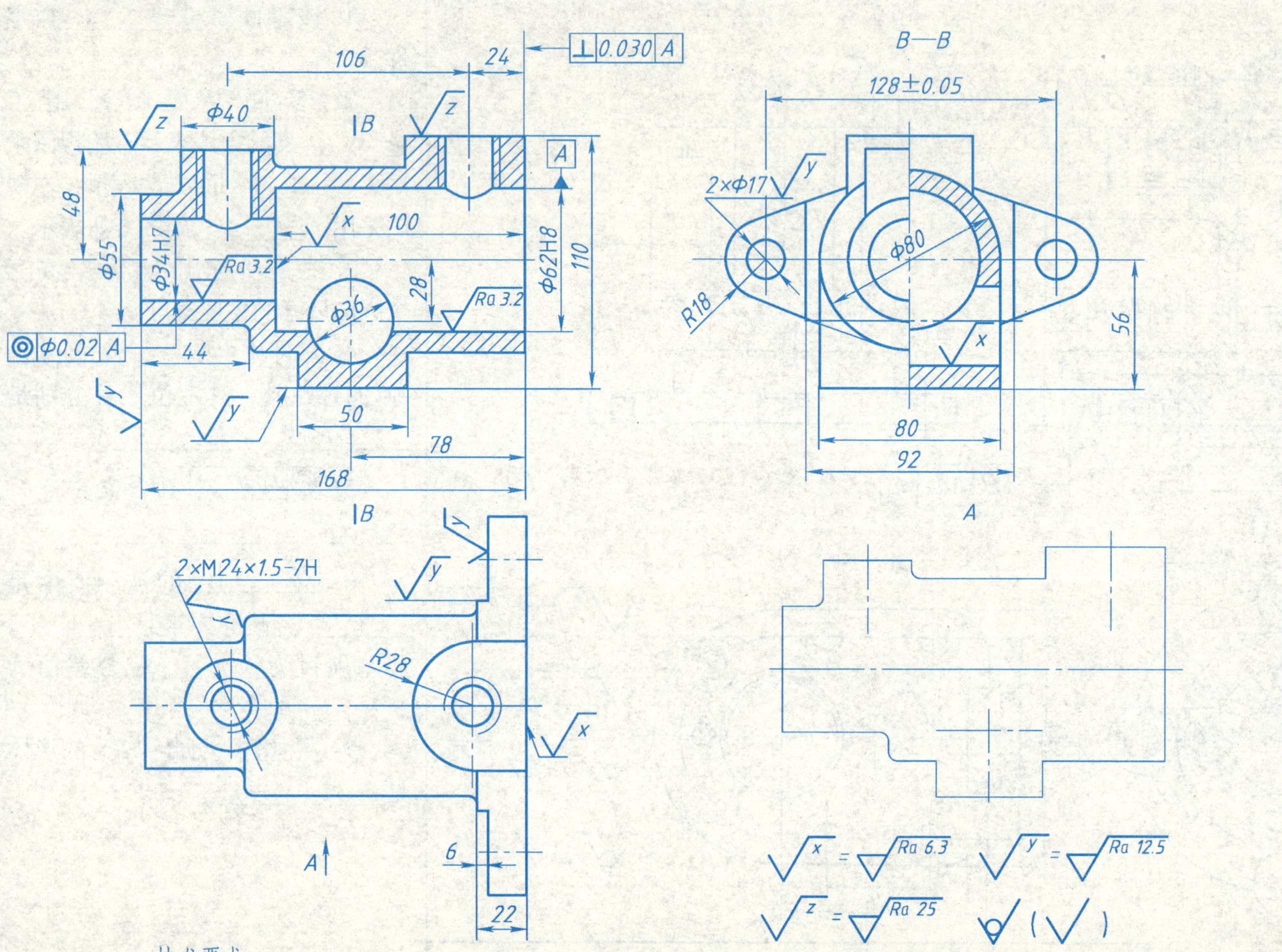

技术要求

1. 铸件不允许有砂眼、缩孔、裂纹等缺陷。
2. 未注圆角 R3～R5。

壳 体	比例	数量	材料
			HT200
制图			
审核			

1. 该零件属于________类零件，材料为________。

2. 该零件采用________________表达方法。

3. $\phi36$ 孔的定位尺寸为________。

4. 零件表面粗糙度的要求有________________，其中要求最高的表面 *Ra* 上限值是________。

5. $\phi62H8$ 的最大极限尺寸是________，最小极限尺寸是________。当该孔的尺寸为 $\phi62.05$ 时，该零件是否合格？________。

6. 标在右端面上的形位公差框格表示被测要素是________，基准要素是________，公差项目为________，公差值为________。

班级　　　　姓名　　　　学号

9－18　读底座零件图，画出左视图外形图，标出长、宽、高三个方向尺寸主要基准，并标注尺寸和表面粗糙度代、符号（不注数值）

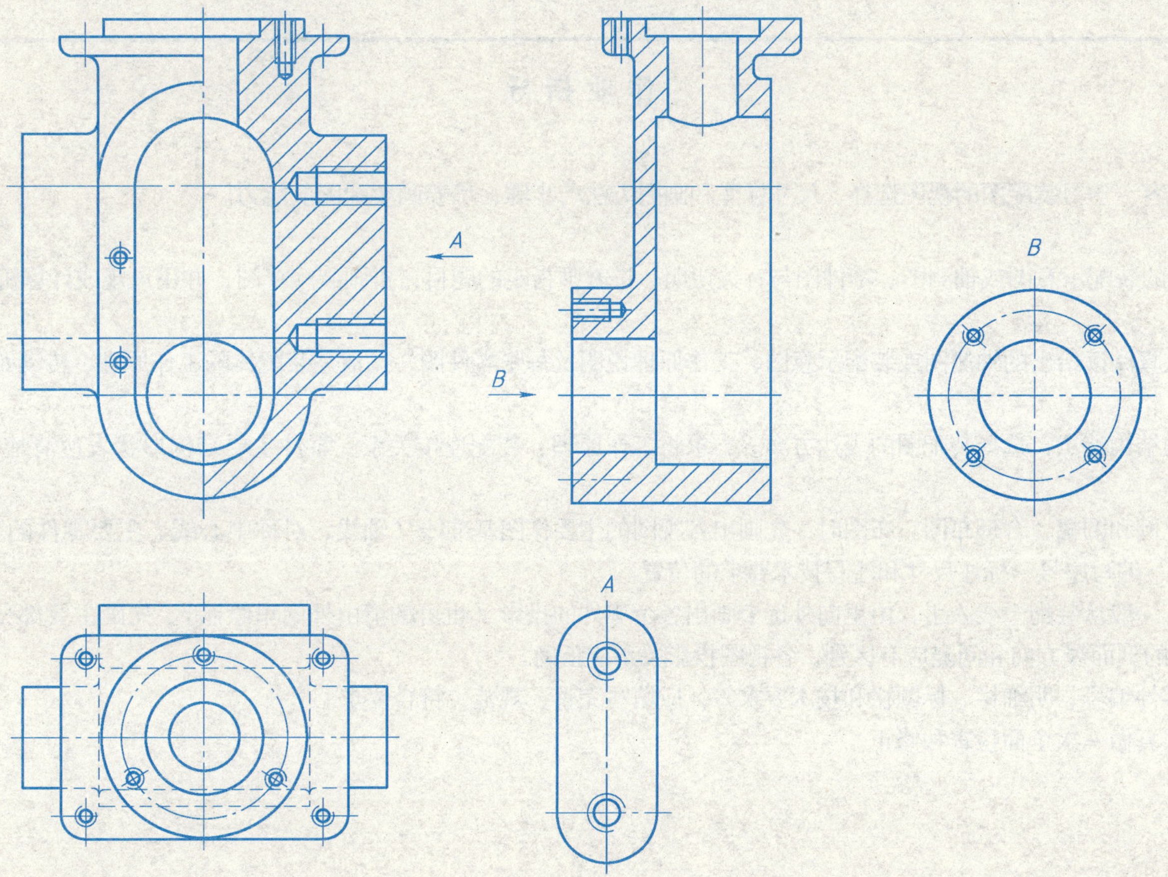

技术要求

1. 铸件不得有砂眼、气孔、裂纹等缺陷。
2. 未注圆角为 $R2 \sim R4$。

底　座	比例	数量	材料
	1∶2	1	HT150
制图			
审核			

班级　　　　姓名　　　　学号

第十章　装　配　图

10－1　绘制装配图

作业指导

一、目的

熟悉装配图的内容，学习装配图的视图选择、尺寸标注和画图方法与步骤，培养画装配图的能力。

二、内容和要求

根据给定装配体的装配示意图或轴测图、零件图与有关说明，按教师指定的题目，拼画装配草图，并用尺规或计算机拼画1～2张装配图。

三、注意点

1. 画图前，须认真阅读给出的轴测图或装配示意图、工作原理说明及每张零件图，搞清楚装配体的工作原理、传动路线、各零件之间的装配和连接关系。

2. 根据装配体的结构特点，选择装配图的表达方案。力求将工作原理、装配连接关系、零件主要结构形状表达清楚，并使表达方案合理，制图简便。

3. 选择合适的比例和图幅，合理布图。布图时，先画出各视图的主要作图基准线（轴线、对称中心线、主要零件的基面或端面等），注意留出标题栏、明细栏、编写序号、标注尺寸和注写技术要求的位置。

4. 画剖视图时，一般从装配干线入手，由里向外逐个画出各个零件的投影（也可酌情由外向里绘制）。先画主要部分，后画次要部分。注意装配图上相邻零件的剖面线方向和间隔应有区别，各视图投影关系应正确。

5. 尺寸标注，零件编号、明细栏、标题栏和技术要求等，应填写完整、规范，符合要求。

6. 作图后，应认真做一次全面检查和修正。

班级　　　　姓名　　　　学号

10－2 参照左上角装配示意图和装配图，将右边六个零件分别装入旋塞座中（螺塞和管接头呈可调整状态），按1:1的比例徒手拼画装配图

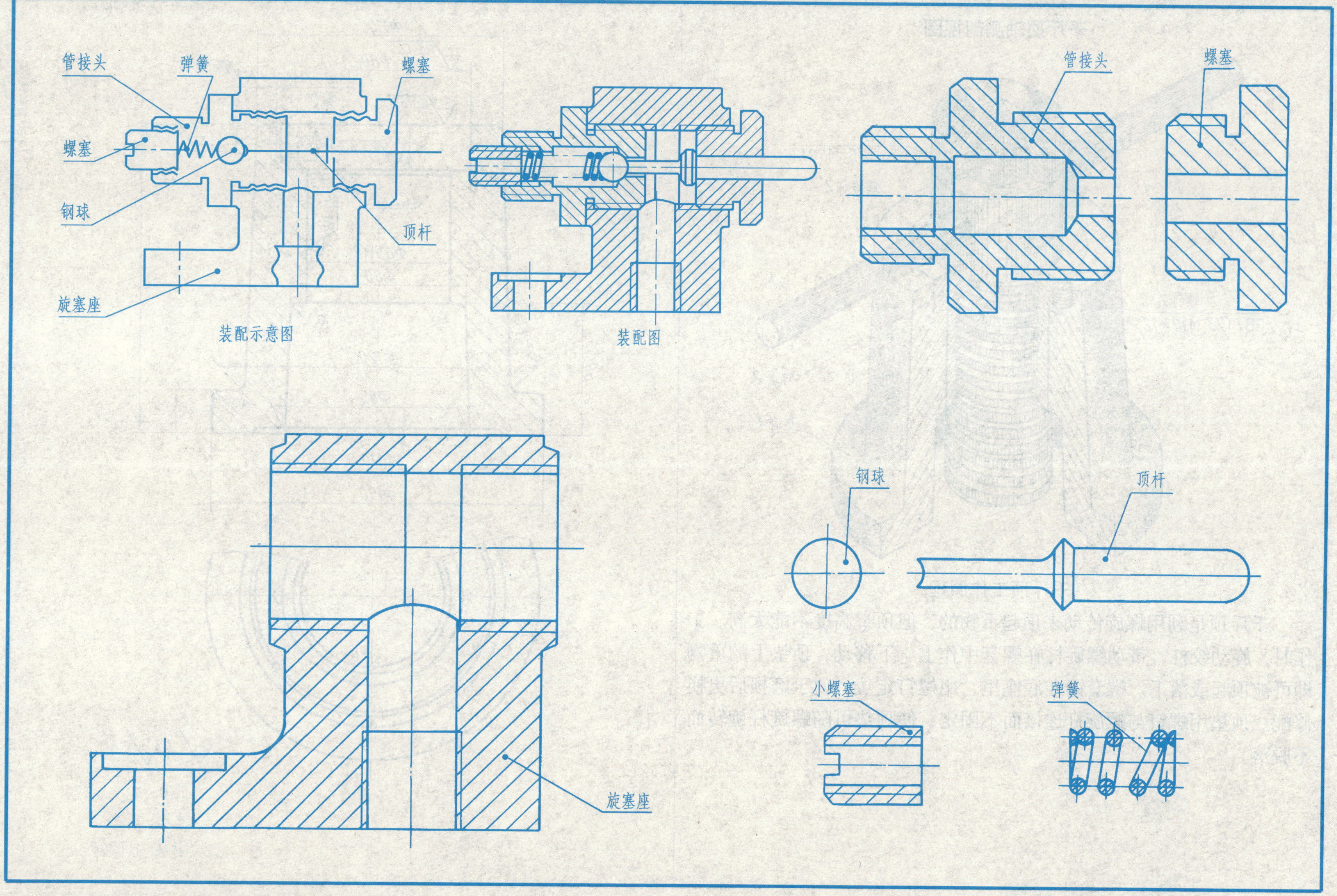

班级　　　　姓名　　　　学号

千斤顶轴测剖视图

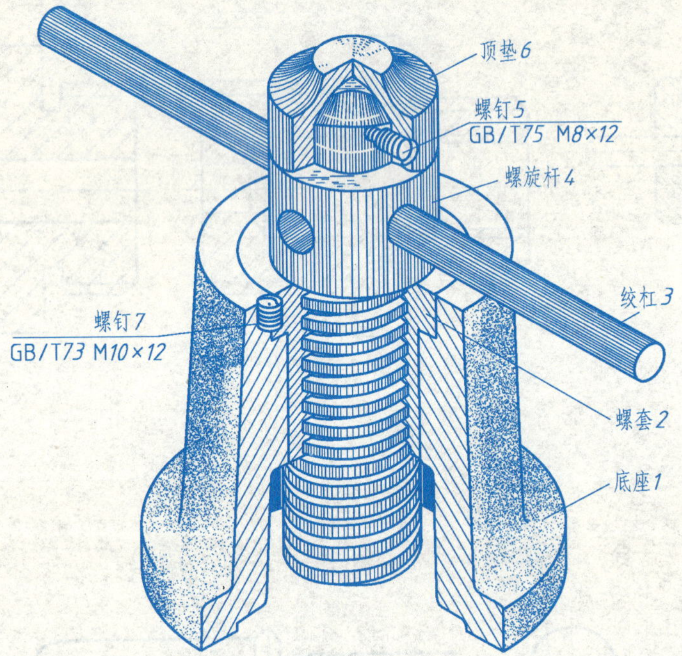

千斤顶工作原理

千斤顶是利用螺旋传动来顶起重物的，但顶举高度不能太高。工作时，旋动绞杠，带动螺旋杆在螺套中作上、下移动，顶垫上的重物即可被顶起或落下。螺套镶在底座里，用螺钉定位，便于磨损后更换修配。顶垫用螺钉与螺旋杆连接而不固定，使顶垫可随螺旋杆旋转而不脱落。

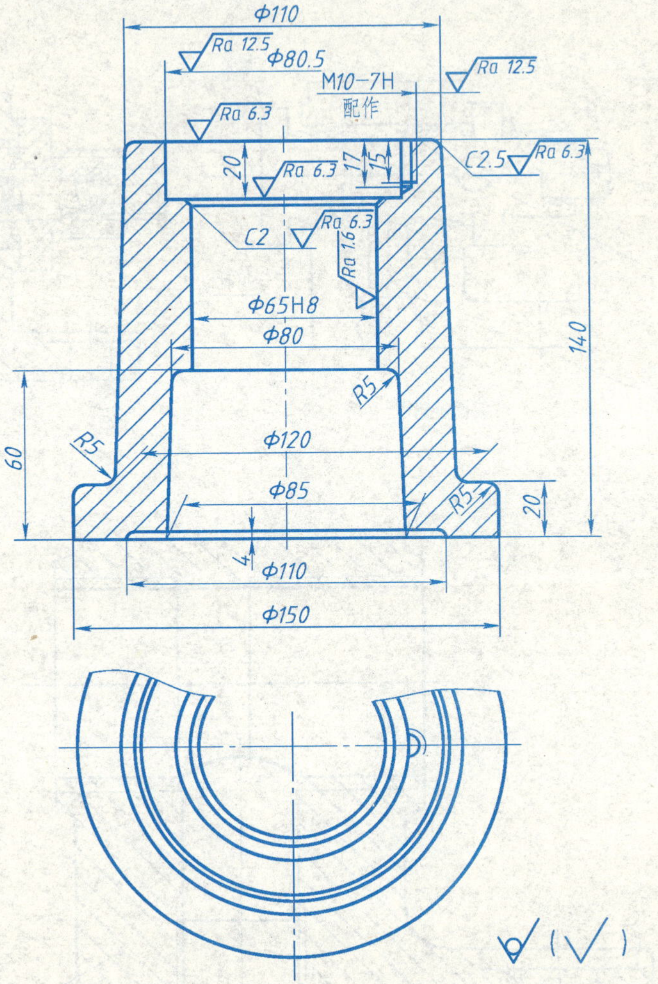

序号：1
名称：底座
材料：HT200

班级　　　　姓名　　　　学号

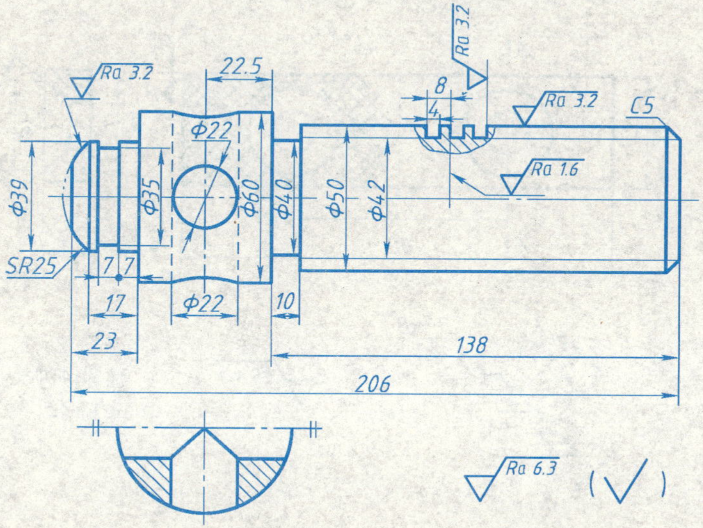

序号：4
名称：螺旋杆
材料：Q255-A

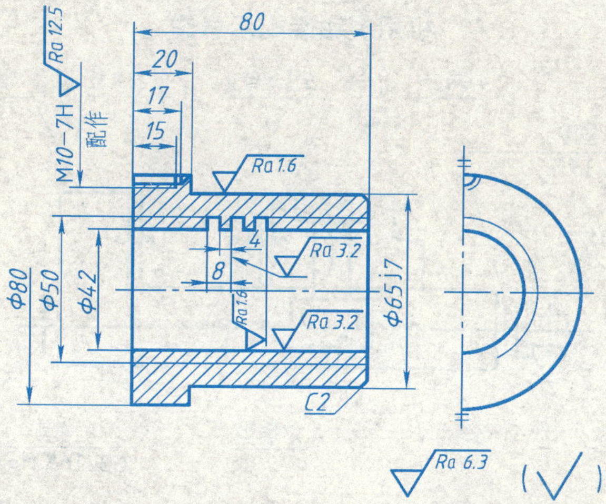

序号：2
名称：螺套
材料：ZCuAl10Fe3

序号：3
名称：绞杠
材料：Q215-A

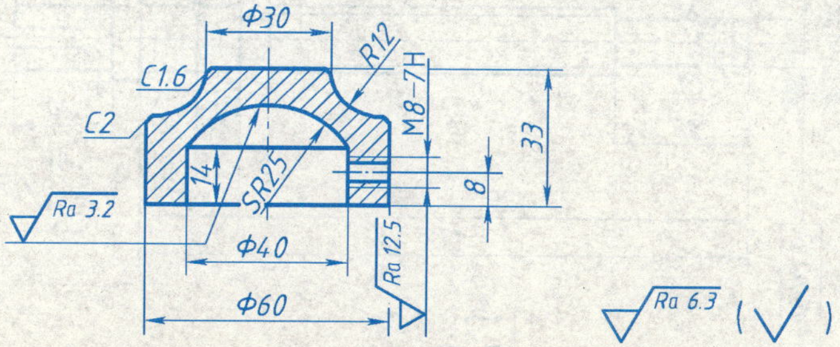

序号：6
名称：顶垫
材料：Q275-A

班级 姓名 学号

10-4 根据机用虎钳装配示意图和零件图，拼画装配图

机用虎钳装配示意图

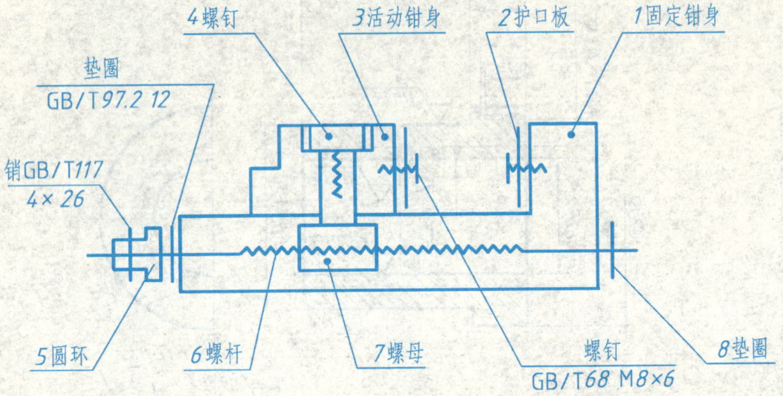

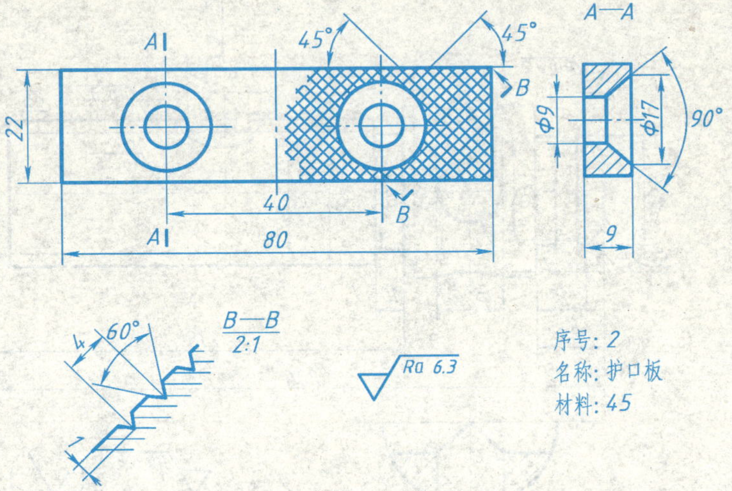

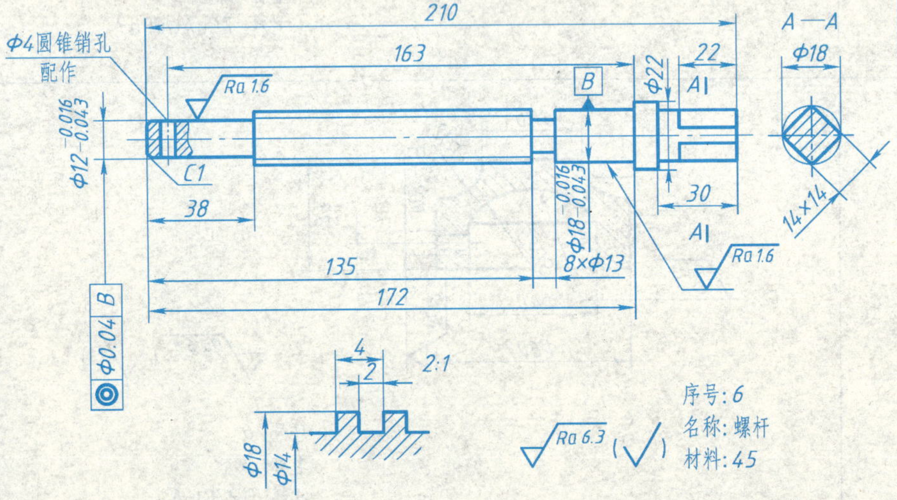

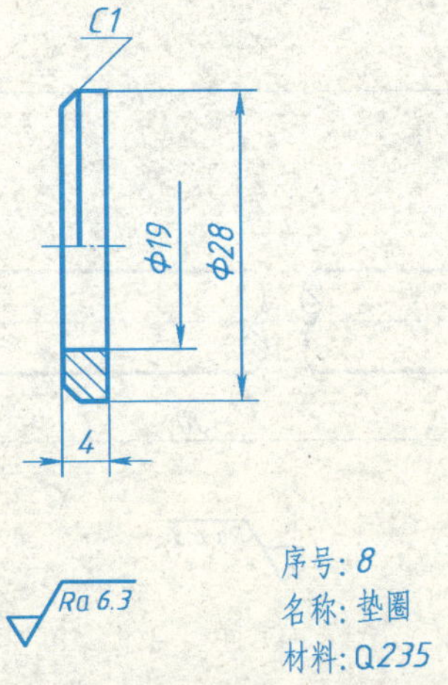

班级　　　　姓名　　　　学号

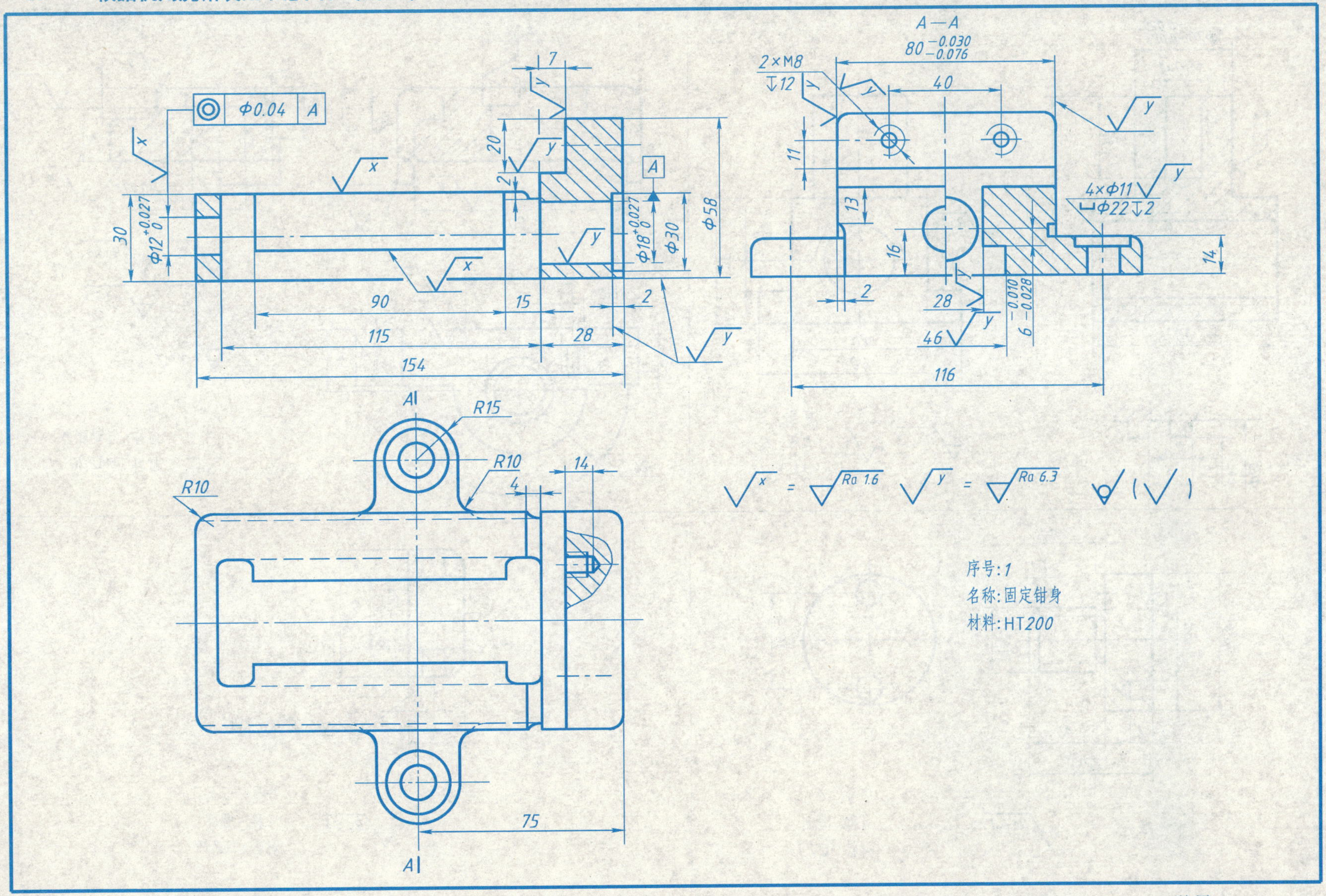
A—A
80 −0.030 −0.076
2×M8
↧12
40
4×Φ11
⌴Φ22↧2
Φ0.04
A
Φ12 +0.027 0
Φ18 +0.027 0
Φ30
Φ58
30
20
7
2
90
15
115
28
154
11
13
16
14
28
46
6 −0.010 −0.028
116
R15
R10
R10
14
4
75
A
A
x = Ra 1.6
y = Ra 6.3
序号:1
名称:固定钳身
材料:HT200

班级　　姓名　　学号

10 –4 根据机用虎钳装配示意图和零件图，拼画装配图（续 2）

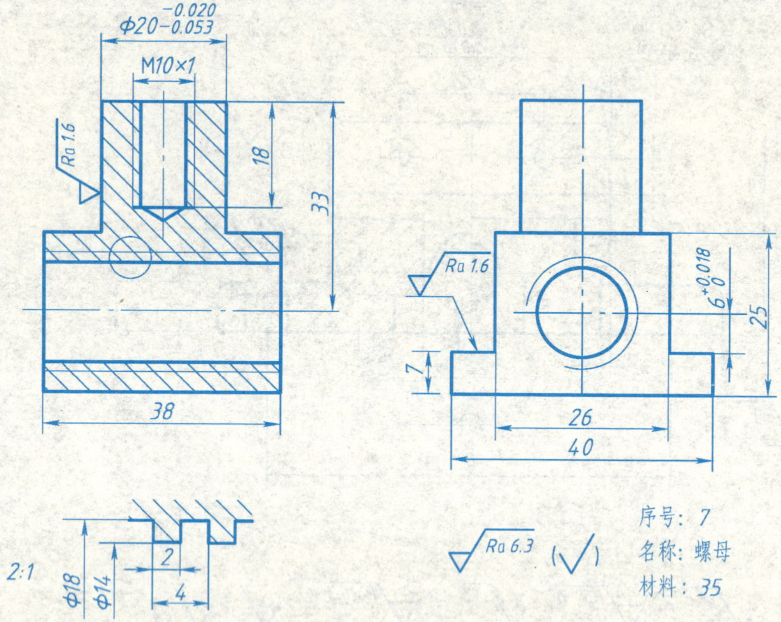

序号：7
名称：螺母
材料：35

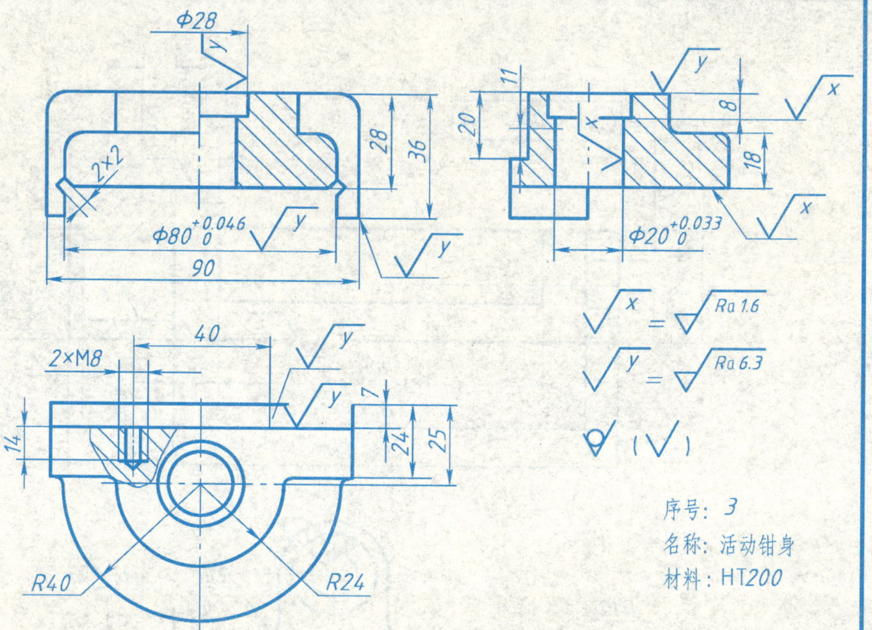

序号：3
名称：活动钳身
材料：HT200

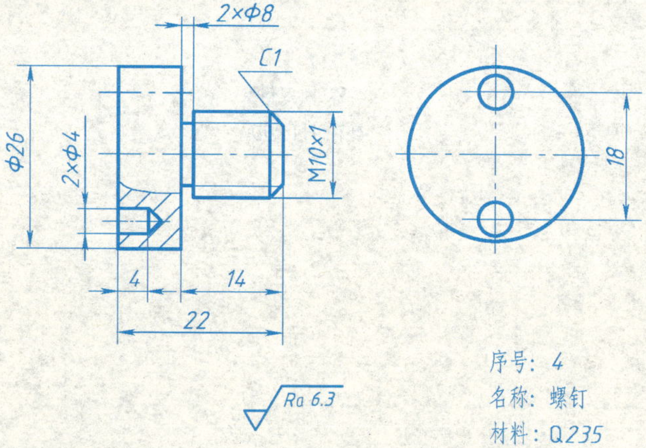

序号：4
名称：螺钉
材料：Q235

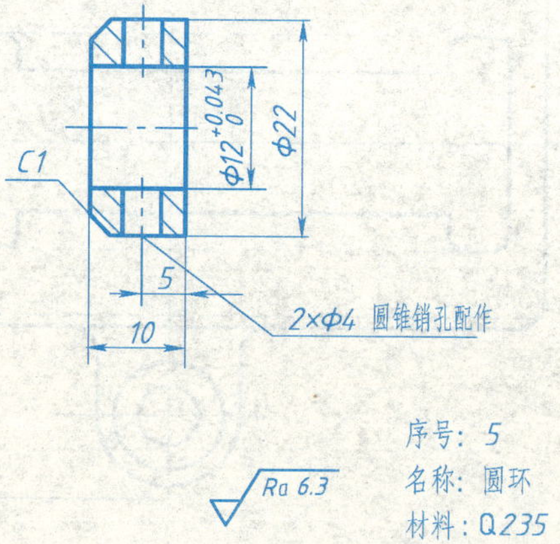

序号：5
名称：圆环
材料：Q235

班级　　姓名　　学号

10－5 根据安全阀装配示意图和零件图，拼画装配图

安全阀装配示意图

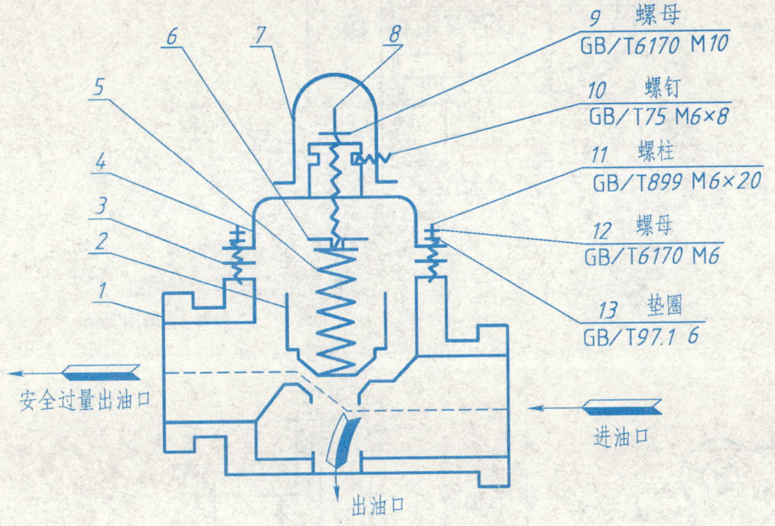

安全阀工作原理

安全阀是高压供油管路中控制油压并保证供油系统安全的装置。高压油从安全阀的进油口进入，由出油口排出。当系统出现阻塞或供油过量而压力增大时，高压油就会将阀门 2 推开，将过量压力油排入油池。旋动阀杆 8，可调节弹簧压力，以控制油路系统油压的大小。

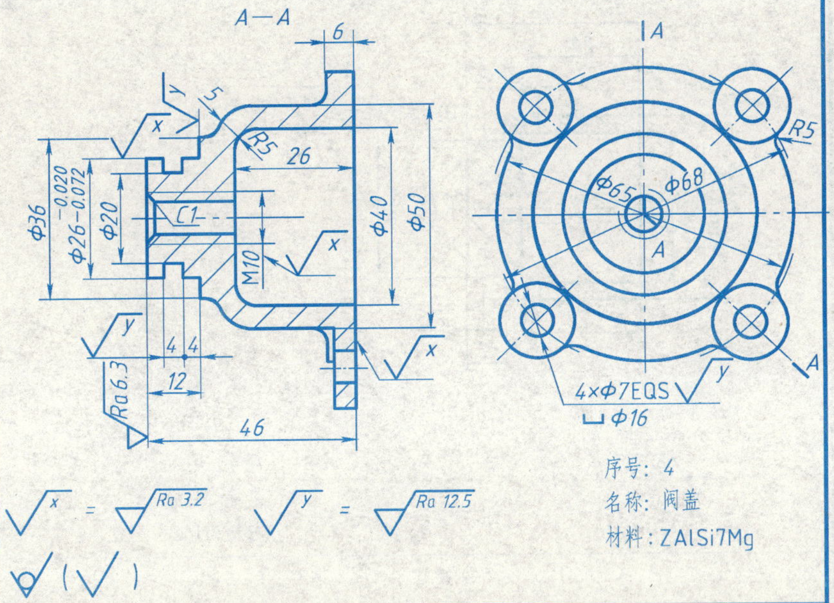

序号：4
名称：阀盖
材料：ZAlSi7Mg

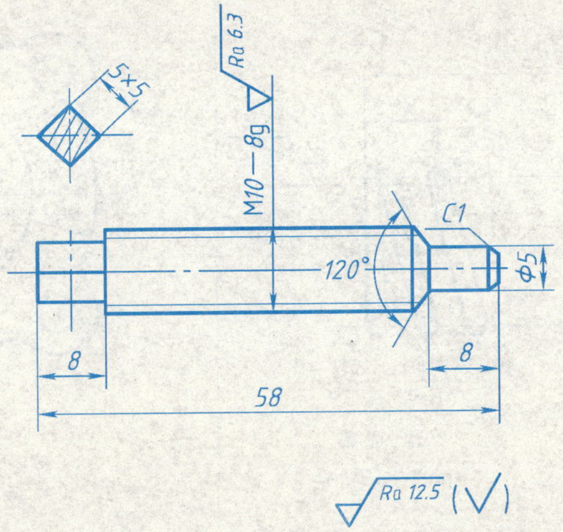

序号：8
名称：阀杆
材料：35

班级　　姓名　　学号

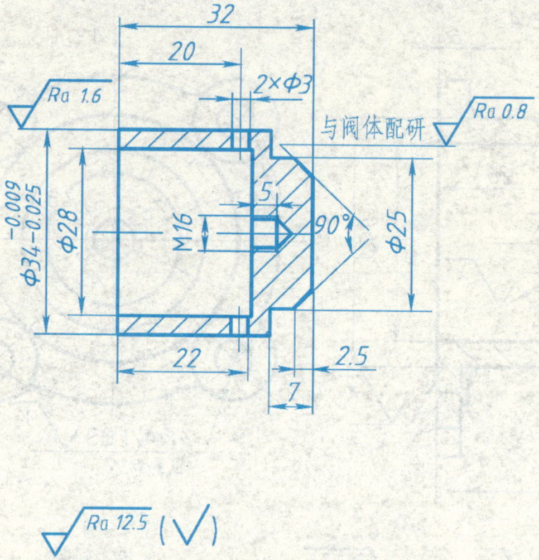

序号：2
名称：阀门
材料：H62

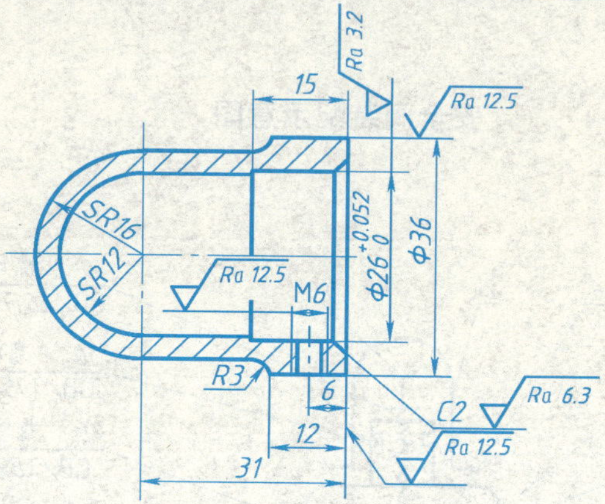

序号：7
名称：阀帽
材料：ZAlSi7Mg

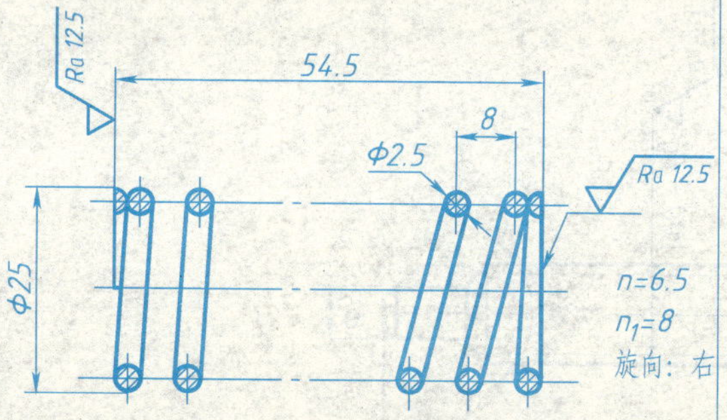

序号：5
名称：弹簧
材料：65Mn

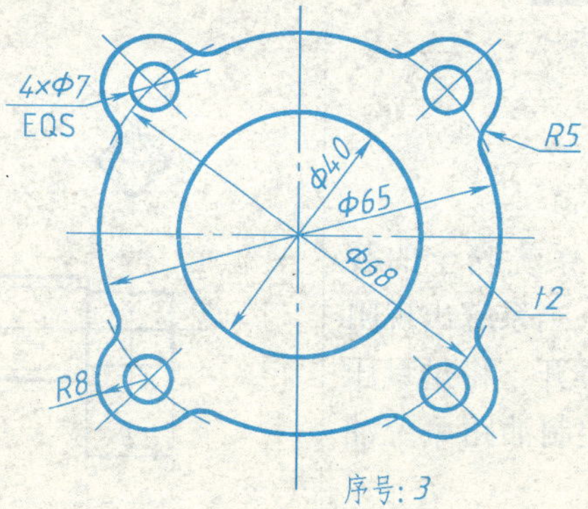

序号：3
名称：垫片
材料：软钢纸片

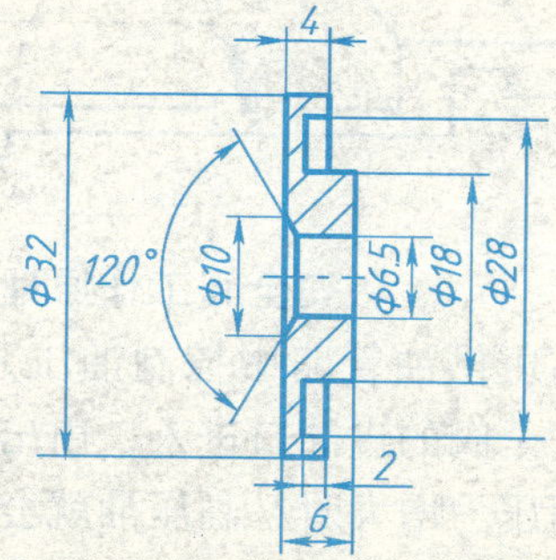

Ra 12.5

序号：6
名称：弹簧托盘
材料：H62

班级　　　　姓名　　　　学号

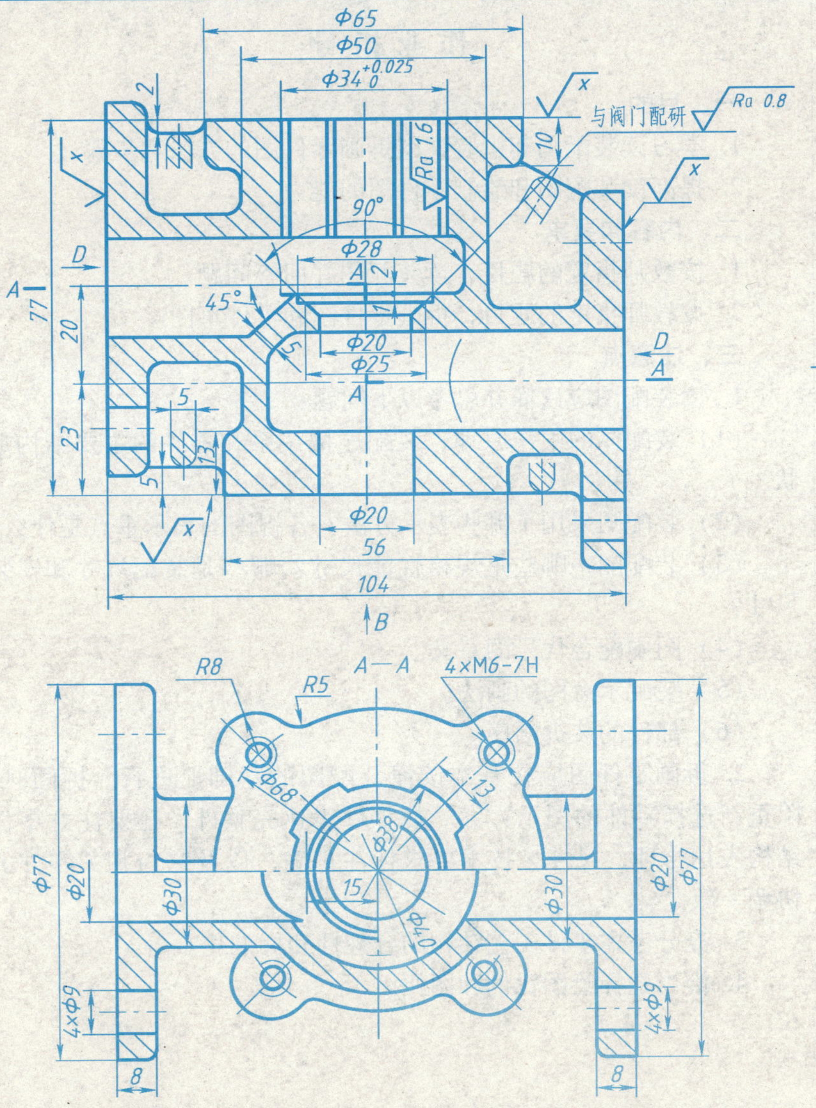

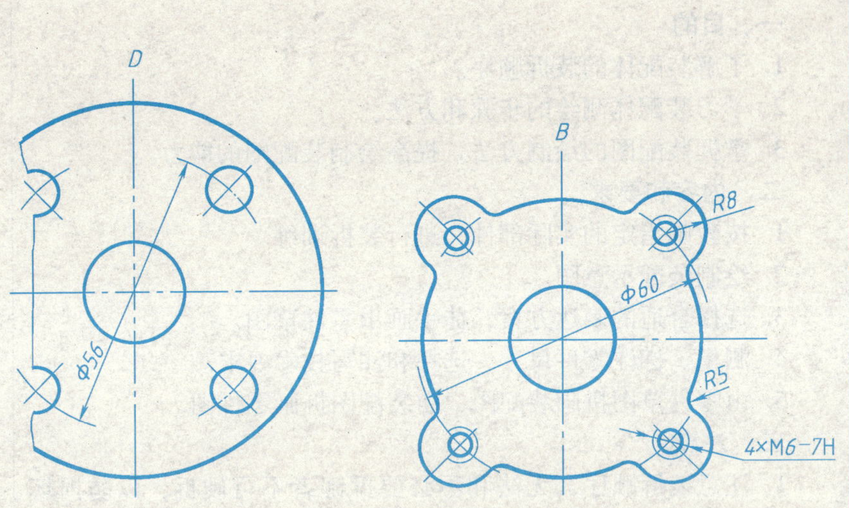

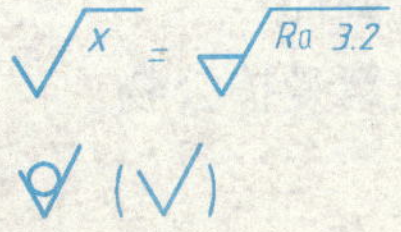

技术要求

1. 未注圆角R3。
2. 非机加工内表面涂红色底漆。
3. 其余未注机加工表面均为 Ra 12.5 。

序号：1
名称：阀体
材料：ZAlSi7Mg

班级　　姓名　　学号

10－6　装配体测绘

作业指导

一、目的

1. 了解装配体的装拆顺序。
2. 学习装配体测绘的步骤和方法。
3. 掌握装配图的绘制方法，提高绘制装配图的能力。

二、内容和要求

1. 按教师指定的实际部件，进行装拆训练。
2. 绘制装配示意图。
3. 选择合适的表达方案，徒手画出零件草图。
4. 测量、标注零件尺寸，选择和注写技术要求。
5. 由零件草图拼画装配图，由装配图拆画零件图。

三、注意点

1. 注意装拆顺序，无法和不必要拆卸者不可硬拆，以防损坏零件。

2. 拆卸装配体时，要画出装配示意图，并将零件的装配关系和装拆顺序加以记录和标记。

3. 对于标准件，测得其规格尺寸后，须查阅相应标准。

4. 应注意相关零件间的尺寸、技术要求的协调性。

5. 保管好零件草图，集中保管好标准件，注意爱护公物。

6. 恰当选择绘图比例和图幅。

10－7　读装配图，由装配图拆画零件图

作业指导

一、目的

1. 学习读装配图和由装配图拆画零件图的方法和步骤。
2. 提高读装配图和绘制零件图的能力。

二、内容和要求

1. 按教师指定的题目，读装配图并回答问题。
2. 按教师指定的题目，拆画零件图和零件草图。

三、注意点

1. 读装配图应读懂并思考以下问题：

（1）装配体的工作原理、装配连接关系和零件的主要结构形状。

（2）装配图采用了哪些表示方法？各视图的表示重点是什么？

（3）装配图中哪些是规格性能尺寸？哪些是装配尺寸和安装尺寸？

（4）图中配合代号的意义。

（5）装配示意图的画法。

（6）部件的装拆顺序。

2. 拆画零件图应在基本读懂装配图的基础上进行。拆图时，除重新选择零件的图示方案、使零件表达完整外，还要注意零件结构表达合理，尺寸、技术要求标注正确，以及它与相关零件的协调一致。

3. 充分考虑零件工艺结构的合理性和标准化。

4. 恰当选择绘图比例和图幅。

班级　　　　姓名　　　　学号

10-8 读夹线体装配图，拆画件2夹套的零件图，并画出 *A—A* 断面图

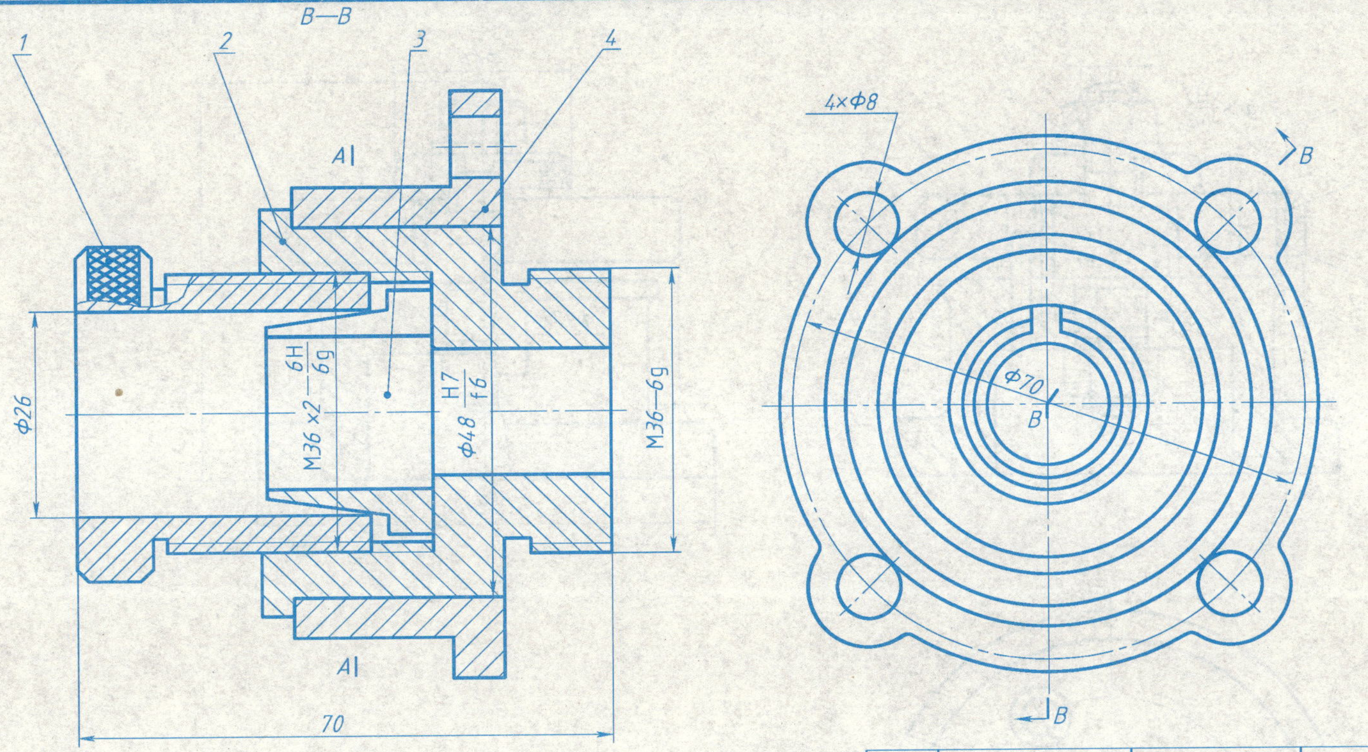

工作原理

夹线体是将线穿入衬套3中，然后旋转手动压套1，通过螺纹M36×2使手动压套向右移动，沿着锥面接触使衬套向中心收缩（因在衬套上开有槽），从而夹紧线体。当衬套夹住线后，还可以与手动压套、夹套2一起在盘座4的 φ48 孔中旋转。

序号	代号	名称	数量	材料	备注
4		盘座	1	45钢	
3		衬套	1	Q235	
2		夹套	1	Q235	
1		手动压套	1	Q235	

夹线体	比例	质量	共 张
	1:1		第 张
制图			
审核			

班级　　姓名　　学号

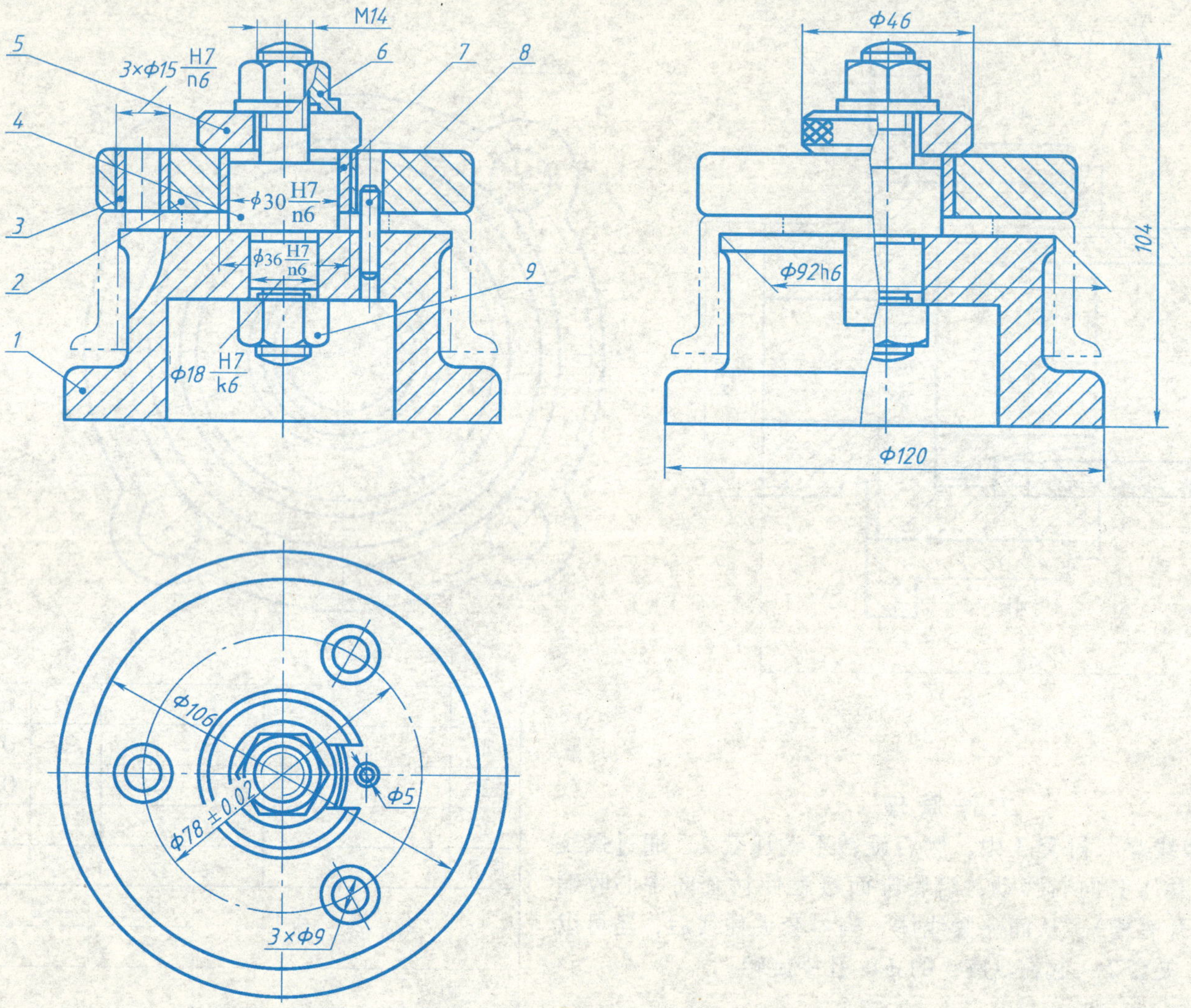
M14
5
6
7
8
3×Φ15 H7/n6
4
3
Φ30 H7/n6
Φ36 H7/n6
2
9
1
Φ18 H7/k6
Φ46
104
Φ92h6
Φ120
Φ106
Φ78±0.02
Φ5
3×Φ9

一、工作原理

钻模是用于加工工件（图中双点画线所示）上孔的夹具。把工件放在底座 1 上，装上钻模板 2，钻模板通过圆柱销 8 定位后，再放置开口垫圈 5，并用特制螺母 6 压紧。钻头通过钻套 3 的内孔，准确地在工件上钻孔。

二、回答问题

1. 钻模共由________种零件组成，其中标准件有________种。
2. 装配图共有________个图形表达，主视图为________剖视图，左视图为________剖视图。
3. 图中的细双点画线表示__________零件，该零件上有________处需要钻孔。
4. 件 8 的作用是确定件________与件________的相对位置。
5. $\phi30H7/n6$ 表示件________与件________之间的配合，是________制________配合。在零件图上标注这一尺寸时，孔的尺寸是________，轴的尺寸是________。
6. 件 1 底座在主视图左上角空白处的结构，在该零件上共有________处，其作用是____________________________。
7. 件 3 的作用____。
8. 钻模的外形尺寸，长________，宽________，高________。
9. 简述被加工零件的装夹及拆卸过程：____。
10. 拆画件 1 底座、件 4 轴的零件图。

序号	代　号	名　称	数量	材　料	备注
9	GB/T 6170—2000	螺母 M14	1		
8	GB/T 119.1—2000	销 5m6×30	1		
7		衬套	1	45	
6		特制螺母	1	35	
5		开口垫圈	1	45	
4		轴	1	45	
3		钻套	3	T8	
2		钻模板	1	45	
1		底座	1	HT150	

钻　模		比例	质量	共　张
		1:2		第　张
制图				
审核				

班级　　　　姓名　　　　学号

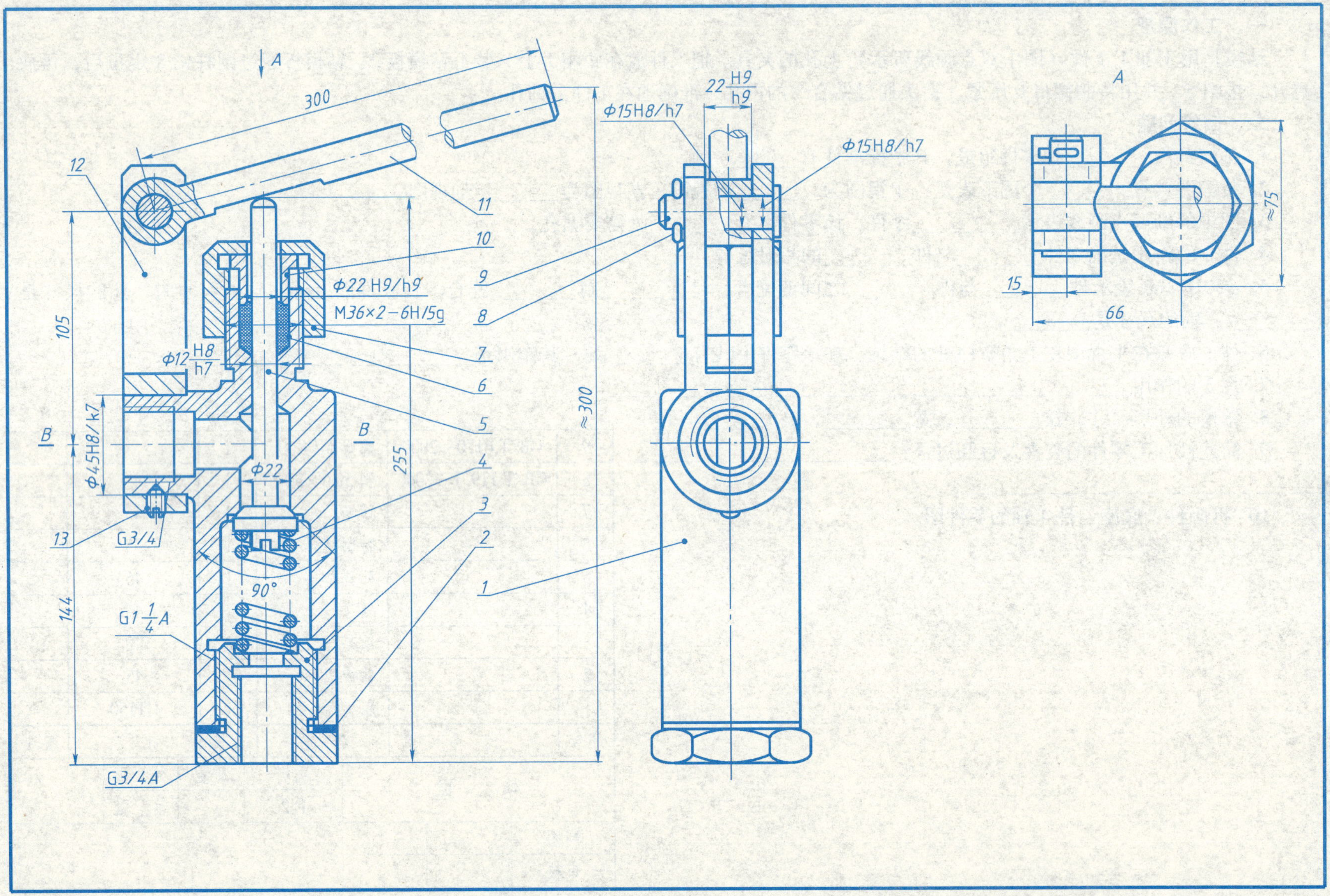
A
300
12
11
10
9
8
7
6
5
4
3
2
1
13
Φ22 H9/h9
M36×2－6H/5g
Φ12 H8/h7
105
144
255
B
Φ45H8/k7
Φ22
G3/4
90°
G1 1/4 A
G3/4A
22 H9/h9
Φ15H8/h7
Φ15H8/h7
≈300
≈75
15
66

班级　　　　姓名　　　　学号

10－10 读手压阀装配图（续）

一、工作原理

手压阀用于管路上控制出水管管路的开与闭。阀体 1 的下方与进水管相连，左端接出水管。按杠杆 11，阀瓣 5 克服弹簧的弹力，打开管路，液体从下端流向左端出水管。放开杠杆，由于弹簧的弹力作用，阀瓣复位，通道即被堵死。

二、回答问题

1. 该装配体的名称和用途是什么？共由几种零件组成？其中几种是标准件？
2. 说明部件的运转关系。
3. 件 11 与件 12 是什么配合？
4. 件 5 是由件几带动的？作什么运动？
5. 件 6 起什么作用？如何固定？
6. 解释 G 3/4A 的含义。
7. 作 *B*—*B* 剖视图。
8. 拆画件 1 阀体的零件图。

技术要求

1. 阀体90°锥孔与阀瓣90°锥体共研磨。
2. 装配后不能有泄漏现象。

序号	代号	名称	数量	材料	备注
13	GB/T 75—1985	螺钉 M5×12	1	Q235－A	
12		杠杆座	1	ZG270－500	
11		杠杆	1	Q235－A	
10		填料压盖	1	Q235－A	
9	GB/T 882—1985	销轴 15×55	1	35	
8	GB/T 91—2000	销 5×20	1	20	
7		压盖螺母	1	Q235－A	
6		填料	1	石棉	
5		阀瓣	1	65	
4		弹簧	1	65Mn	
3		塞座	1	Q235－A	
2		垫片	1	工业用纸	
1		阀体	1	ZCuSn6Zn6Pb3	

手压阀	比例	质量	共　张
	1:2.5		第　张
制图			
审核			

班级　　姓名　　学号

10－11　读齿轮泵装配图

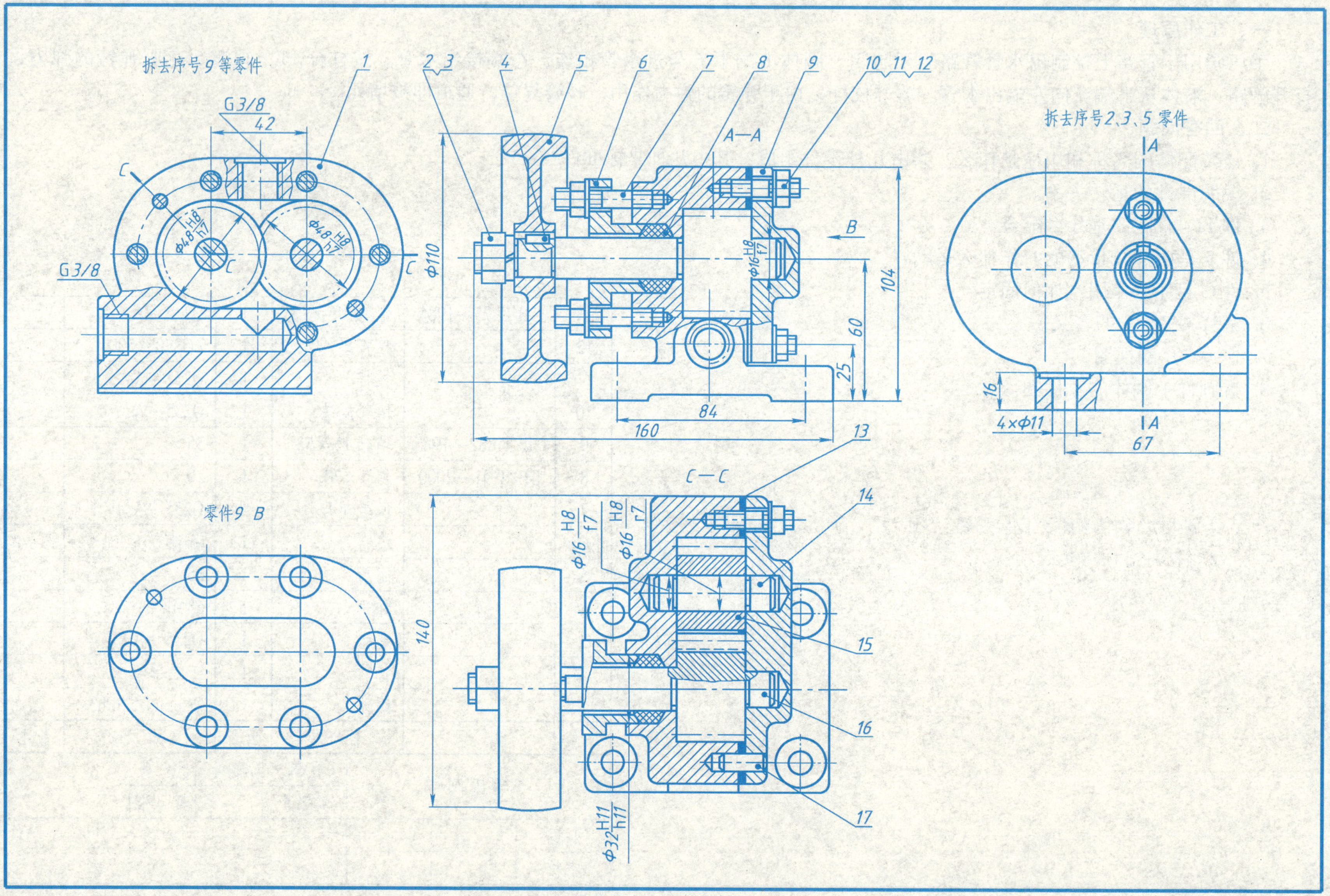

班级　　　　姓名　　　　学号

一、工作原理

齿轮泵是用来输送润滑油或压力油的一种装置。当带轮 5 通过平键 4 带动齿轮轴 16 作逆时针方向旋转时，齿轮 15 作顺时针方向转动，使泵体上方进油处的空气稀薄，压力降低，油被吸入并随齿轮的齿隙带到下方出油处。当齿轮连续转动时，就产生齿轮泵的加压作用。

二、回答问题

1. 该装配图的表示方法有哪些？主、右视图的表示重点是什么？
2. 指出该装配图上的规格（性能）尺寸。
3. 说明 $\phi16H8/f7$ 的含义。
4. 该装配体的拆卸顺序如何？
5. 拆画件 1 泵体、件 9 泵盖的零件草图。

序号	代　号	名　称	数量	材　料	备　注
17	GB/T 117—2000	销 6×20	2		
16		齿轮轴	1	45	$m=3$，$z=14$
15		齿轮	1	45	$m=3$，$z=14$
14		轴	1	45	
13		垫片	1	纸	
12	GB/T 898—1988	螺柱 M8×32	6		
11	GB/T 97.1—2002	垫圈 8	8		
10	GB/T 41—2000	螺母 M8	8		
9		泵盖	1	HT150	
8		填料		麻	
7	GB/T 898—1988	螺柱 M8×40	2		
6		压盖	1	HT150	
5		带轮	1	HT150	
4	GB/T 1096—2003	键 5×5×10	1		
3	GB/T 93—1987	垫圈 12	1	65Mn	
2	GB/T 41—2000	螺母 M12	1		
1		泵体	1	HT150	

齿　轮　泵	比例	质量	共　张
	1:2.5		第　张
制图			
审核			

班级　　　　姓名　　　　学号

*10－12　读车床尾座装配图

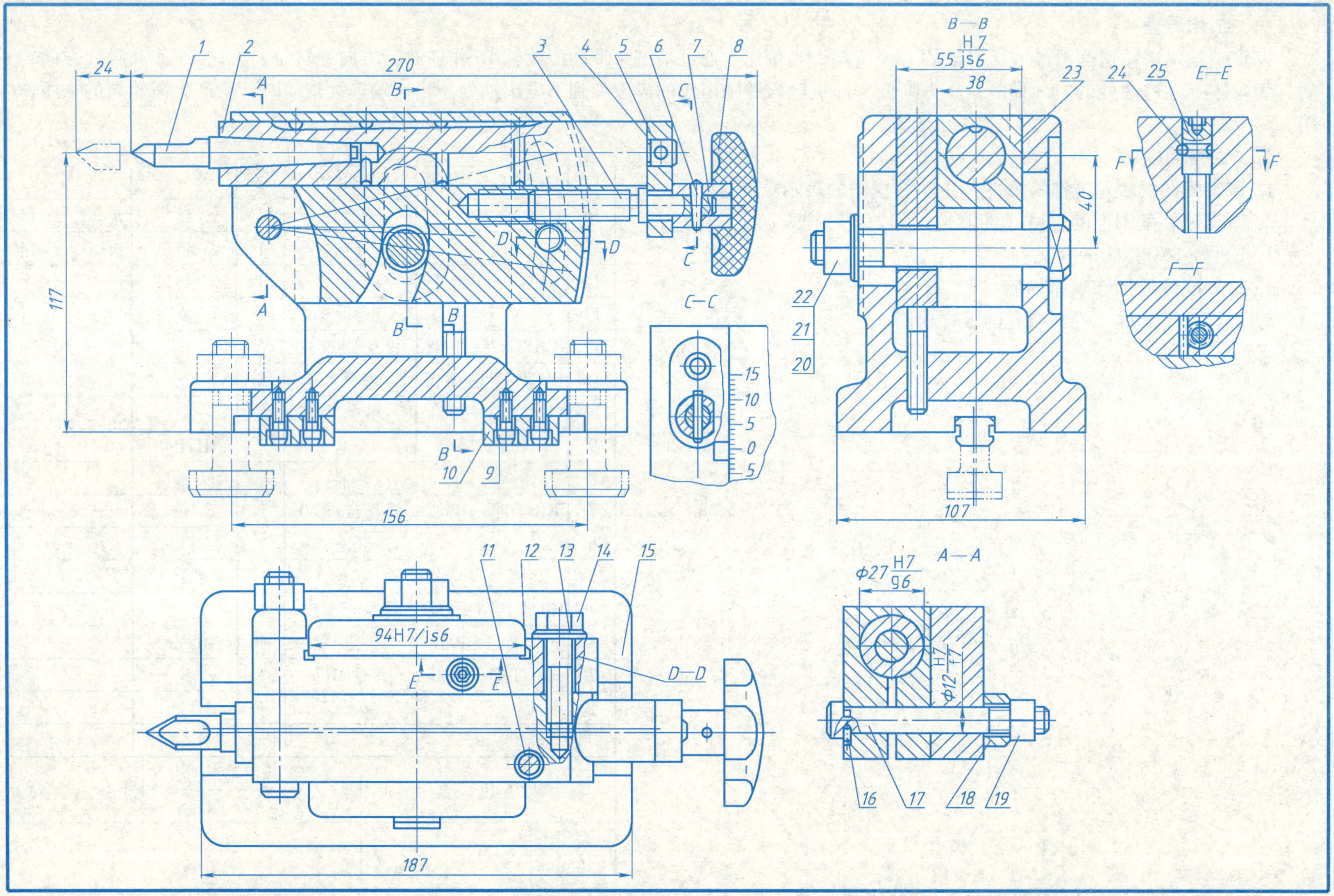

班级　　姓名　　学号

一、工作原理

尾座是通过旋转件 8 手柄，使与其连接的件 3 螺杆与件 23 夹块作螺纹旋合运动，从而带动件 2 顶尖套和件 1 顶尖作左右移动，以顶紧或松开工件。顶尖的上下位置可调节，还可使顶尖的轴线与水平方向成倾斜位置。

二、回答问题

1. 分析装配图中所采用的视图、剖视图的投影关系和表达重点。
2. 件 1 顶尖可作上下、前后移动，分析移动的动作过程，移动距离为多少？受哪些零件限制？
3. 件 1 顶尖可摆动，分析摆动的支点及角度受哪些零件的制约？
4. 什么零件可保证件 2 顶尖套在移动中不转动？
5. 根据 *E*—*E* 剖视图，分析件 25 螺杆及件 24 圆柱销的作用。
6. 件 2 上环槽的作用是什么？
7. 拆画件 15 尾座底座、件 23 夹块的零件草图。

25		螺杆	1	35	
24	GB/T 119.1—2000	销 4m6×18	1		
23		夹块	1	HT200	
22	GB/T 6170—2000	螺母 M16	1		
21		螺栓	1	35	
20	GB/T 97.1—2002	垫圈 16	1		
19	GB/T 6170—2000	螺母 M12	1		
18		垫圈	1	35	
17		螺杆	1	45	M12
16	GB/T 119.1—2000	销 4m6×8	1		
15		尾座底座	1	HT200	
14		螺钉	1	35	M12
13		垫圈	1	35	
12		定位块	1	HT200	
11	GB/T 73—1985	螺钉 M5×10	1		
10		定位键	2	Q275	
9	GB/T 70.1—2000	螺钉 M6×18	4		
8		手柄	1	酚醛塑料	
7		套	1	45	
6	GB/T 117—2000	销 4×20	1		
5		压盖	1	45	
4	GB/T 117—2000	销 4×30	1		
3		螺杆	1	45	
2		顶尖套	1	45	
1		顶尖	1	T7	
序号	代　号	名　称	数量	材　料	备注

车床尾座	比例	质量	共　张
	1:2.5		第　张
制图			
审核			

班级　　姓名　　学号

* 第十一章　展开图和焊接图

11－1　绘制梯形漏斗的表面展开图

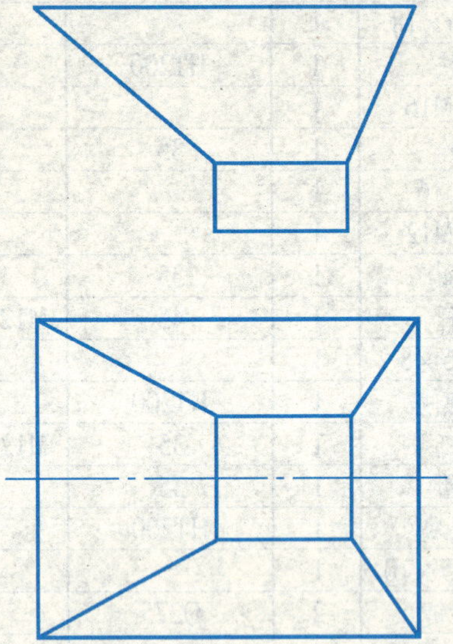

班级　　　　　　姓名　　　　　　学号

11－2　作异径正交三通管的表面展开图

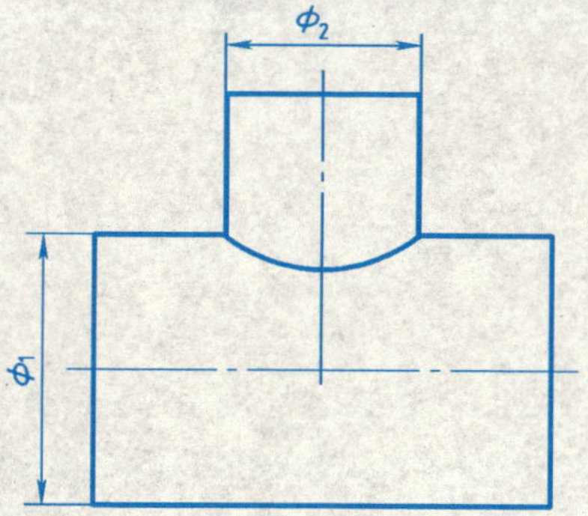

班级　　　　姓名　　　　学号

11－3　作变形接头的表面展开图

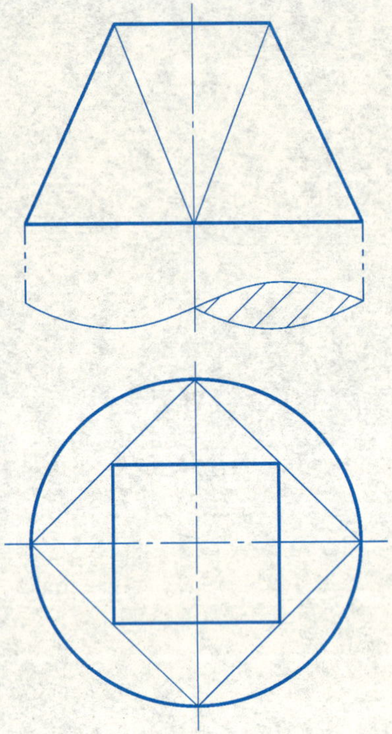

班级　　　　　姓名　　　　　学号

11 -4　画出半球表面的展开图（画一个分块）

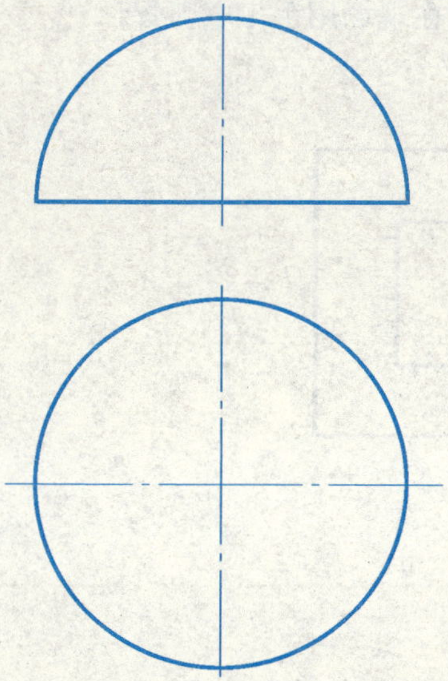

班级　　　　姓名　　　　学号

11-5 标注焊缝符号

1. 左图为双面V形焊缝；右图为单面带钝边单边V形焊缝（坡口朝上）。

2. 单边角焊缝，焊角尺寸为5mm，在现场用手工电弧焊。

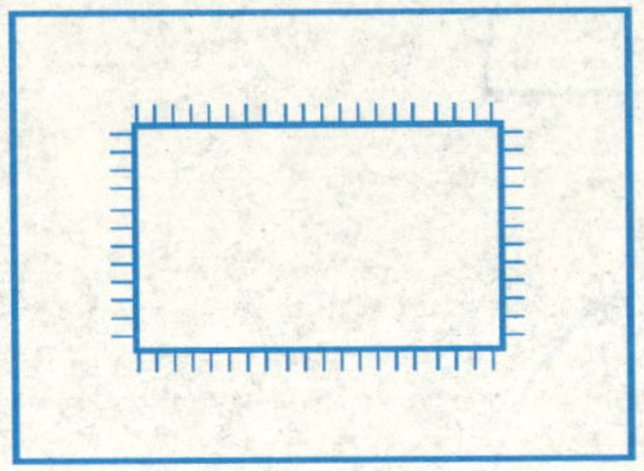

3. 圆管外侧周围与底板角焊，$K=5\text{mm}$。

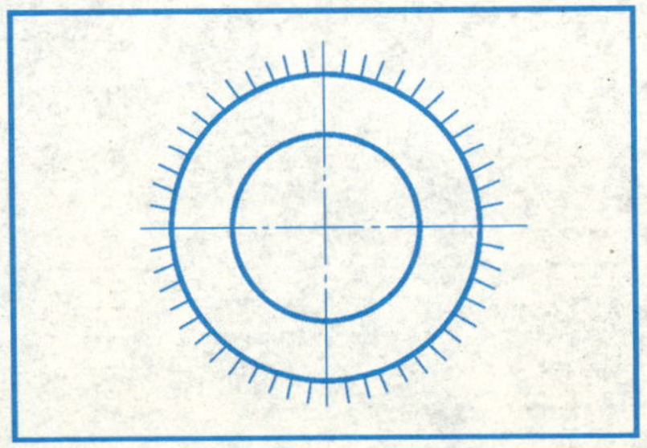

4. 角钢两外侧与底板角焊，$K=3\text{mm}$，用图示法表示焊缝，并标注焊缝符号。

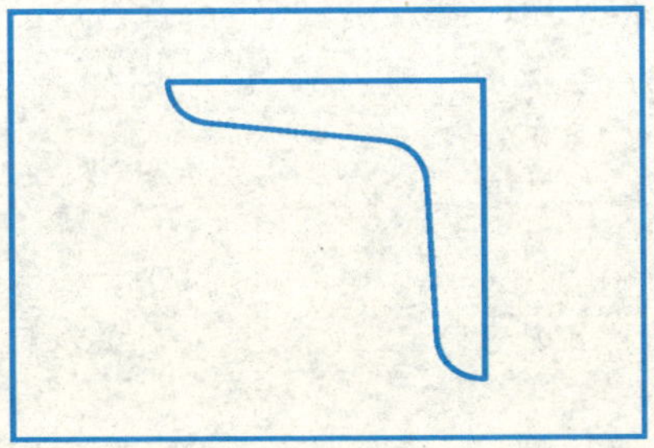

班级　　　　姓名　　　　学号

第十二章 计算机绘图

12－1 画出下列平面图形（不标注尺寸）

1.

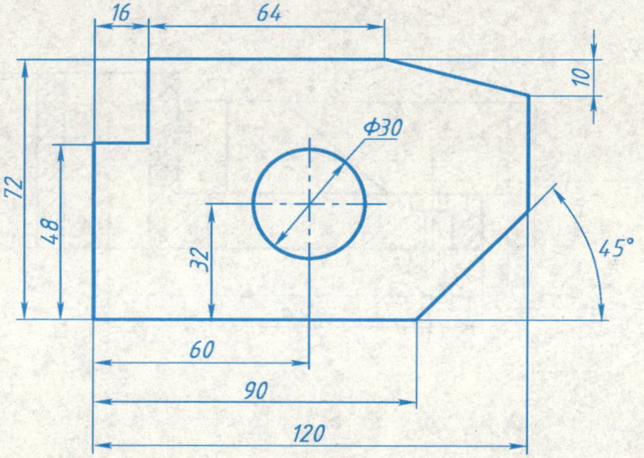

2.

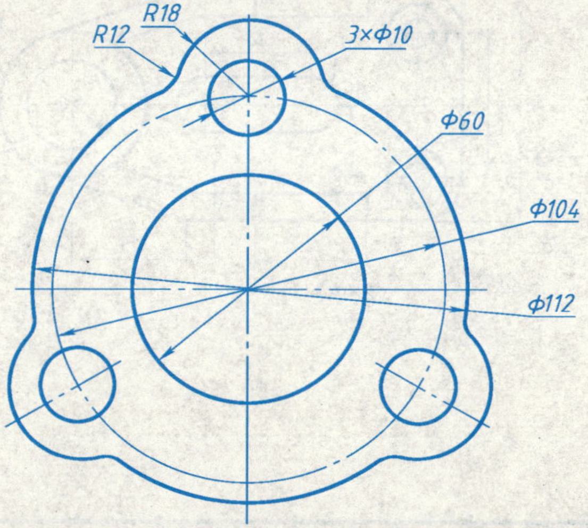

3.

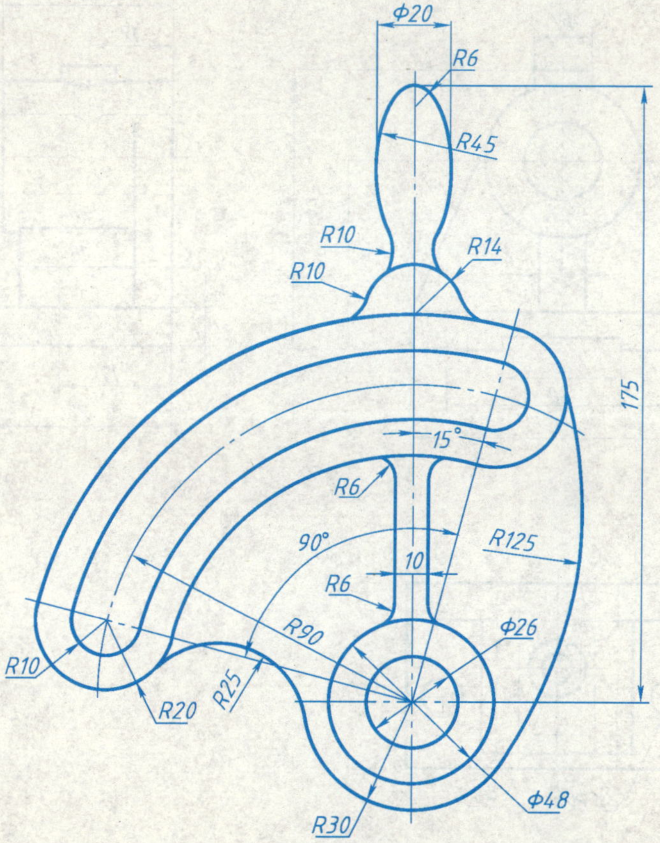

班级　　姓名　　学号

12－2　画出下列机件的视图（不标注尺寸）

1.

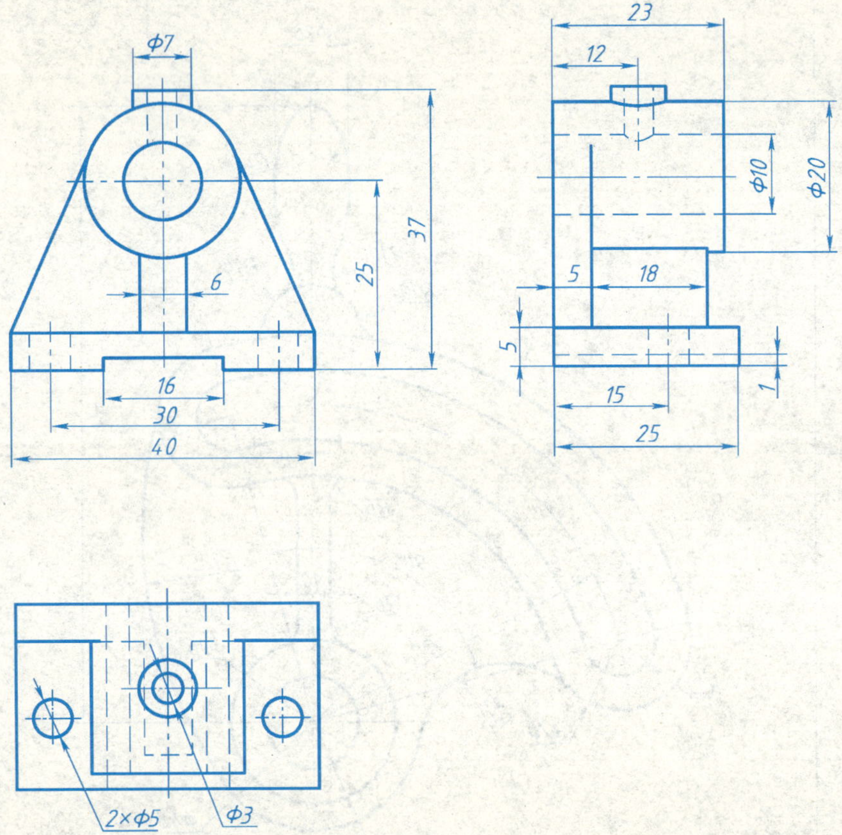

2.

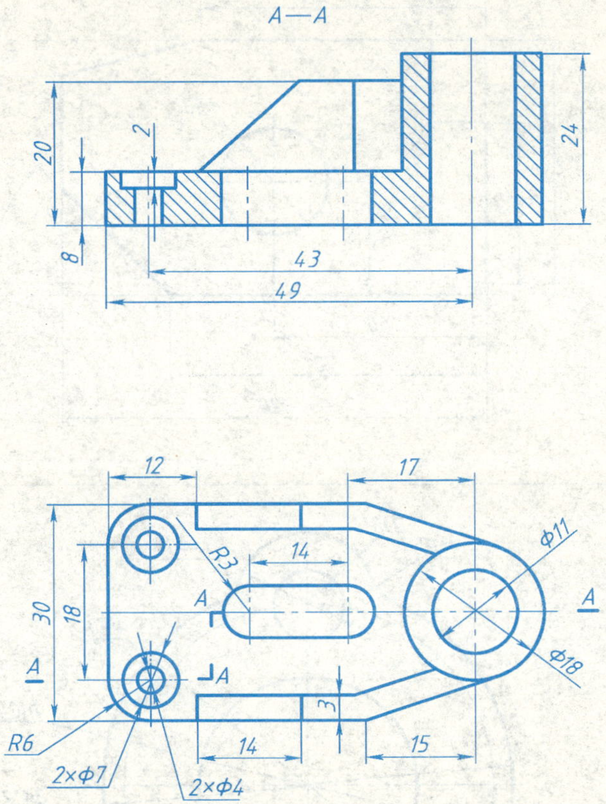

班级　　　　姓名　　　　学号

12－3 画出下列零件图

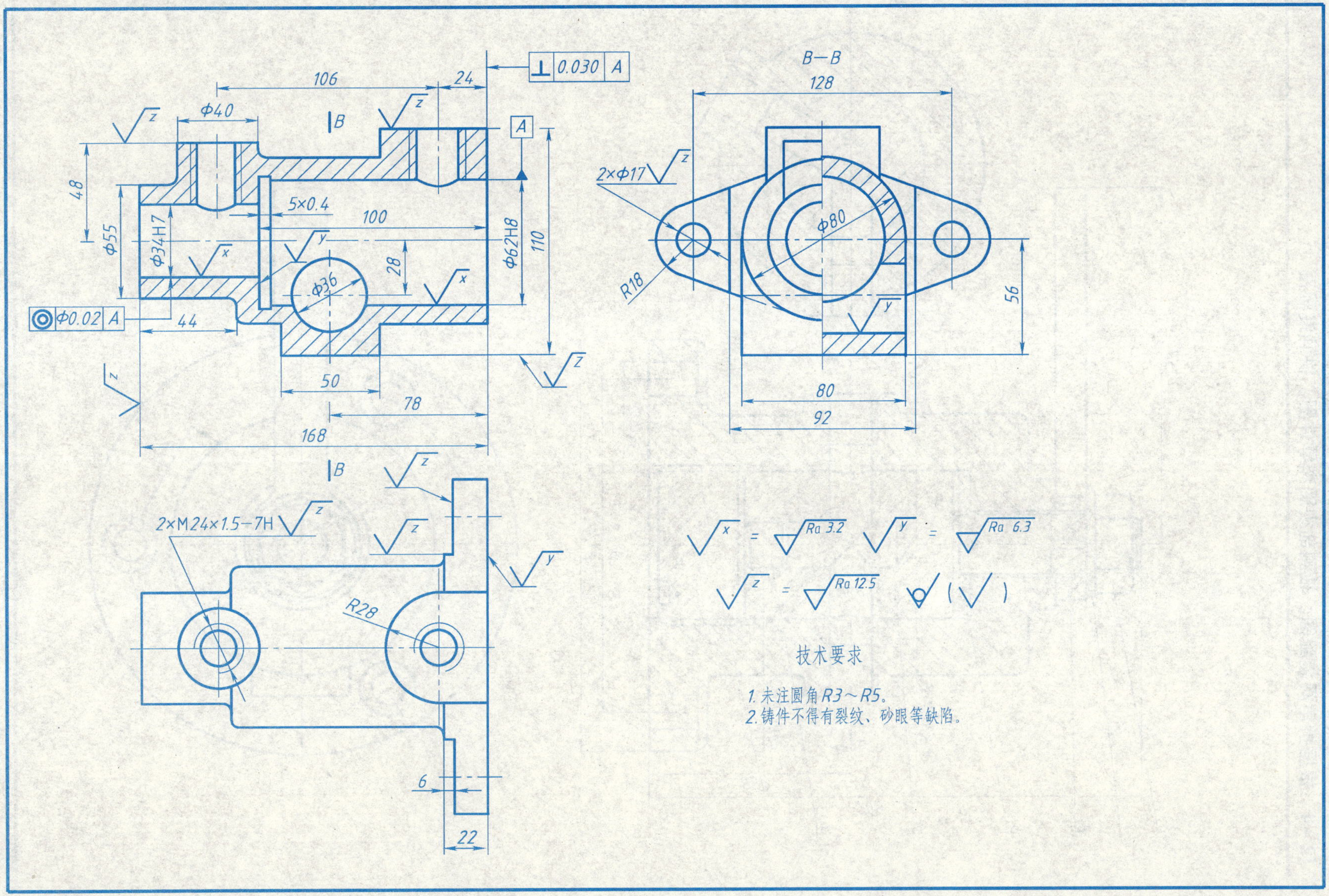

班级　　　　姓名　　　　学号

12－4 根据折角阀装配图、轴测剖视图和零件图、拼画装配图

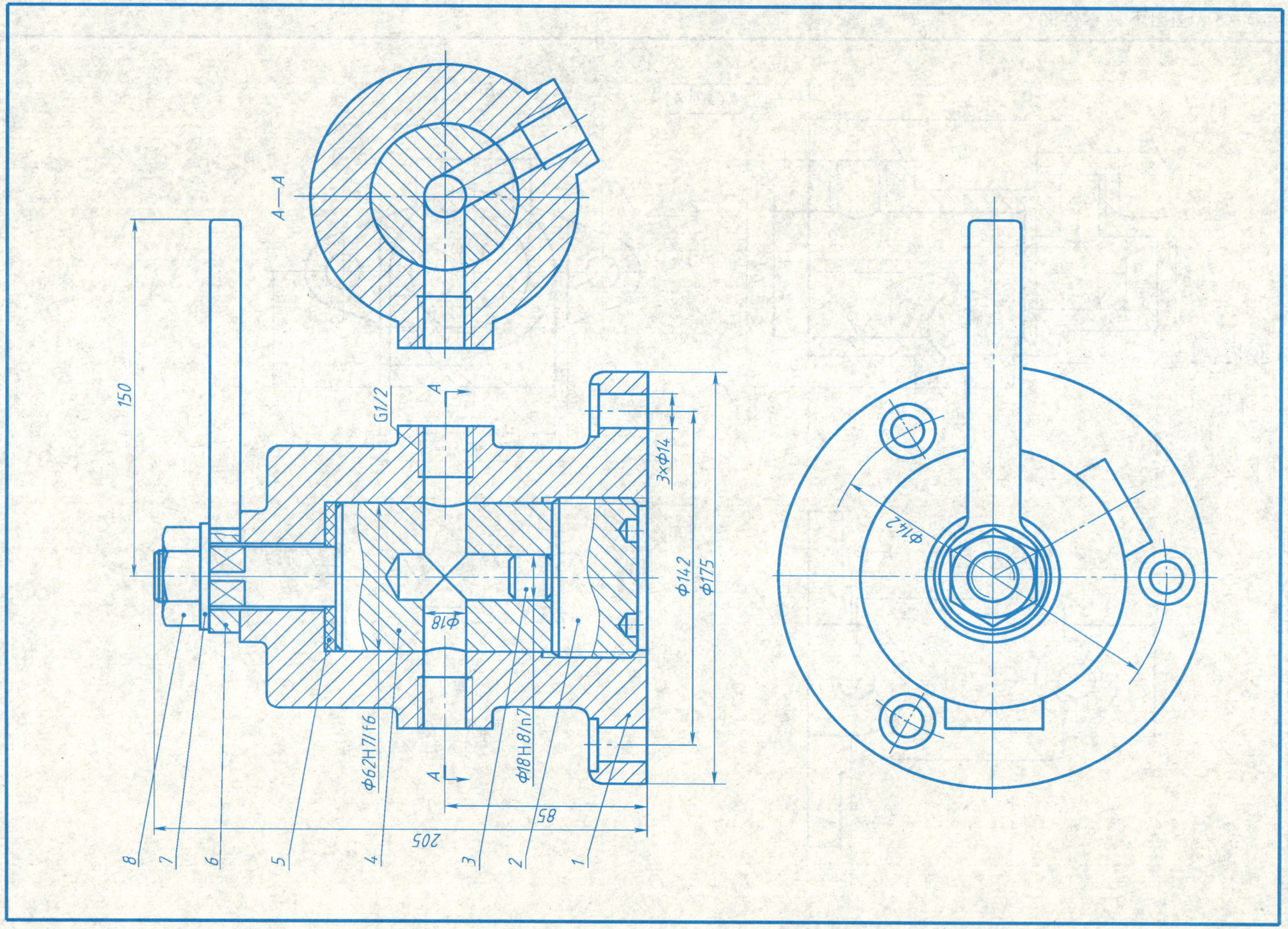

班级　　　　姓名　　　　学号

折角阀轴测剖视图

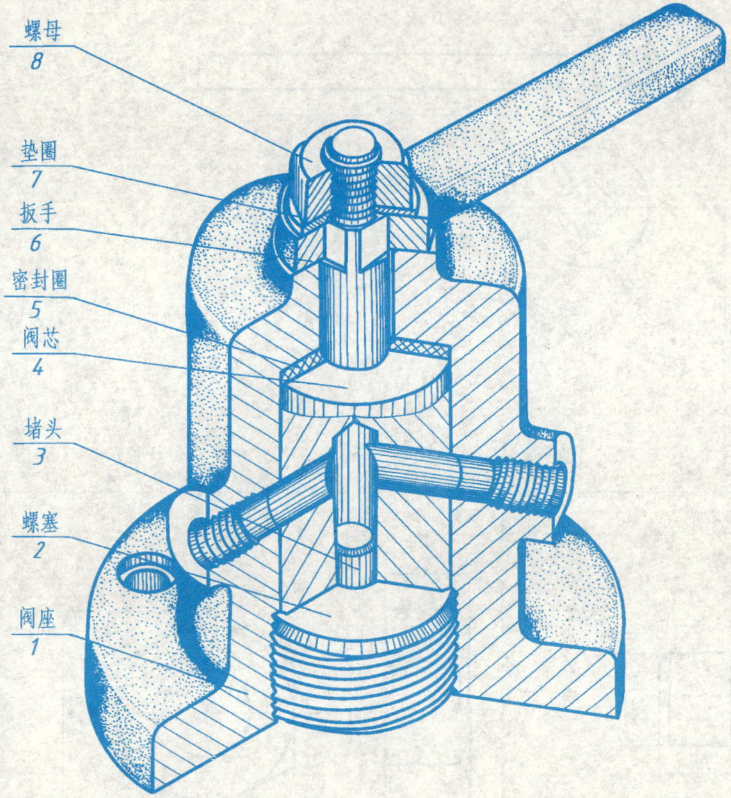

工作原理

折角阀以螺纹连接于管道上，作为开关设备，能够快速进行开关控制。图示为开的位置。当扳手转动时，带动阀芯转动，管道被逐步关闭。为了防止泄漏，在阀芯与阀座之间使用了密封圈。

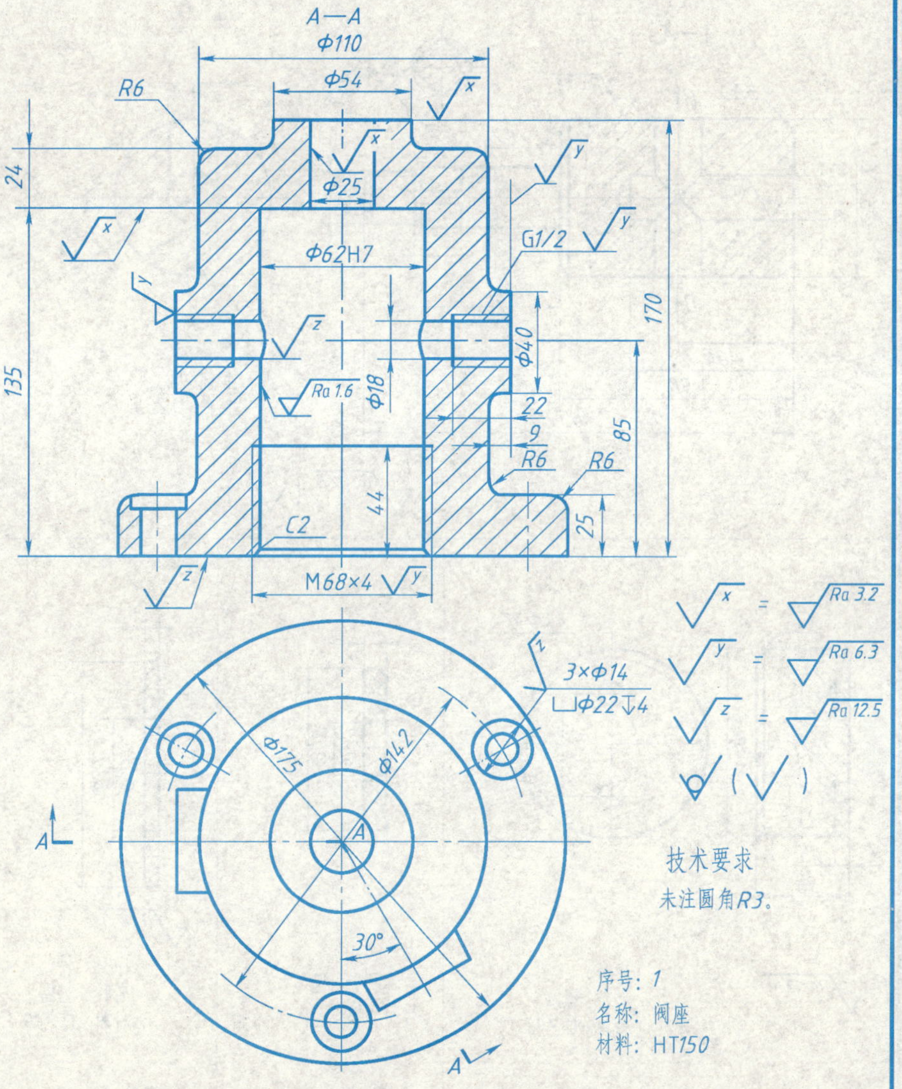

班级　　　　姓名　　　　学号

12－4 根据折角阀装配图、轴测剖视图和零件图，拼画装配图（续2）

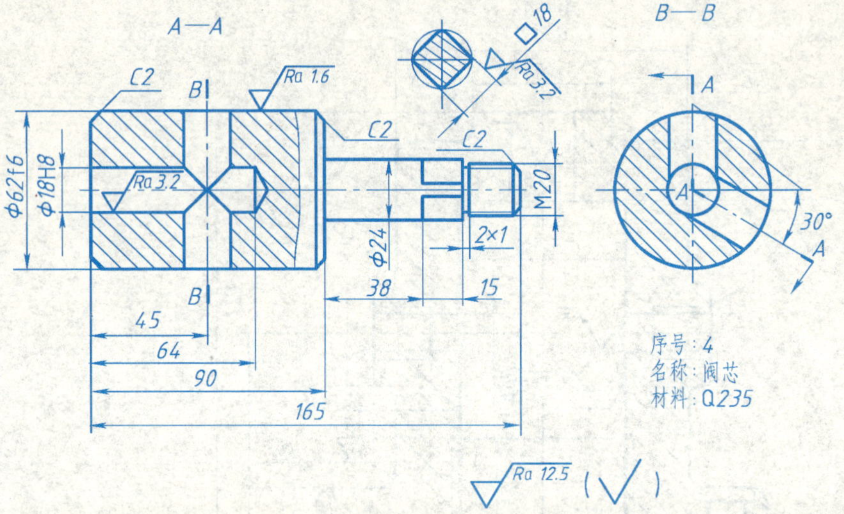

序号：4
名称：阀芯
材料：Q235

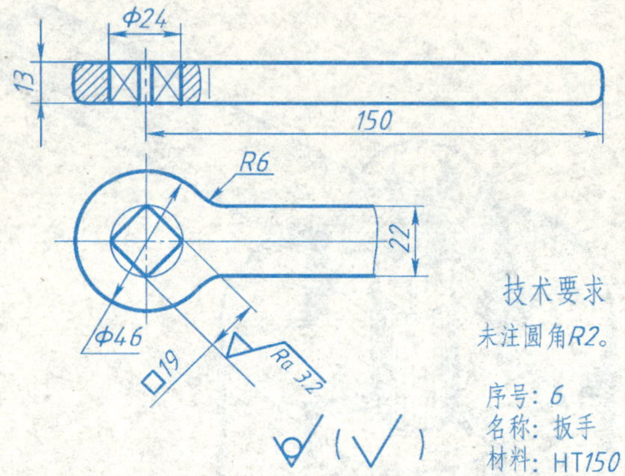

技术要求
未注圆角R2。

序号：6
名称：扳手
材料：HT150

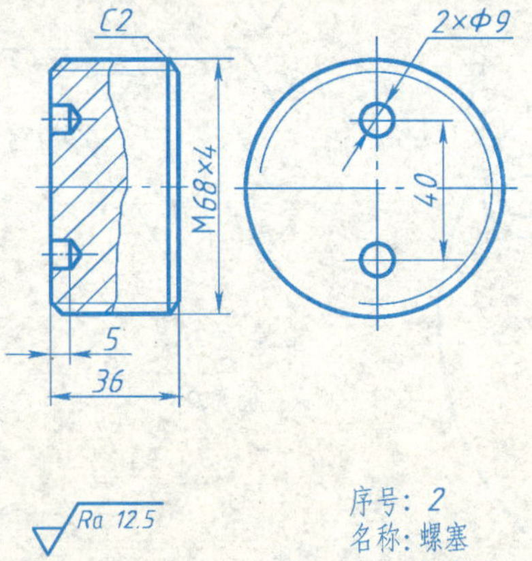

序号：2
名称：螺塞
材料：Q235

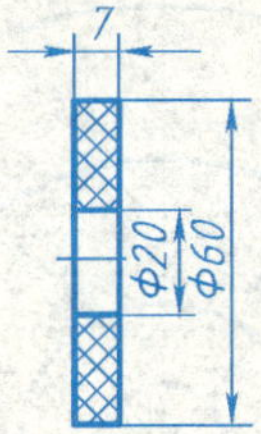

序号：5
名称：密封圈
材料：橡胶

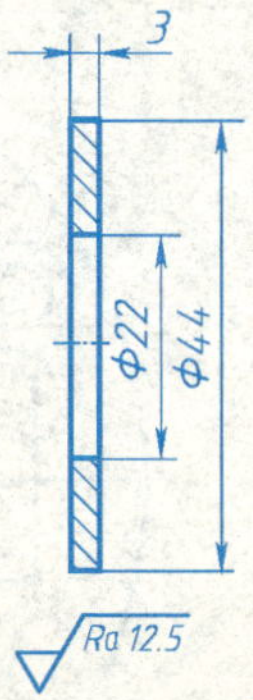

序号：7
名称：垫圈
材料：Q235

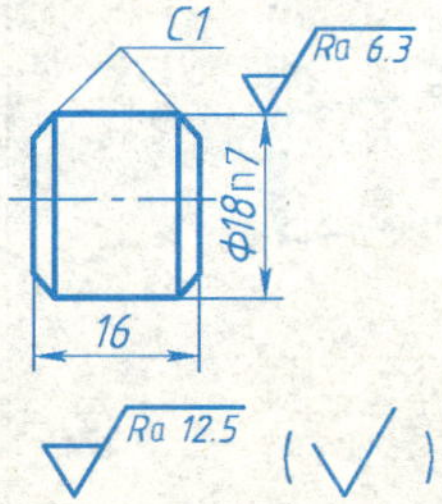

序号：3
名称：堵头
材料：ZCuSnPb6Zn3

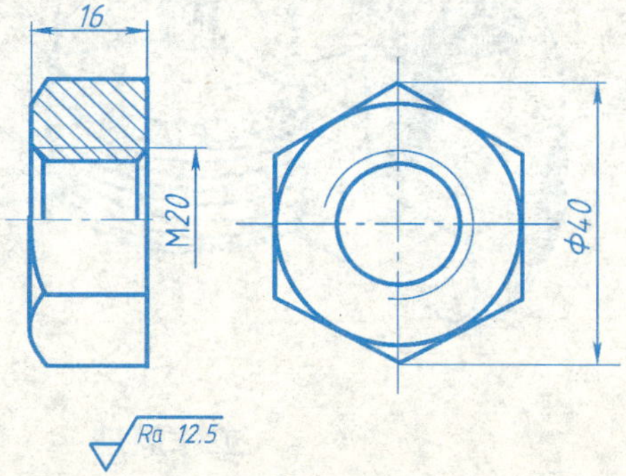

序号：8
名称：螺母
材料：Q235

班级　　姓名　　学号

12－5　画出下列三维图形（比例 1∶1）

1.

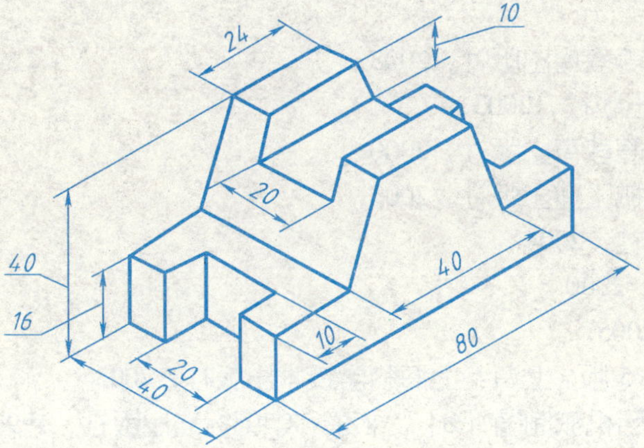

2.

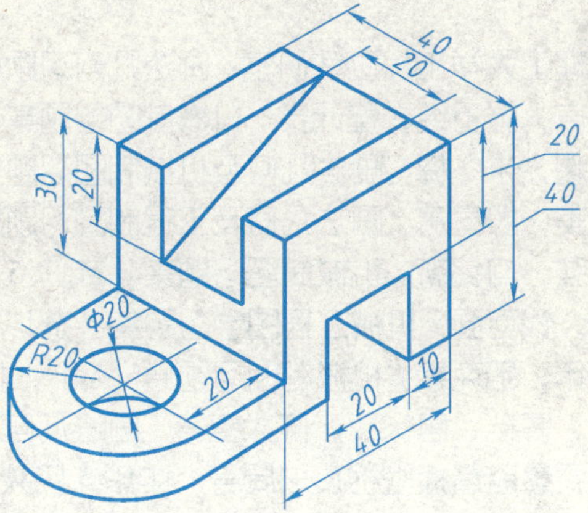

3.

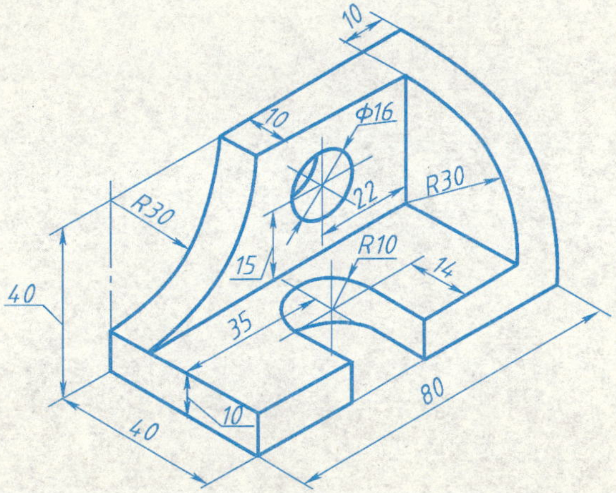

4.

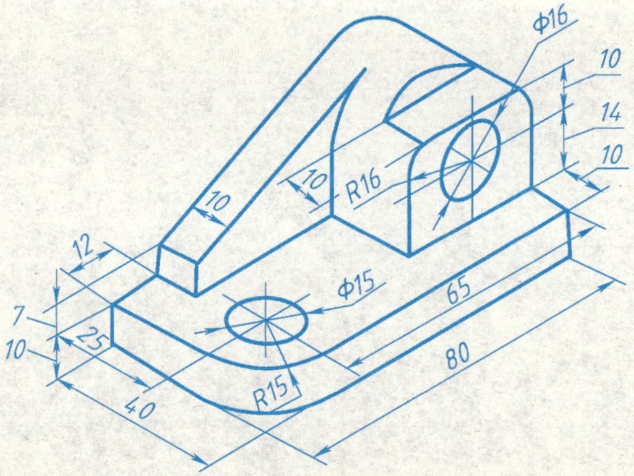

班级　　　　姓名　　　　学号

参 考 文 献

[1] 大连理工大学工程画教研室．画法几何习题集［M］．4版．北京：高等教育出版社，2003.
[2] 裘文言，张祖继，瞿元赏．机械制图习题集［M］．北京：高等教育出版社，2003.
[3] 胥北澜，朱冬梅．画法几何及机械制图习题集［M］．5版．北京：高等教育出版社，2000.
[4] 王兰美，殷昌贵．画法几何及工程制图习题集［M］．2版．北京：机械工业出版社，2007.
[5] 钱可强，何铭新．机械制图习题集［M］．5版．北京：高等教育出版社，2004.
[6] 王巍，钱可强．机械工程图学习题集［M］．北京：机械工业出版社，2000.
[7] 刘小年，郭克希．机械制图习题集［M］．北京：机械工业出版社，2005.
[8] 朱辉，曹桄，唐保宁，陈大复等．画法几何及工程制图习题集［M］．5版．上海：上海科学技术出版社，2003.
[9] 国家质量监督检验检疫总局等．中华人民共和国国家标准．技术制图与机械制图［S］．北京：中国标准出版社，1993～2008.